# 不列颠的崛起

## 英国巨舰与海上战争

张恩东　编著

机械工业出版社
CHINA MACHINE PRESS

19 世纪末的英国可谓是当时世界上最强大的国家，其殖民地的触手几乎遍及地球上每一个角落，他们也因此被称为“日不落帝国”。纵观英国的崛起，其在风帆时代的积累是绝对不容忽视的。在中世纪的欧洲，英国原本是个封闭且相对落后的岛国，资源也并不充裕，但从亨利八世开始，他们逐渐壮大海军并走上了扩张的道路。本书为大家介绍了英国从亨利八世开始到安妮女王为止的两百年舰船发展与海上崛起史，着重介绍了这一时期的一些著名战舰和著名战役，是国内研究这段历史不可多得的材料。

**图书在版编目（CIP）数据**

不列颠的崛起：英国巨舰与海上战争/张恩东编著．—北京：机械工业出版社，2017．2（2023．3 重印）
ISBN 978-7-111-56238-2

Ⅰ．①不…　Ⅱ．①张…　Ⅲ．①军用船-介绍-英国②海战-战争史-英国　Ⅳ．①E925．6②E561．53

中国版本图书馆 CIP 数据核字（2017）第 042785 号

机械工业出版社（北京市百万庄大街 22 号　邮政编码 100037）
策划编辑：杨　源　责任编辑：杨　源
责任印制：单爱军
北京虎彩文化传播有限公司印刷
2023 年 3 月第 1 版第 3 次印刷
184mm×260mm・17 印张・2 插页・412 千字
标准书号：ISBN 978-7-111-56238-2
定价：198．00 元

| 电话服务 | 网络服务 |
|---|---|
| 客服电话：010-88361066 | 机　工　官　网：www．cmpbook．com |
| 010-88379833 | 机　工　官　博：weibo．com/cmp1952 |
| 010-68326294 | 金　书　网：www．golden-book．com |
| **封底无防伪标均为盗版** | 机工教育服务网：www．cmpedu．com |

# 序言

我家书架上如今已然摆放，甚至堆放着各式各样、内容繁杂的图书，为此我常自得其乐，徜徉架前，或翻找、或阅读、或欣赏……仿佛一位统帅在检阅自己的“千军万马”。在众多图书中，有三本书格外夺人眼球！它们不仅有着国际流行的硬壳精装样式，而且还有着设计精美的蕴味，当然更在于它独到的内涵。几年前，我第一次看到这三本书时，为其极具冲击力的书名震撼：《血与金的无敌战舰——风帆巨舰与海上战争》、《郁金香的海上兴衰——荷兰战舰与海上战争》和《鸢尾花的海上沉浮——风帆时代的法兰西巨舰》。假如一些人有兴仔细翻阅这些书，也许会得出这样一个结论：该书作者肯定是一位学富五车、饱读战史的老学者，或是长期从事风帆战舰及其作战研究的老专家。然而，如果接触作者，则会让你吃惊：这三本书的作者张恩东，今年才刚过而立之年；也就是说，我的这位“忘年交”早在30岁之前，就已出版了上述三本颇有份量，且较有见地的专著了。

不过，最令我吃惊的是，如今时间也就刚过一年，“初生牛犊”的张恩东再度改写、编撰了《不列颠的崛起——英国巨舰与海上战争》《不列颠的荣耀——英国巨舰与海上战争》；再为他的《风帆战舰》系列增添一个全新角度的系列新品。在这部新书中，作者增加了许多生动有趣的小故事，并重新采集了更为清晰的图片与照片。此外，该书对装帧也下了很大功夫，有了重大改进，采用软皮硬壳精装，高质量的彩色印刷，清新简洁。

作为国内首部系统介绍英国风帆时期主力战舰的科普读物，此书内容的时间跨度大约从1509年至1714年。作者之所以选择这段时期的战舰，只因在此阶段，英国海上力量成功地完成了从崛起到走向霸权的巨大蜕变；伴随这个过程而建造的诸多威武战舰中，自然就有许多性能卓越、令人扼腕的精品。例如17世纪上半叶，英国曾建造了万众瞩目的“皇家王子”与“海上主权”号两艘划时代的战舰。“皇家王子”号大概是世界战舰历史上第一艘正规的三层甲板战舰；而“海上主权”号则是全球公认的首艘火炮数量超过100门的主力舰。17世纪上半叶，快速崛起的荷兰立即成为了英国最大的海上战略对手。从1652年至1674年，英、荷双方爆发了三次战争，荷兰利用自己更为先进的海战理论在与英国的三次较量中均占得先机。然而，由于内部的诸多原因，这个“一夜暴富”的小国很快便在17世纪末开始衰败；进入18世纪后，便完全沦落至“无人问津”的地步。

进入17世纪，英国所面对的海上强大敌人，远不止是荷兰。自路易十四当政后，法国海军也开始步入飞速发展时期；到17世纪80年代，法国人打造出了一支在规模和数量上均属世界一流的舰队。不幸的是，在随后展现路易十四野心的奥格斯堡同盟战争和西班牙王位继承战争中，这支精锐舰队在与英国（也包括英国的同盟国荷兰）的对抗中完全损失殆尽，自此雄心勃勃的法国人最终又回到了起点。

1714年，随着斯图亚特王朝最后一个国王——安妮女王的驾崩，英国开始步入漫长的汉诺威王朝时代，紧随其后的“英国巨舰与海上战争”舞台又开始上演崭新而又激烈的一幕。

国防军事专家 李 杰

# 序

海军在传统军事力量中是一个非常特殊的军种，相比起以守疆卫土为主要使命的陆军与空军，海军的真正职能实际上是走出国门之外，巩固和拓展国家的海上乃至海外利益，是外向型、国际化的军种，在西方历史上又被看成是能够为国家带来真实可观的经济利益的商业军种。因为这种特殊性，濒海国家的兴衰历史中，总能看到海军的兴衰胜败在其中发挥的重要影响。

不仅如此，与陆军和空军的情况截然不同的是，海军与其主要装备——舰船的关系非同一般，由于所在活动舞台的特殊性，舰船不单单是海军用以作战的兵器，同时还是海军赖以长期驻防、行动、生活的主要载体平台，一艘艘舰船就是一块块在海上流动的国土、要塞，是海军的独特命运共同体，就这个意义而言，舰船发展变迁的历史几乎就是海军历史的缩影。

关于对海军历史的研究和普及，在我国是较有传统的学术领域，相关的海军史著作也很可观，但是能够把握住海军自身的特殊性，同时关注海军与海洋国家崛起之间的关系、舰船发展与海军之间的关系，以这两个视角交叉观察海军历史，以舰船史、国家发展史为脉络来系统论述海军史的著作则凤毛麟角。而将关注的范围聚焦在现代海军的结胎地——欧洲，将关注的时段集中于欧洲主流海军兴起之时，这类的著作在很长时间里属于一片空白。

令人十分惊喜的是，近年来，年轻的海军史学者张恩东先生独具慧眼，注意到了这段历史的重要性，并着力钻研，对这一颇具难度、十分考验历史与海军技术双重功力的领域进行了可贵的开拓。张恩东先生以舰船发展作为脉络，就欧洲历史上海洋强国的海军兴起历程进行了系统梳理，先后编著了分别介绍荷兰、西班牙、法国等国海上力量早期发展史的多部著作，其就风帆时代舰船、海战、海洋国家命运变迁史的梳理辨析深入浅出，广博全面，令人称道，有助于历史学者更全面地丰富自己头脑中的知识版图，其娓娓道来的文字和精致的配图更能发挥可贵的历史普及价值。

在此前拜读张恩东先生的系列著作时，我即产生了一个强烈的预感和期待，即相信他在完成了介绍欧洲大陆强国海军的著作后，必将会创作关于英国皇家海军早期发展史的专著。果不其然的是，张恩东的新作《不列颠的崛起——英国巨舰与海上战争》即将出版的消息很快传来，为之鼓舞、期待之时，又奉出版社和张恩东先生之邀为本书作序，倍感荣幸。

众所周知，在西方世界海军发展的历史长河中，英国海军只是一个后来的强者，然而凭着皇家海军纵横四海，为英国的利益保驾护航、进取开拓，渐渐托起了一个宏伟的日不落帝国，实现了英国的大国崛起，尤为重要的是，凭着皇家海军全球布局的守护，英国在一个很长的历史时段里牢牢占据着世界第一海洋强国的地位，而英国海军事实上也成为了世界现代海军诸多制度、传统的创始鼻祖。

治现代海军史绕不开英国海军史，治英国海军史绕不开其创生、发展阶段的历史，张恩东的这本新书讲述的就是后来称雄世界海洋的英国海军的摇篮时期、青涩时代，在列强环伺的大洋上，英国海军由弱到强，最终超越群雄，波涛间涌动着蓝色的梦想和传奇的故事，这是奠定英国海军气质的一段历史。本书里，张恩东继续着以国家的崛起、舰船发展、海战为脉络和线索而勾勒海军历史的创作特色，同时保持着丰富的技术性和资料性，为研究海军史、喜爱海军史的读者提供了一部重要的著作，在建设海洋强国成为中国社会共同话题的今天，这样一部关于曾经的海洋强国是如何崛起的著作，读后必定还会有更特殊的感受。

最后谨对张恩东的学术新成果致以热烈祝贺！

海军史学者 中国海军史研究会会长　陈　悦

2017 年 2 月 24 日

于山东威海

# 目　录

# 引 子

提起风帆时代的海军，恐怕任何一个对历史感兴趣的人首先想起的都会是英国。尽管时至今日，那个曾将触手伸及全世界的“日不落帝国”早已不复存在，但在如今称霸全球的美国海军的身上，我们还是能一瞥昔日“日不落帝国”的风采。

在300多年的风帆时代中，英国始终扮演着重要角色，从16世纪树立威望到17世纪蓬勃发展；从18世纪迈向巅峰到19世纪称霸全球，英国皇家海军一步一个脚印地为自己在历史长河中不可动摇的地位打下了坚实的基础。而其中更是诞生了诸多著名的风帆战舰（如1765年建造的“胜利”号），它们已成为帆船爱好者心目中永远的经典。

# 英国海上力量的起源

“罗马不是一日建成的。”曾长期雄踞风帆时代霸主地位的英国也并非是在几年、甚至几十年就达到这一高度的。而追寻英国海军崛起的脚步，恐怕要追溯到风帆时代之前的中世纪。接下来为读者朋友们揭开早期英国海军崛起与那些古老巨型帆船的神秘面纱。

## 英国在中世纪建造的战船

英国是一个四面环海的岛国，想要与岛外取得联系和获取生存的资源就必须航海，故自古以来便是欧洲最重视海军发展的国家之一。早在著名的阿尔弗雷德大帝统治时期（871—899），英国就建立了正规的海军，以此抵御维京海盗的入侵。但是在柯克船（Cog）出现以前，并没有任何一种帆船具备完全凭借风帆航行的能力，阿尔弗雷德大帝时期的英国海军仍然以使用较为原始的“长船”（Longship）为主要战船。这种船构造简单，需要使用多支木桨推动船身航行。通常在船体中央还会立有一根桅杆并带有一面船帆。但是在当时，船帆仅起到辅助航行的作用。

由西班牙著名船模公司 Artesania Latina 出品的“胜利”号船模。该舰毫无疑问是风帆时代最著名的一艘一级战舰，也是模型界的宠儿

随着人们对远航的渴求和海上贸易的增加，这些船舷较低、过分依赖划桨的长船在大风浪中糟糕的适航性已无法满足需求。逐渐地，这些船只的船体被加高、加宽并增设了船艏和船艉的瞭望台，柯克船就在这样一种背景下诞生了。可以说最早的柯克船就是简单地“加高、加长”了的“改良型”长船。尽管有资料显示“Cog”一词最早起源于公元 948 年荷兰阿姆斯特丹附近的艾默伊登（Muiden），但直到 12 世纪末，这些“改良型”长船才开始活跃于欧洲北海和英吉利海峡一带，并迅速成为新兴帆船的最早代表。

英国人是最早重视柯克船使用价值的国家之一。柯克船最早仅被用来作为载货交通工具执行欧洲海域内的中短程贸易。而当时盛极一时的汉萨同盟更是令这种帆船“迅速繁衍”，充斥在欧洲海域的任何一个角落。不过聪明的英国人很快便意识到柯克船的另一种巨大潜能，那就是被改装成战船。

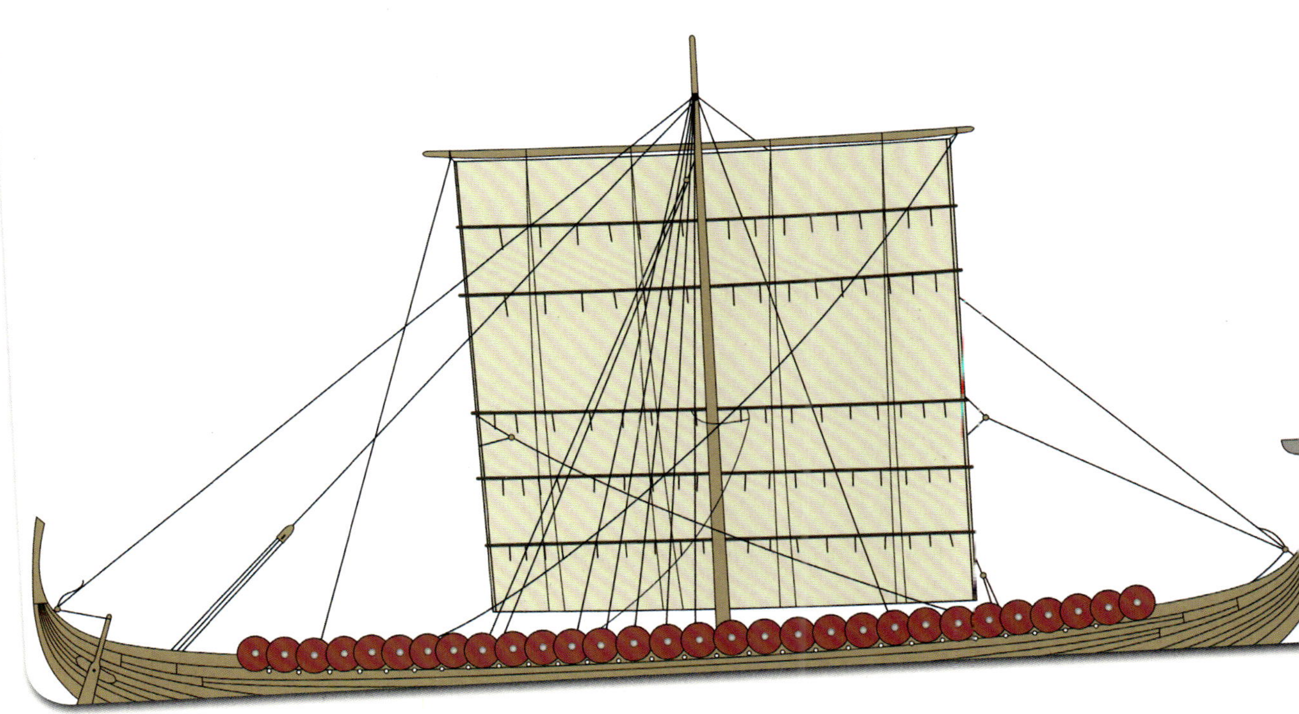

一艘典型的维京时期长船的彩绘图。船体中间的桅杆同时起到固定全船的作用。而侧舷的圆形物体则为抵御弓箭的盾牌

由于在柯克船成为战船的时代，火药并未广泛应用于战争，因此这种最原始的帆装军舰也以冷兵器为主要海战武器。事实上从公元前开始的冷兵器时代的历次海战里，弓箭都是海战中的主要武器之一。而为了更大限度地发挥弓箭的威力，柯克船在首尾增设了楼台，专供弓箭手射箭使用。站在楼台上，居高临下的弓箭手能够对敌船甲板上的人员构成很大的威胁。随着时间的推移，人们发现站在较高的楼台上更利于船长指挥作战，于是相对安全的船艉楼又演化成了舰桥（即指挥作战的甲板）。

最早的柯克船在桅杆顶部设置的桅楼里也安置了弓箭手以增强战斗力，但随着时间的推移，人们发现处于全船最高位置的桅楼应该用于瞭望而非战斗，因为航行对于一艘帆船来说同样是相当重要的事，于是桅杆被继续加高并增设更高位置的桅楼，这使得瞭望员能够看见更远的海况。

到了 14 世纪末至 15 世纪初，柯克船的发展进入巅峰期。而在这一期间也诞生了一些著名的此船型的战船，亨利五世尊贵的旗舰“格雷斯·丢”号（Grace Dieu，意为“上帝恩典”）就是其中之一。这艘尺寸巨大的柯克船甚至可能是冷兵器时期人类建造过的最大战船。

一艘大约建造于 12 世纪的柯克船，该船没有尾舵，同时保留有侧舷的划桨孔，从外观来看属于柯克船最早期的形态

## 亨利五世的巨舰“格雷斯·丢”

兰开斯特家族的亨利五世是英国历史上很著名的一位国王。尽管他在位只有短短的9年时间，他一生也不过经历了短短36年的光阴，但他却为英格兰留下了一段强盛的佳话。史料显示，在亨利五世短暂的统治期间，他取得了中世纪任何一位英格兰国王都未取得过的军事辉煌。

1413年3月20日，亨利五世正式加冕为英格兰国王。由于当时法国内部矛盾重重：国王查理六世因患精神病长期无法亲政；两大贵族集团奥尔良派与勃艮第派不断发生流血冲突。登基伊始的亨利五世看准这个时机，准备施展他入侵法国的计划。而想要越过英吉利海峡当然要有一支足以掩护运输船队的海军，这使得亨利五世把建设大量新式海军船只的任务放在了重要的位置。在这样一种背景下，英格兰乃至整个中世纪最大的帆船“格雷斯·丢”号诞生了。

这是一幅描绘在地中海一艘柯克船在码头卸货的场景图。柯克船是中世纪欧洲商贸最实用的船型之一

1416年，亨利五世正式下达了建造巨舰“格雷斯·丢”号的命令。然而当该舰建造完工时已是1420年，亨利五世已经迫使法国国王查理六世签署了《特鲁瓦和约》而从原则上征服了法国。因此该舰并未在这场大战中派上用场。但是不管怎样，“格雷斯·丢”号确实在当时创造了一项纪录，那就是：它是当时全世界最大的木质帆船之一。

在这里也许有读者朋友会产生质疑：几乎在同一时期郑和下西洋使用的宝船是否会比“格雷斯·丢”号更大呢？毋庸置疑的是，郑和下西洋的宝船在当时亦是首屈一指的运载工具。但由于缺乏具体数据，这些宝船究竟模样如何、尺寸多大，至今仍是个不解之谜。

“格雷斯·丢”号的彩绘图。它是中世纪最大的帆船之一。从该图中可见该舰配备了火炮，但事实上当时炮眼和舰炮都还没有诞生，因此这是个错误的描绘

这是一幅描绘郑和宝船在航行中的画作。也许这些宝船都是无比巨大的海上怪兽，但究竟事实如何，目前无法给出切实的证据

1418年，“格雷斯·丢”号在南安普顿附近为其“量身定做”的巨大船坞中铺设了第一根龙骨。该舰的设计师威廉·索珀（William Soper，？—1458或1459）是南安普顿的议员和皇室钦定办事员。鉴于该舰设计尺寸的庞大，索珀别出心裁地使用三层船壳叠加的办法来加固船身，然而达到的实际效果却十分有限。

从现有保存的“格雷斯·丢”号的残骸来看，该舰的建造无疑是十分仓促的，其木板拼接方式和肋骨的搭建都显得十分粗糙。不过抛开这些不谈，从残骸推断出的该舰大小却是令人惊叹的：其全舰长度达到218英尺（约合66.45米）、肿部最大宽度达到50英尺（约合15.24米）；船艏距离水线的高度同样达到了50英尺，几乎相当于300多年后建造的著名风帆战舰“胜利”号的大小或两倍于近百年后建造的著名卡拉克船“玛丽罗斯”号。这对于尚处于中世纪的欧洲造船业来说称得上是个奇迹。

后人根据估计的“格雷斯·丢”号的船体大小推算出它的自重大约在 1 400~2 750 吨。这是一个令人难以置信的数据，要知道在 1765 年建造的“胜利”号的自重也不过只有 2 162 吨而已。也许学者们关于“格雷斯·丢”号的尺寸推断存在误差，但不管事实如何，这都是一艘在 15 世纪初堪称奇迹的巨型帆船。

为了能够配合巨大的“格雷斯·丢”号出海作战，亨利五世还下令建造了两艘较小的护卫帆船“瓦伦丁”（Valentine）和“隼”（Falcon）号。不过由于这些船都迟至 1420 年才完工，因此均未对亨利五世进攻法国做出贡献。目前有资料证实的“格雷斯·丢”号唯一的一次出航是于 1420 年晚些时候在德文郡伯爵指挥下完成的。这次航行路线是由南安普顿驶往怀特岛的圣海伦斯。而在航行完成后不久，倒霉的“格雷斯·丢”号便遭遇了兵变。

1422 年，亨利五世因病去世。在他死后，“格雷斯·丢”号被视为其私有财产而非英国皇家海军的一部分，因此曾被计划卖掉用来偿还国王的债务，但好在并未予以实施。1430 年，威廉·索珀成为海军大臣，恢复了“格雷斯·丢”号在海军的地位。但由于没有战事，该舰仍被闲置在汉布尔河（River Hamble），并且逐渐拆除舰上的武器设备，使得该舰几乎沦为一具空壳。1439 年，在一次雷暴中“格雷斯·丢”号被闪电击中引起大火而焚毁了水线以上的全部船体。今天，它的水线以下部分残骸在汉布尔河河底被发现，这才使这艘 600 多年前的巨舰重新走进人们的视线。

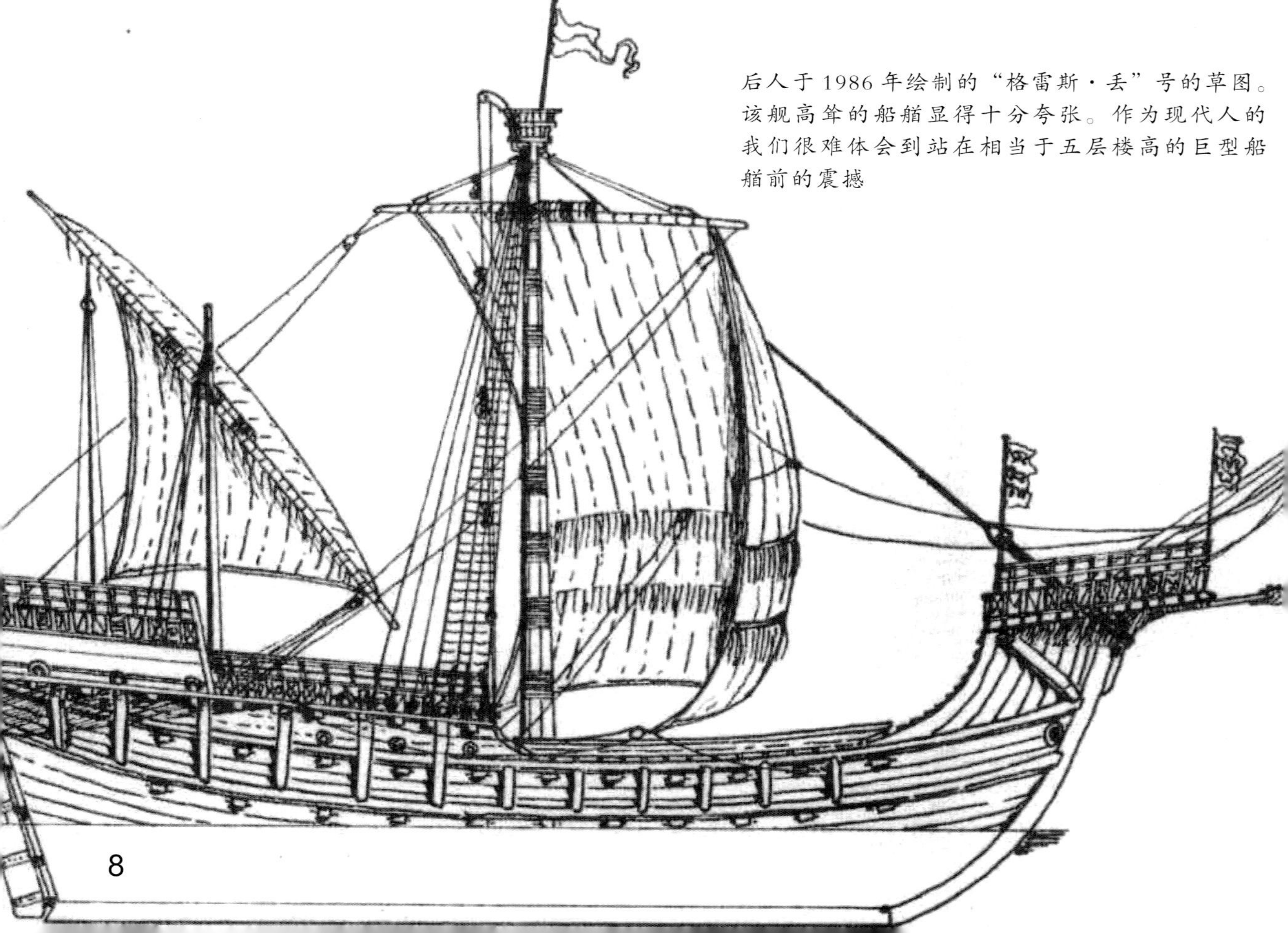

后人于 1986 年绘制的“格雷斯·丢”号的草图。该舰高耸的船艏显得十分夸张。作为现代人的我们很难体会到站在相当于五层楼高的巨型船艏前的震撼

## 卡拉克船的兴起与舷炮的出现

15世纪前期，欧洲进入轰轰烈烈的“大航海时代”。满腔热血的航海家们把目光投向了未知的新大陆。在这一时期，造船业也得到了长足的发展。一些基于柯克船的新式帆船被建造出来，这些帆船具有高耸的船艏楼和艉楼，一般拥有3~4根桅杆，并且船艏还有一根首斜桅。主桅和前桅悬挂方形帆，首斜桅和后桅悬挂三角帆，有的桅杆被加长，可以悬挂不止一面风帆，而这种新式帆船便被称为“卡拉克船”（Carrack）。

“格雷斯·丢”号在汉布尔河沉没的位置如今用一根黄色标杆做了标识

一艘15世纪时的大型卡拉克船侧绘图。这是一艘典型的战船，拥有4根桅杆，其高耸的艏楼与艉楼被用来安放早期火炮和弓箭等武器

想要将晚期柯克船与早期卡拉克船完全区分开来并不是一件容易的事情。而这也不仅仅体现在柯克船向卡拉克船的进化上，任何一种船型的演变都是个循序渐进的过程。

卡拉克船的吨位一般在300~500吨，这在15世纪已经是相当大的船了。而到那个世纪末时，有资料显示西班牙、英国等国已经能建造自重超过1 000吨的巨型卡拉克船。尽管这些数据可能会有夸张成分存在，但不可否认的是，欧洲的造船技术正得到飞速发展。毫无疑问，英国在技术革新中扮演了重要角色。

尽管进入16世纪后，英国海军已发展为欧洲一支不可忽视的力量，但与当时盛极一时的西班牙相比仍有一定的差距，这个差距主要体现在舰队的数量和海军军费上，而并非舰队的质量。相反的，在舰队质量上英国甚至要超过西班牙。据记载，在16世纪上半叶，英国已经组建了完全由新式的风帆战舰所组成的舰队，而西班牙和其他海军国家的舰队中则仍充斥着为数众多的划桨船。由于划桨船空间的限制导致其不可能携带充足的火炮，这就使得其在“舰炮制胜”的风帆时代海战中处于下风。

1501年，法国人德·夏尔日发明了在风帆战舰的舷侧开炮眼的方法来增加舰炮的装载数量。这是一项伟大的创举，至少影响了之后整个风帆时代战舰的舰炮布局。然而它并未引起法国海军足够的重视，倒是作为法国人死敌的英国人很快如法炮制，建造了世界上第一批舷侧开炮眼的风帆战舰。其中最有名的一艘要数建于1510年的“玛丽罗斯”号了，而该舰的详细情况我们会在后面为大家介绍。

事实上，早在15世纪，一些较大的卡拉克船上就出现了侧舷开放式炮眼，但是这些炮眼数量很少、洞口较小且分布零星，在实战中基本构不成战斗力。德·夏尔日的发明使得帆船艏次在一层甲板上均匀分布了火力点并且具备搭载重型专用舰炮的能力，为日后的侧舷火炮齐射战术打下了坚实基础，而英国海军也将在这种战术下得到日益壮大的发展。

16世纪一艘大型划桨式战舰的模型，当时这种船被称为“Galleass”，较更老的“Galley”能装载更多的火炮，但仍不是风帆战舰的对手

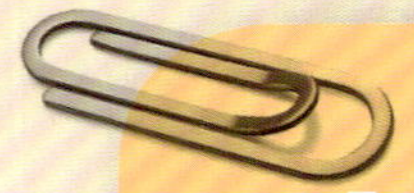

# 亨利八世与他的巨型卡拉克船

## 海军的大规模扩建与“玛丽罗斯”号

1509年，英国历史上颇具争议的传奇国王亨利八世登上了英国的王位。他在位期间，除了推行宗教改革外，更积极鼓励人文主义研究。此外，还将威尔士与英格兰合并，使得英国皇室的权力达到顶峰。在军事政治领域，亨利八世同样颇有建树。在政治方面，他成功参与了欧洲大陆的政治博弈，为英国博得了一席之地；在军事方面，为了能在欧洲大陆获得更多的利益，亨利八世积极扩军，而海军则是首当其冲。

这是一艘建于1501或1502年的卡拉克帆船，可见其舷侧的炮门，但炮门布置不规则且较为零星，影响了火力

1509年，18岁的亨利继承了其父亨利七世的王位。在其即位时，英格兰延续了内战（历史上著名的红白玫瑰战争）以来的孱弱，再加上其地理位置的特殊性，因此在大多数欧洲列强看来其是个微不足道的“外围国家”。尽管在执政晚期亨利七世做出了一些提升军力的举措，但英国的扩军真正走上快车道还是要晚至亨利八世时代。当亨利八世从父亲手中接过英国海军时，这支可怜的舰队仅仅只有两艘较大的卡拉克船，分别是“摄政”号（Regent）与“主权”号（Sovereign）。其中“摄政”号是一艘由苏格兰建造的巨型帆船，大约有1 000吨重；但舰上武器仍以冷兵器为主，火炮较少，因此显得较为原始。

年轻气盛的亨利八世自然不会满足于父亲遗留给自己的这支孱弱海军，在获悉德·夏尔日关于炮眼的发明后，亨利八世迫不及待地想要把这项技术应用在最新的军舰上。1510年，一艘按照德·夏尔日设计布局的新式军舰开工建造，这就是著名的“玛丽罗斯”号。

“玛丽罗斯”号很可能是世界上最早的具备舷侧齐射火力的军舰之一，尽管在它所处的那个时代战列线战术还远远未被采用。而它的建造也为后来的英国军舰树立了榜样，甚至可能因此而逐渐启蒙了人们关于在海战中使用舰炮制胜的理念。

绘于1537年的亨利八世（Henry VIII of England，1491—1547）的肖像。他在将英国推向强国的同时也为后世留下了一个烂摊子

“玛丽罗斯”号始建于1510年，并于大约一年之后的1511年7月下水。随后它被拖行至伦敦配备了索具和象征亨利八世威望的船身装饰（船身装饰在16至17世纪是一项很平常的工作，虽然对于实战的意义并不大），并提供了额定的武备。早期的“玛丽罗斯”号尽管设计有一层贯通的火炮甲板，但其搭载的用于攻击敌舰的重型火炮只有5~9门，这在实战中远远达不到破坏敌舰船体的效果。相比之下，“玛丽罗斯”号搭载了数量庞大的用于杀伤敌方人员的小型火器和冷兵器，这也凸显出当时的海战模式仍旧停留在接舷战上。

由于年代久远和缺乏数据记载，“玛丽罗斯”号的精确尺寸如同前文所介绍的“格雷斯·丢”号一样是个谜团。根据该舰现存的残骸我们可以大致测量出该舰的最大宽度为39英尺（约合12米）、龙骨的长度为105英尺（约合32米）。尽管这样我们仍然不能推断出该舰的实际大小，但从文献记载的该舰最终吨位（700~800吨）来看，这无疑是一艘一流的、专门用于作战的且在那个年代堪称设计精良的卡拉克帆船。

“玛丽罗斯”号设计拥有三层甲板，当然，这里的甲板指的是船体所拥有的全部甲板层数而非火炮甲板。在16世纪初那个火炮尚未普及于军舰的年代，各国海军尚无“火炮甲板”的概念。但“玛丽罗斯”号确实具备了完整的“火炮甲板层”，而这层甲板则位于三层甲板的中间，即露天甲板的下一层。

出现在16世纪卷轴上的“玛丽罗斯”号。该画从艺术角度展现了这艘宏伟的帆船，不过火炮布局和炮门数量都不是准确的

在火炮甲板的下面是一层“混合”甲板。在这层甲板上布置着零星的火炮、储藏室、武器库甚至是厨房等设施。也有人认为这些舱室应该设在底仓。通常来说，17 至 18 世纪的帆船底仓会有数量较多的压舱物，但早期帆船是否如此就不得而知了。

“玛丽罗斯”号的火炮甲板共开设了 14 个炮位和炮门，每侧 7 个。按照设计，这 14 个炮位将供 14 门重型火炮使用。虽然以现在的眼光来看这一火炮数目对于这样一艘体型的军舰来说实在是太少了，但在那个特定的年代，这样的武备已经足以称霸大海。

此外，在“玛丽罗斯”号高耸的艏艉楼上也有一些可供射击的炮孔，但由于楼高涉及重心问题，这里搭载的都是很小的、只能杀伤人员的小型火器，并且由于艏楼夹层过低，正常身高的水手很难在这里作业，这恐怕也是所有卡拉克帆船的通病。从现有资料来看，“玛丽罗斯”号共具备 3 层艉楼和两层艏楼，从外观看来十分高大。当然，这对于当时流行的建造方式来说已经谈不上夸张了。

保存在博物馆的“玛丽罗斯”号的残骸。可以清晰地看到该舰的三层甲板将船身分隔为 4 个部分。其中最上层露天甲板已经缺失。在顶端有一个等比例人物标牌，可以直观地认识到这艘船每层甲板的高度

一幅描绘1520年亨利八世在多佛登船准备进行他著名的“Field of the Cloth of Gold”之旅的油画。画面中央醒目的巨舰是亨利八世的旗舰“大哈利”号，而它左侧的卡拉克船可能就是“玛丽罗斯”号。该画作于1540年

“玛丽罗斯”号拥有4根桅杆，这在15~16世纪超过500吨的大型帆船上十分常见。当时的人们确信只有4根桅杆才能悬挂足够的帆驱使大型帆船前进，但这一理念到17世纪时发生了改变。随着对桅杆和帆种类的改进，从17世纪开始，即便是最大的帆船（例如拥有4层火炮甲板和140门火炮的西班牙巨舰“至圣三位一体”号）用3根桅杆也足以驱动。当然，这些都是后话了。

在介绍完“玛丽罗斯”号的船体基本情况后，再来看看它的武器配备。在16世纪初期，前文已经提到，尽管火炮已经普遍上舰，但仍不是主宰海战的武器。原始的跳帮“肉搏”战术依旧“深入人心”。由于16世纪初期火器的不可靠和低效性（事实上到19世纪仍是如此，无论是火枪还是火炮，射速都十分有限），人们在战斗中更愿意相信简单有效的冷兵器，因此“玛丽罗斯”号的船舱里摆放着大批诸如刀剑、弓弩等武器，这些在“玛丽罗斯”号的残骸被打捞时已经得到了印证。不过尽管火炮在当时的海战中不占主导地位，但作为一艘先进的军舰，“玛丽罗斯”号仍旧配备了数量众多、种类繁杂的各类火器。就主炮来说就有旧式铸铁炮和新式铜炮之分。

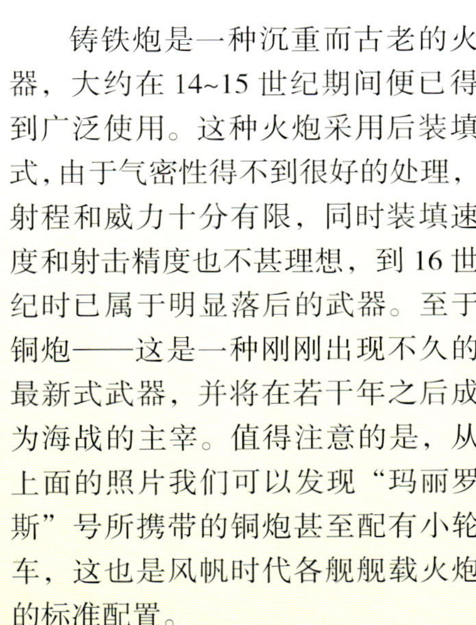

铸铁炮是一种沉重而古老的火器，大约在14~15世纪期间便已得到广泛使用。这种火炮采用后装填式，由于气密性得不到很好的处理，射程和威力十分有限，同时装填速度和射击精度也不甚理想，到16世纪时已属于明显落后的武器。至于铜炮——这是一种刚刚出现不久的最新式武器，并将在若干年之后成为海战的主宰。值得注意的是，从上面的照片我们可以发现“玛丽罗斯”号所携带的铜炮甚至配有小轮车，这也是风帆时代各舰舰载火炮的标准配置。

在“玛丽罗斯”号所处的年代，由于舰载火炮尚未步入正轨，这些火炮并没有像风帆时代鼎盛期那样使用严格的“弹丸磅数”加以区分，而仅仅以（半）长炮、（半）加农炮来定义。对于加农炮，想必军迷读者们都已十分清楚（通常来说英国在16世纪的加农炮为42磅，而半加农炮则为32磅）。那么长炮究竟是一种什么样的武器呢？

长炮的英文名称为“Culverin”，是15~16世纪欧洲广泛使用的一种长管火炮。在中国一些较早的文献中，该炮又被音译为“寇非林”。“Culverin”一词在拉丁语中有“蛇”的意思，欧洲人以此单词称呼该炮是因为其炮身上有蛇形的曲线把手；另一方面，也是由于这种火炮的口径较小，炮身像蛇一样细长而得此名。

博物馆保存的从“玛丽罗斯”号上打捞出来的火炮实物。近处为一门铜炮，在其后方是一门铸铁炮。注意铜炮的炮管采用较少见的棱角形锻造平面，这可能是早期铜炮的特征

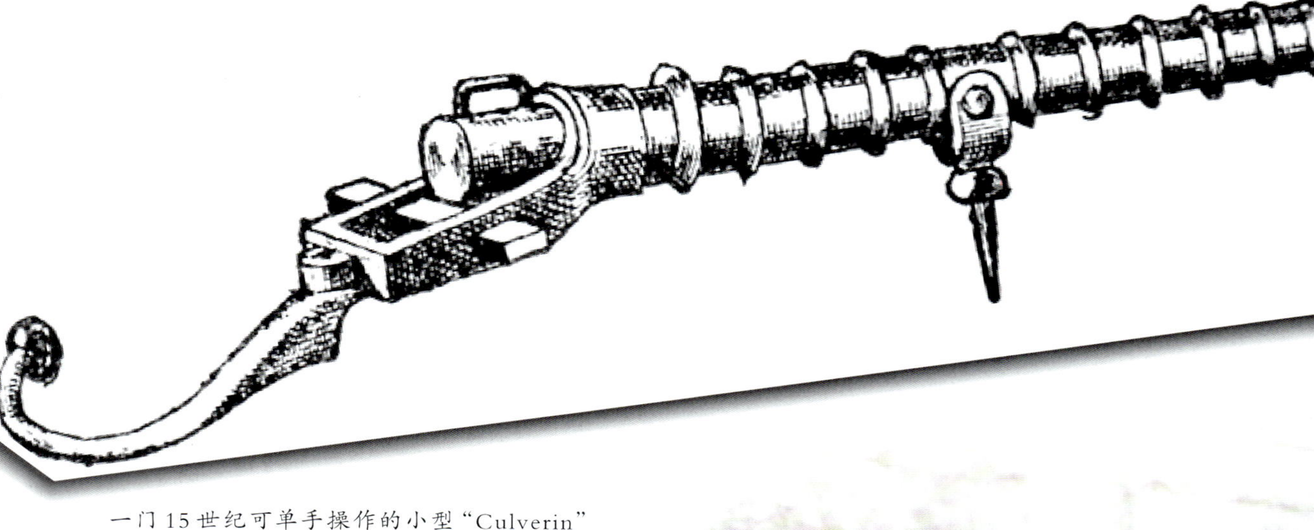

一门15世纪可单手操作的小型“Culverin”的草图。这种“手炮”相对轻便、灵活，但是可靠性较差

最初长炮仅仅被陆军使用，它们被用于野战、杀伤敌军人员和攻城拔寨。目前尚不清楚这一武器的具体上舰时间，原本陆军所使用的长炮主要有大、中、小3个型号，分别被命名为“Culverin Extraordinary”“Ordinary Culverin”与“Culverin of the Least Size”。除此之外，还有一些更小的型号，例如：“Bastard Culverin”和“Demi -Culverin”。不过海军显然不会有这么多烦琐的长炮型号。被用于舰载火炮的长炮总共只有两个型号，即“Culverin”与“Demi -Culverin”。相应的，我们将其翻译为“长炮”与“半长炮”。

由于军舰上空间的限制，海军所使用的“Culverin”实际上就是陆军所使用的“Ordinary Culverin”，即“中型长炮”。“Culverin”的口径约为5.5英寸（约合140毫米）、火炮全重约2吨、弹丸质量为17磅5盎司（约合8千克）；半长炮的口径约为4.5英寸（约合110毫米）、火炮全重约1.5吨、弹丸质量为10磅（约合4.5千克）。这两种火炮的“高低搭配”可能类似于风帆时代英国海军所使用的18磅与9磅火炮——较重的火炮用于对敌舰船体造成伤害；而较轻的火炮则主要用于杀伤敌舰甲板上的人员。

据记载，“玛丽罗斯”号上所携带的90门各式火炮中，先进的长炮与加农炮仅12门。其中长炮有8门，2门位于主甲板、4门位于露天甲板、2门位于船楼甲板之上；加农炮仅4门，全部位于主甲板。这些为数不多的新式火炮构筑成了“玛丽罗斯”号上最令敌人惧怕的战斗力。

一门保存至今的制造于1587年的陆军用“Demi－Culverin”。在陆军，“半长炮”也被称为“小型长炮”

一门法国制造的半加农炮实物。很显然，这是一门铜炮

最后来看看“玛丽罗斯”号的人员配置情况。在它33年的服役生涯中，船员配置曾发生过数次变化，并且大小差异很大。在和平时期，“玛丽罗斯”号必须保持不少于17名船员在舰上值更；而在战时，这一数字猛增至400~450人。这其中有185名士兵、200名水手、20~30名炮手和其他特殊船员，例如随船军医、鼓号手和海军将领的副官。而纵观“玛丽罗斯”号的一生，其竟然是在1512年夏天刚刚入役时所搭载的船员为最多。在这里，一份“玛丽罗斯”号人员配备表或许能使读者朋友们更好地认识到这艘军舰的载员情况（表格中的“？”表示未记载确切数目，因此在“总计”一栏的人员总数上增加了一个“+”）：

从表中我们可以看出，在大部分时间里“玛丽罗斯”号所携带的炮手数量是相当少的。这也从一个侧面反映了当时的舰载火炮即便是在像英国这样的战术理念较为先进的国家也仍未受到重视。而这一传统海战观念则持续到了16世纪末（西班牙无敌舰队覆灭一役之后）。

1512年，“玛丽罗斯”号在服役后很快便加入英格兰舰队，以参加英西联合舰队在海上对法国所采取的行动。当时，法国舰队刚刚在比斯开湾遭到西班牙舰队的袭击，很不巧，他们又撞上了英国人。英国舰队的指挥官是35岁的爱德华·霍华德爵士（Sir Edward Howard，1477—1513），而“玛丽罗斯”号正是他的旗舰。他的第一个任务是清除挡在英国南岸与西班牙北岸之间的法国舰队，以便支持陆军在西班牙靠近法国边境处的富恩特拉比亚（Fuenterrabia）登陆。英国舰队一共拥有18艘战船，其中较大的除了“玛丽罗斯”号之外，还有“摄政”号和“圣彼得”号（Peter Pomegranate），这两艘也都是大型卡拉克式战船。

| 日期 | 士兵 | 水手 | 炮手 | 其他 | 总计 |
|---|---|---|---|---|---|
| 1512年夏天 | 411 | 206 | 120 | 22 | 759 |
| 1512年10月 | ? | 120 | 20 | 20 | 160+ |
| 1513年 | ? | 200 | ? | ? | 200+ |
| 1513年 | ? | 102 | 6 | ? | 108+ |
| 1522年 | 126 | 244 | 30 | 2 | 402 |
| 1524年 | 185 | 200 | 20 | ? | 405+ |
| 1545年 | 185 | 200 | 30 | ? | 415+ |

爱德华·霍华德的舰队最初是在6月由英国南安普顿港出航的，大约在8月，当这支舰队航行至法国布雷斯特附近海域时遇到了法国舰队。由于缺乏训练，这支舰队在与法军交战时不能很好地执行战前设定的计划，然而训练更加无素的法国舰队同样面临这样的窘境。开战之后，双方很快陷入混战局面。混战中，英国巨舰“摄政”号靠上了法军布列塔尼分舰队旗舰“科德利耶尔”号（Cordelière），经过一番血腥的白刃战，眼见军舰将落入英国人之手，不甘心投降的“科德利耶尔”号船员利用船舱中剩余的火药将军舰引爆。在剧烈的爆炸中，法舰的大火波及“摄政”号，并最终也使其沉没。

16世纪一幅关于“圣彼得”号的画作。由于当时作画风格过于主观，事实上从那一时期的作品中基本看不出船与船之间的差别

在“摄政”号被点燃并无法控制火势后，舰上大约有180名英国船员通过投海的办法进行自救，而已爆炸的“科德利耶尔”号上的幸存者则少得多了。据战后统计，此次事件中双方共有600人丧生，这其中甚至包括法国布列塔尼分舰队司令。在8月11日，英国方面又烧毁了27艘法国船只，捕获了其余5艘船只，并在布雷斯特登陆，解救了被关押在那里的英国囚徒。然而就在英国人准备更近一步时，突如其来的暴风令船队受损严重，不得不返回南安普顿进行维修。

1513年春天，由于被认为是同级别卡拉克船中最为灵活快速的船只，“玛丽罗斯”号再次被霍华德选为旗舰参加对法国的远征行动。4月11日，霍华德的舰队抵达布雷斯特港外，准备对法军的岸防工事进行攻击。由于是近海，法国人从地中海调来加莱式桨帆船对英格兰舰队实施“骚扰”，将其中一艘帆船击沉，并重创了一艘。在法国“游击船队”的骚扰下，霍华德对布雷斯特的攻击显得毫无办法，并随着武器弹药的损耗和补给的缺乏而显得愈加低效。

在战斗中，霍华德试图接近法国方面指挥官佩朗·德比杜（Prégent de Bidoux，1468—1528）所搭乘的桨帆船，但在登上敌船后，法国人砍断了连接两艘船的绳缆，导致霍华德和少部分英军士兵留在了法国旗舰上，最终包括霍华德本人在内这批英军被全部杀死。

一幅描绘“摄政”号的画作。这艘倒霉的巨型卡拉克船最终被自己的“手下败将”一同拖进了“地狱”

由于霍华德爵士在战斗中阵亡，英军士气遭到沉重打击，舰队不得不放弃任务返回英国本土的普利茅斯港。爱德华·霍华德的哥哥托马斯·霍华德被任命为舰队新的司令，并接受了新的攻击布列塔尼的任务。不过出于种种原因舰队并未出航，随后这一阶段的英法之争便因为亨利八世的妹妹玛丽与法王路易十二的联姻而告终。

1522 年，由于与神圣罗马帝国缔结的盟约，英法再度爆发战争。英国方面执行的任务是派出军队占领法国北部。6 月，满载陆军的船队从英国本土出发，“玛丽罗斯”号是其中重要的一员。7 月 1 日，登陆的英军如愿占领了法国港口莫莱（Morlaix），在完成运输任务后，“玛丽罗斯”号与其余船只返回本土的达特茅斯过冬。英国本希望能尽快结束战争以减少损耗，然而事与愿违，战争不仅陷入胶着，同时随着苏格兰人在 1525 年站在法国一面参战，局势对英国人来说更为不利。尽管在 1525 年 2 月 24 日的帕维亚战役中神圣罗马帝国—西班牙联合军大败法军，但英国人仍然未能得到任何实际好处，第二次英法战争就这样草草结束。

1545 年，亨利八世在位时期的英国与法国爆发第三次战争，而这也成为了“玛丽罗斯”号最后亮相的时刻。因为在索尔湾海战它伴随着一次著名的谜团永眠在海底。关于这次海战我们会在后面为大家详细介绍。

爱德华·霍华德爵士的徽章。霍华德是 16 世纪初期英国海军一位年轻有为的将领，但却在第一次英法战争中意外阵亡

一幅描绘战斗中的“玛丽罗斯”号的油画，时间是1545年7月，著名的索伦湾海战

## 巨舰中的“巨人”——“大哈利”号

如果说“玛丽罗斯”号足以称得上是16世纪初期的巨舰，那么比它稍晚服役的贵为“亨利八世座驾”的另一艘卡拉克船“大哈利”号便毫无疑问是巨舰中的“巨人”了。相传这艘巨舰的总重超过1 000吨，甚至也有一些资料认为能够达到1 500吨，在造船技术尚不发达的16世纪初叶，这简直是个奇迹。

事实上，“大哈利”号不过是后人对这艘巨舰的一个习惯性称呼罢了。其真正的舰名为“Henry Grace à Dieu”（这是一句“古英语”，相当于现在的“Henry Grace of God”），意即“上帝的恩典亨利”。该舰是由亨利八世亲自下令建造的，并被指定为国王御驾亲征或访问他国时的座舰，出于这些特殊作用，“大哈利”号被冠以“上帝的恩典”之名也丝毫不为过。

1512—1514 年，“大哈利”号建造于英国著名的伍尔维奇船坞（Woolwich Dockyard）。值得一提的是，伍尔维奇船坞正是为了修建“大哈利”号而建造的当时欧洲最大的船坞，而其历史也一直延续至 1869 年，见证了整个风帆时代的兴衰。

一幅“大哈利”号的测绘彩图。该舰高耸的艏楼与艉楼是其最显著的外部特征

1790 年时的伍尔维奇船坞全景。可见该船坞的规模之宏大

从现有资料我们可以确信“大哈利”号在 1514 年便投入了使用。这样它便与比它早一年服役的“玛丽罗斯”号一起成为了当时欧洲第一批火炮甲板两侧设置炮眼的军舰。同时，该舰还是第一艘具备完整的双层火炮甲板的帆船。据当时的武器清单记载，“大哈利”号上出现了 20 门最新的铜质加农炮，这也是前文提到的在“玛丽罗斯”号上搭载的新锐武器。相对于“玛丽罗斯”号仅装备了 4 门铜质加农炮，定位级别更高的“大哈利”号所受到的“待遇”显然要高得多了。除了这 20 门铜质加农炮，这艘国王尊贵的旗舰还装备了 23 门长炮。这样 43 门重型舰炮分列在该舰的两层火炮甲板上。值得一提的是，“大哈利”号同时还是世界上第一艘拥有双层炮甲板的军舰，类似于 17 世纪下半叶开始出现的海军主力“战列舰”，“大哈利”号是那个时代当之无愧的王者。

在“大哈利”号建成之际，人们就意识到这是一艘头重脚轻的船了。该舰拥有3层艏楼，即便是在巨型卡拉克船盛行的16世纪初叶，这一高度也令其他帆船望其项背。事实上，若算上船身的甲板，“大哈利”号的艏楼一共有6层，艉楼更是高达7层。尽管该舰的尺寸在当时无出其右，但毕竟不足以承担如此高的上层建筑。当然，这也是早期帆船在设计上的通病，甚至一直持续到17世纪。著名的瑞典“瓦萨”号沉船事件便是一个最好的例子。

“大哈利”号的主甲板长度为41.4米（一说50米），全宽11.4米（一说15米），包括首斜桅在内总长达到57米左右，估计其吨位在1 000~1 500，船员额定数值则在700~800人。不得不说，尽管在当时算得上是巨舰，但在狭小的木制空间里拥挤着多达七八百人显然不是一件容易的事情。曾有一位英国官员在登上一艘盖伦式军舰参观后写下这样的语句：

“难以想象在如此狭小、肮脏的空间里能生活着数以百计的水手；遍地的秽物和腥臭使这里如同地狱一般，而这些可怜的人们将在这样的环境中度过漫长的岁月……”

一幅疑似由法国人所画的“大哈利”号的素描画。该画与该舰的实际样貌可能还存在一定的差异，主要是艏楼显得较矮

与“玛丽罗斯”号相同，“大哈利”号也是一艘四桅帆船，其位于艉楼上的两根桅杆均较为短小，并且只用来悬挂三角形的“拉丁帆”。“大哈利”号的主桅和前桅均挂有三层帆，这在当时是并不多见的。大部分同时期的卡拉克帆船都只具备两层。更高的桅杆和更多的帆使得身为庞然大物的“大哈利”号仍旧能获得不输于其他较小船只的机动性，而在战场上，机动性也是衡量军舰战斗力高低的一个重要标准。

由于“大哈利”号在海军中的特殊地位（作为皇室御用军舰），该舰很少出现在当时英国的舰队行动中。在其将近 40 年的服役生涯中仅参加过一次实战，那便是 1545 年的索尔湾海战。除此之外，“大哈利”号更多的用途似乎是作为外交运输工具彰显“英国皇室的威严”。例如 1520 年著名的英法两国国王亨利八世与弗朗索瓦一世在“金缕地”（Field of the Cloth of Gold）的会晤。

一部制作精良的“大哈利”号的模型。从模型中我们不难观察出这艘巨舰近乎离奇的艏楼与艉楼高度

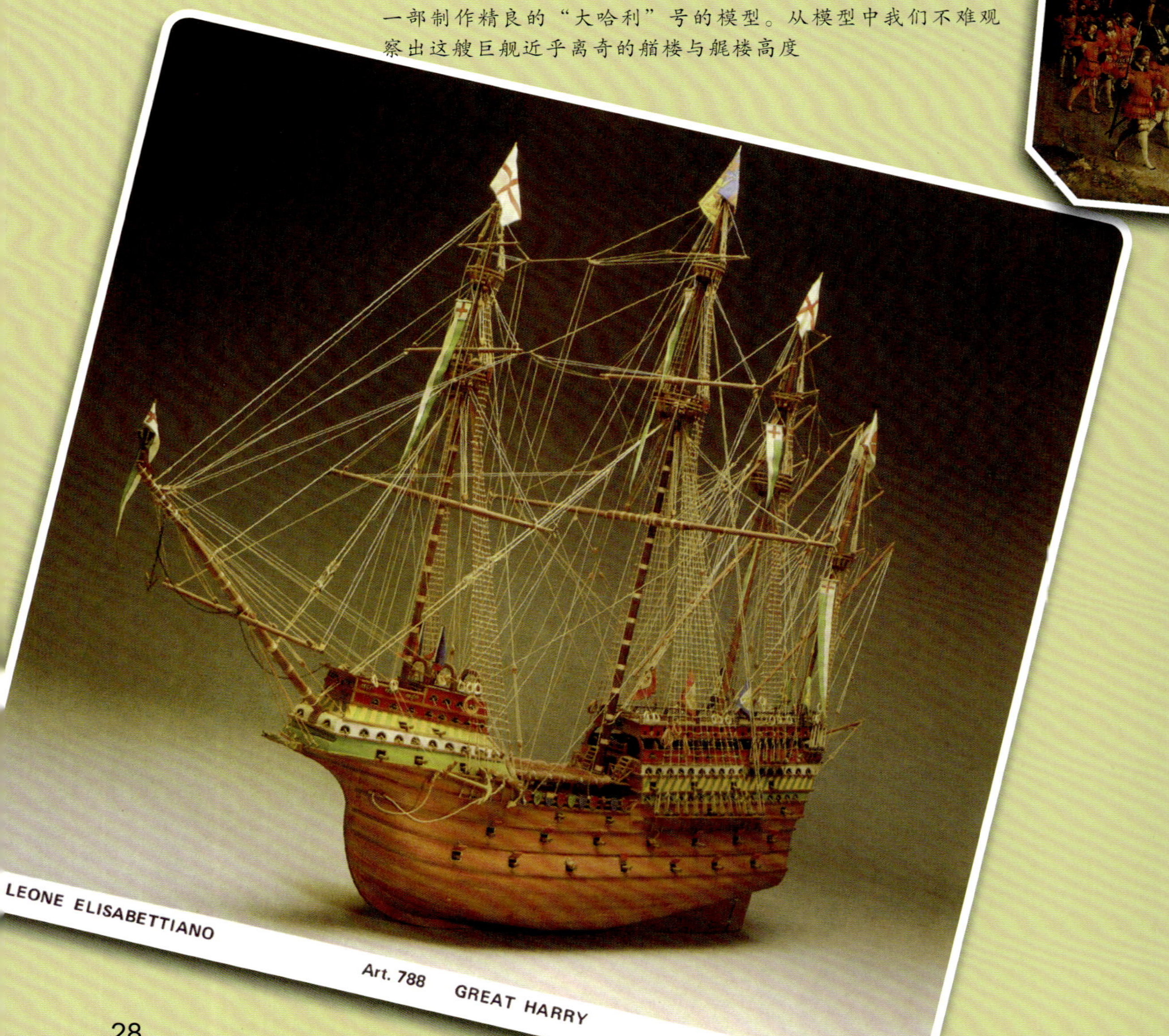

一幅描绘“金缕地”英法两国国王会晤的宏大场面的壁画。画面中左下角骑坐在马上衣着华丽者为亨利八世

1547年，亨利八世在痛苦中死去。他的儿子，尚不满10岁的爱德华王子继承了王位，也就是爱德华六世。有趣的是，著名大文豪马克·吐温的作品《王子与贫儿》中的王子正是以爱德华六世为原型创作的。不过与小说中皆大欢喜的结局相悖的是，这位可怜的“小国王”在16岁那年便因病英年早逝。有趣的是，“大哈利”号也在同一年毁于大火之中。是巧合也好，是天意也罢，这艘雄伟的巨舰就以这样一种方式结束了自己将近40年的服役生涯。

不过值得一提的是，在爱德华六世短暂的统治时期内，“大哈利”号还被更名为爱德华国王的名字。也许在小国王看来，这艘已经上了年纪的老舰仍旧是皇室威严象征的不二选择。

1553 年，“大哈利”号在沃尔维奇（Woolwich）港内的船坞被烧毁后，其未被烧毁的下半部分作为仓库船（Hulk）被保存了一段时间，后被遗弃在泰晤士河上，最终可能未能逃脱被拆毁的命运。时至今日我们没能找到关于该舰的任何残骸遗迹，这艘轰动一时的巨舰仅以当时遗留下来的文献和画作的形式呈现在人们面前，令人唏嘘不已。

爱德华六世（Edward VI，1537—1553）的肖像。他是“大哈利”号在其生命周期内所服侍的第二位也是最后一位主君

以满帆姿态展现的“大哈利”号的侧视图。该舰就连船帆都被染成象征着皇室的金黄色，这足以证明其在当时英国海军中不可动摇的地位

## 1545 年索伦特海战

前文在介绍“玛丽罗斯”号与“大哈利”号时均提到了一场 16 世纪上半叶相对著名的英法海上较量，那就是发生于 1545 年 7 月 18 至 19 日的索伦特海战。而这场战役似乎也是唯一一次“玛丽罗斯”号与“大哈利”号同时参战的战例。尽管它并不是一场具备决定性意义的海战，但却因为“玛丽罗斯”号在风浪中沉没而成为当时乃至今日人们关注的焦点。

索伦特海战是发生于 1542—1546 年间的意大利战争中的一部分。交战双方的核心利益是法国与奥斯曼土耳其帝国结盟，试图抢夺神圣罗马帝国在意大利地区（当时的意大利尚不是独立的国家，而是由多个城邦组成的地区）的领土。主战场位于意大利地区，海战也多发生于地中海一带。不过法国国王弗朗西斯一世并未忘记来自海峡对岸的威胁——英国。为了消除这个后顾之忧，弗朗西斯一世集结了一支甚至比 43 年后著名的“西班牙无敌舰队”还要庞大的远征舰队。据记载，这支舰队的规模达到了惊人的 200 艘，各式舰船外加超过 3 0000 名士兵。历史上将法国此次远征行动称为“法国入侵怀特岛事件”。

然而这次远征行动对于法国人来说从一开始就是“灾难性”的。法军旗舰“加拉孔”号（Carraquon）在塞纳河的锚地被意外的大火烧毁；舰队司令丹布尔不得不将旗舰更换为“情人”号（La Maîtresse）。此外，还有多艘舰艇因各种原因而失去了行动能力。不祥的阴云笼罩在法国舰队头上，而弗朗西斯一世不顾一些大臣的劝说，坚持要求“被诅咒”了的舰队启航。就这样，残缺的舰队横渡英吉利海峡，进入索伦特湾，试图在怀特岛和苏塞克斯海岸登陆。随后不久，进攻怀特岛的法军在本切奇战役 (Battle of Bonchurch) 中被击败并被迫撤退。

一幅描绘法国集结舰队准备开赴英国怀特岛的画作。画面中琳琅满目的各式舰船彰显出了当时法国海军的力量

法国海军司令克劳德·丹布尔（Claude d’Annebault，1495—1552）的肖像。1538年他被封为法国元帅，并在5年后的1543年得到海军上将的头衔。不过就其本人而言实际上并非水手出身。在那个海军未得到系统划分的年代，大部分国家的“海军上将”皆是如此

但是法军的失败并不意味着英国人能高枕无忧。面对已经攻到家门口的敌人，作为国家门户的卫士，海军必须有所行动。于是在7月18日，英国舰队几乎倾巢出动从朴茨茅斯迎击法国舰队。据记载，这支舰队共拥有80余艘各式舰艇并搭载了12 000名士兵。说英国人是倾巢出动是因为甚至连皇室御用的“大哈利”号都被投入行动之中。这艘尊贵的皇室专用军舰通常都只会停泊在港口，以金碧辉煌、高大雄伟的外观来显示自己存在的价值。

一幅描绘索伦湾海战的画作。画面右侧是正在索伦湾内集结的法国舰队，左侧则是从朴茨茅斯驶来的英国舰队，战斗一触即发

战斗的初始阶段双方都遭受了一定的损失，不过尚未有军舰被击沉。下午，法军旗舰“情人”号因水线下的创伤开始下沉。为了不影响作战，丹布尔只能再度更换旗舰。不过就在他离开“情人”号时，仍留在舰上的水手却将该舰拯救过来使其免于灭顶之灾。

大约在18日晚间，亨利八世在用完御膳后亲自登上舰队司令、莱尔子爵约翰·达德利的旗舰“大哈利”号前往战场视察，试图鼓舞己方士气。不过受限于夜晚较差的视线，双方并未再发生大规模冲突。

次日，索伦湾上风平浪静。由于在无风状态下早期帆船很难操控，丹布尔便派出一队加莱式划桨船攻击英国舰队。傍晚时分，海上刮起了微风，就在大家都以为第二天的战斗又将在平淡中度过时，意想不到的事发生了：由英国海军副司令乔治·卡鲁所指挥的“玛丽罗斯”号突然向一侧倾斜并迅速沉没……

“玛丽罗斯”号上的英国海军副司令乔治·卡鲁爵士（Sir George Carow，1504—1545）的肖像。有人认为他对于“玛丽罗斯”号的沉没负有一定责任，但不管真相如何，这位指挥官最终随舰殉职的行为还是值得尊敬的

关于“玛丽罗斯”号沉没的原因至今都是个充满争议的话题。英国方面认为该舰的沉没源于己方指挥人员的失误。根据他们的描绘，当时法国派出的加莱式划桨船正在袭击该舰，“玛丽罗斯”号上的炮手打开船体下层炮门操控重炮进行回击。在其强大的火力下，加莱式划桨船自然是无法靠近的，然而指挥官却忘记下令关闭炮门。傍晚时分，随着海面风起，本就头重脚轻的“玛丽罗斯”号随波摇晃起来，海水从未能及时关闭的炮门涌入并很快导致了它的倾覆。但这个说法本身也存在着一个明显问题，那就是：当时海面刮起的仅仅是微风，倘若“玛丽罗斯”号因此而倾覆，那么它的炮位恐怕距离水面只有不足1米的距离，而近年打捞上来的残骸也否定了有关炮门高度过低的推测。

除此之外，据一名在法舰上参加战斗的人员战后的描述，“玛丽罗斯”号是在加莱式划桨船的夹击下沉没的。这一说法遭到英国方面的否认。不过尽管没有证据来证明这一观点，但似乎法国目击者的说法更合乎常理一些。当然事实究竟如何，恐怕将会永远掩埋在历史的长河中。

由于岸上的攻势毫无进展，在补给吃紧的情况下，法军不得不放弃了进攻并随舰队在8月返回了法国。英法之间的再度交手就这样草草画上了句号。

# 盖伦船的兴起与舰队炮战战术

## 盖伦式帆船的诞生

进入16世纪之后，随着造船和舰载火炮技术的进步，人们发现过于“高大肥硕”的卡拉克船已经不能很好地适应逐步现代化的海战需求，在这样一种背景下，对卡拉克船的改进迫在眉睫，而新式的盖伦式帆船就这样走入了我们的视野。

在英语中，“盖伦式帆船”意即“大型船只”（Large Ship），“Galleon”一词源于法国、西班牙和葡萄牙关于这种新式帆船的描述。因而从一个侧面来看，盖伦船在英国出现的时间相对较晚。至于盖伦船的起源，西班牙人一直声称自己是盖伦船的发明者，以至于在很长一段时间内“西班牙大帆船”（Gale ó n）几乎成为盖伦船的代名词。不过最近，一些历史学家从16世纪保存的手稿推测出盖伦船可能诞生于该世纪初叶的威尼斯。他们的证据是在手稿中发现威尼斯人建造出了一种名为“Gallioni”的新式帆船来对付地中海的海盗，效果十分显著。不过最早的关于盖伦船的画作却是由葡萄牙人若昂·德卡斯特罗所绘制的。1538年，他将卡拉克船、卡拉维尔船、盖伦船及两种划桨船放在同一张画布上，清楚地展示了这些船之间的区别。

一幅描绘倾覆中的“玛丽罗斯”号的画作。巨大的军舰向一侧倾斜，这将是它的最后时刻

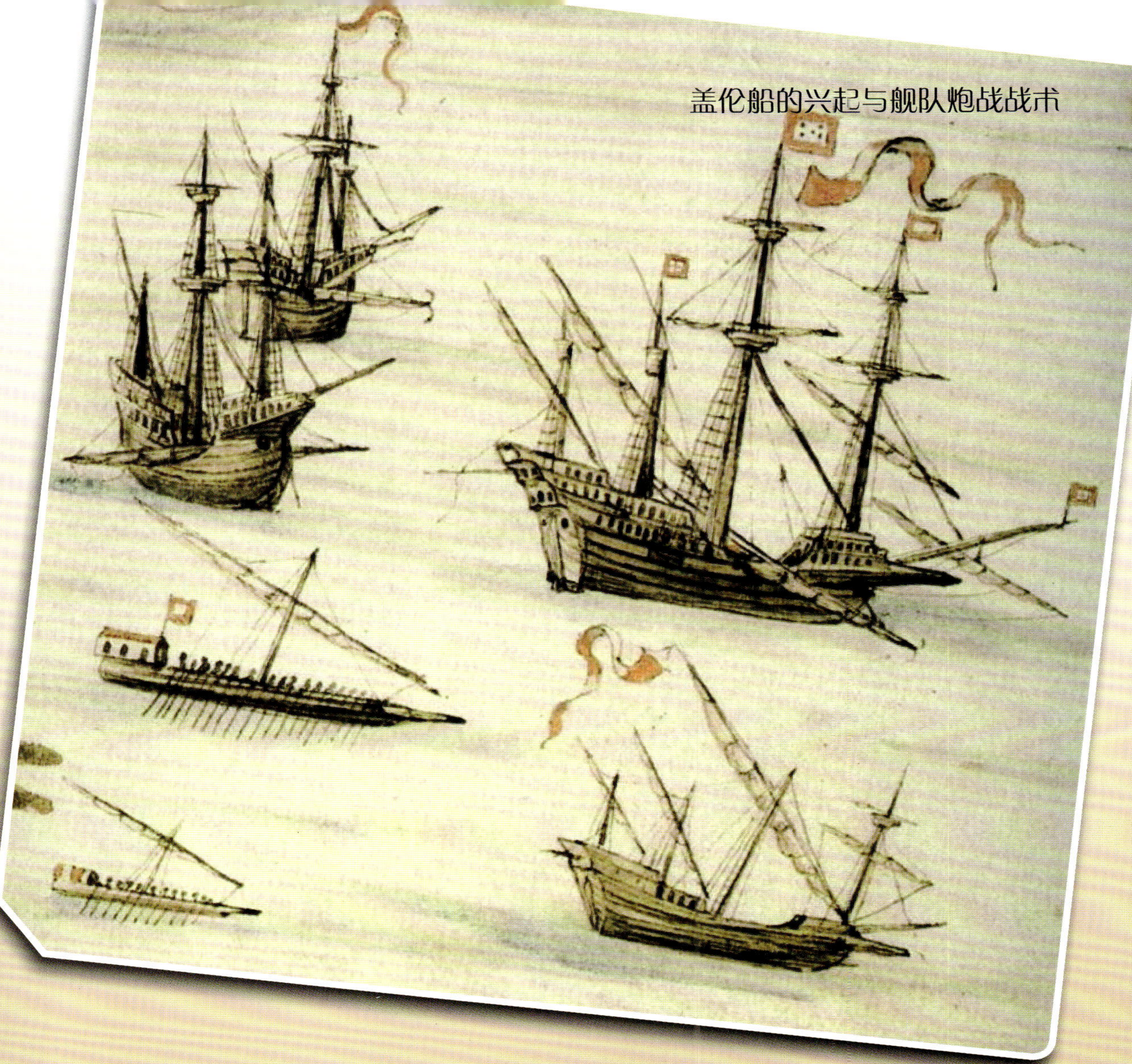

若昂·德卡斯特罗（João de Castro，1500—1548）所绘制的葡萄牙进攻奥斯曼土耳其帝国舰队中的几种船型。画面右上位置的便是最早出现的盖伦船，左上是两艘卡拉克船，左下为两种划桨船 Galley 和 Galliot，右下则是卡拉维尔船

与卡拉克船相比，盖伦船的改进是显而易见的：大幅降低艏楼高度并将其后移至龙骨长度之内；艏楼不再有卡拉克船上类似的“炮楼”（放置杀伤人员的轻型火器）功能，而被改成生活区和养殖区。另外，船艏 (Bow) 在艏斜桅下延伸出一个平台，将厕所设在平台上。如今虽然很多船上的厕所不再设在船头，但海事用语中船头（head）依然代指厕所，英语俗语中的“hit the head”也还是上厕所的意思。此外，盖伦船还将龙骨到吃水线的深度增加，这样船的重心降低，可以增加长度而不必担心侧翻的风险，从而获得更大的长宽比。盖伦船的长宽比一般为 4 ∶ 1，与卡拉克船的 3 ∶ 1 相比明显更为修长，其速度和灵活性都大为提高。最后，盖伦船的另一项重大改进是将卡拉克船滚圆的船艉改为窄长的方平船艉。这样不但增加了船速，而且可以支撑更大的艉楼。

一张关于卡拉克船与盖伦船的船艉形状区别示意图。图左为卡拉克船船艉，可见其船艉与船艏一样呈圆形，上层建筑汉仅是简单地“堆叠”在船艉上。而图右盖伦船船艉则与上层建筑优美地连为一体，并且可以开设尾炮炮门

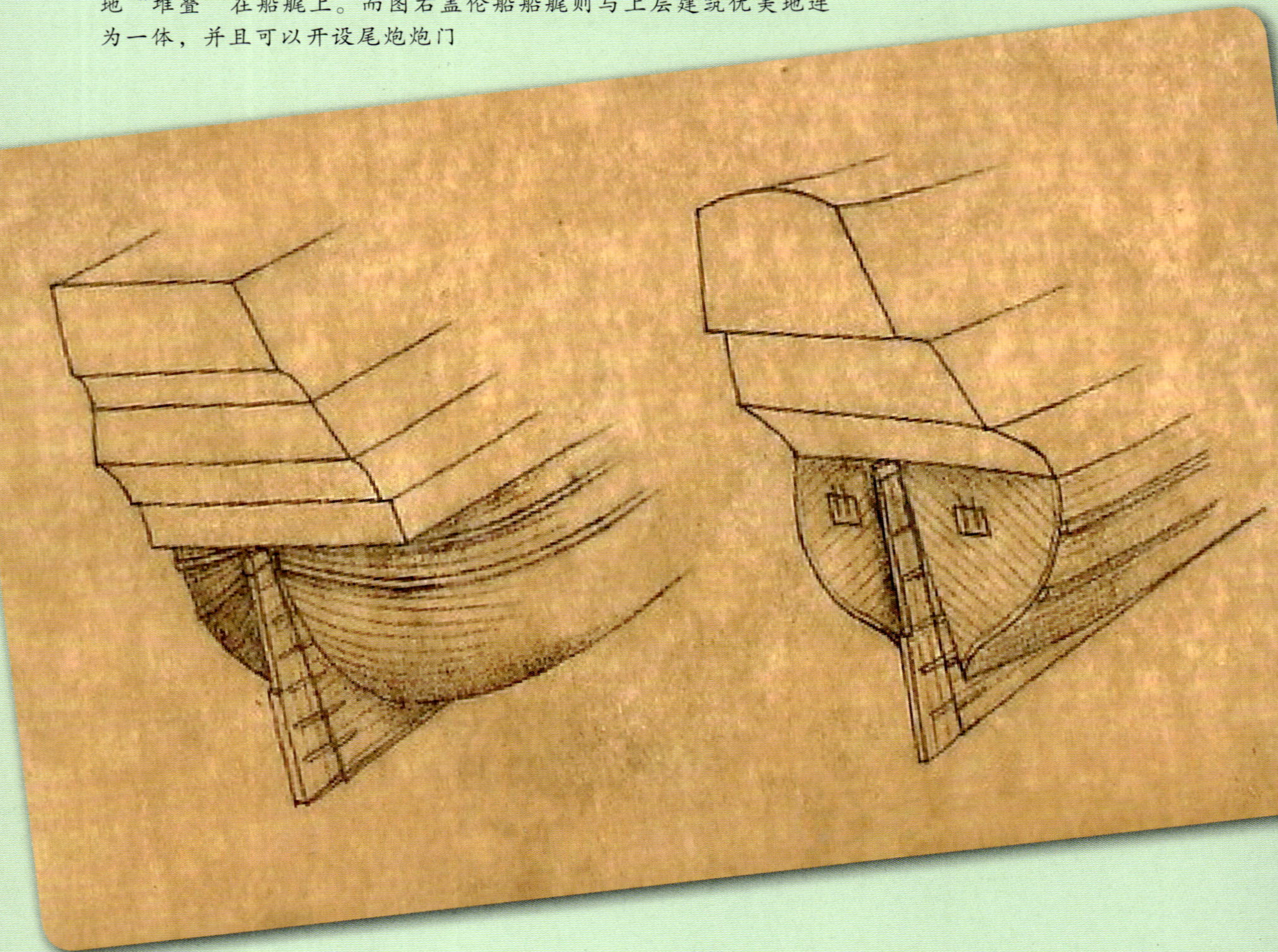

不过在诞生伊始，盖伦船的大小并不如已经“发展成熟”的卡拉克船，其充其量不过500吨而已，而在16世纪初叶，超过1 000吨的卡拉克船早已不是稀奇的事。但是吨位较大并不代表着战斗力也相应较高，卡拉克船高耸的船楼和落后的圆形船艉设计注定其无法携带过多的重型舰载火炮。因此尽管在吨位上存在明显差距，但一艘全副武装的500吨盖伦船并不会弱于一艘1 000吨甚至更大的卡拉克船。这也导致卡拉克船从16世纪上半叶开始逐步减少武装，沦为运输型船只。

16世纪早期，葡萄牙造船业一直居欧洲的领先位置。1534年，他们建造了第一艘有据可查的吨位达到1 000吨的巨型盖伦船，名为“圣若昂·巴普蒂斯塔”号。据传这艘船最多可搭载366门火炮（当然这一数字中肯定包含了很多轻型火器），这在当时冠绝群雄。

相对来说，盖伦船在英国出现得较晚（但也有资料认为早在 16 世纪 30 年代英国人便开始使用盖伦船，不过并无确凿证据），但这并不影响此船型在英国得到快速发展并较其他欧洲海上国家获得更为先进的实战运用。这里所提到的更为先进的实战运用自然是指在 16 世纪尚不流行的海上炮战战术。提到这一战术，自然会使人们想起发生在 1588 年英国海军击败西班牙“无敌舰队”的战役。在那次著名的海战中，英国舰队巧妙地利用船小灵活、火炮射速较快的特点击败了在各方面均占据优势的“无敌舰队”。但是一个战术并非随着某一场战争的到来而诞生，它同样也经历了一个循序渐进的发展过程，而这也是一段值得我们探讨的历史。

一幅描绘葡萄牙舰队远征突尼斯时的画作。巨大的“圣若昂·巴普蒂斯塔”号位于画面左下方，正向突尼斯的划桨船猛烈开炮

## 舰炮战术在海战中的崛起

尽管迟至 16 世纪初期，军舰才首次拥有了固定的舷侧炮位，但实际上火炮上舰至少可以追溯到一个世纪之前。不过对于当时尚处于中世纪的欧洲来说，火炮在军舰上所扮演的角色完全是可有可无的。

这一点在早期的帆船——柯克船身上体现得尤为明显。在这种原始帆船基本退出历史舞台时，舰载火炮根本还是个“处于襁褓之中的婴儿”，因此更谈不上得到战术上的运用。在中世纪晚期，即便帆船上搭载了为数不多的火炮，但它们在战斗中基本起不了任何作用。战士们似乎更愿意信任简单易用的冷兵器，诸如弓弩、长剑、长矛、板斧等，而火炮和火器仅仅作为威慑手段而存在。此外，早期热兵器的稳定性和精度也确实不能令人放心。由于缺乏密封性和铸造工艺，那些铸铁大炮很容易在发射中炸膛甚至引发更为严重的事故。上述诸多原因导致舰炮晚至亨利八世时期依然在海战中扮演着配角的角色。

一门古老的铸铁火炮实物。由于铸造工艺和技术的限制，早期火炮能够发挥的作用十分有限，这也限制了它们在实战中的使用

事实上火炮技术在英国起步甚至比那些欧陆国家，例如法国、西班牙都要晚些。大约在都铎王朝的创建者亨利七世统治时期，铸铁火炮才传进英国。然而火炮技术在英国的发展快速程度显然超过了大家的预想。早在“玛丽罗斯”号服役时舰上已经出现了当时属于最先进的铜质加农炮，这在前文我们已经为大家提及。只不过，这种先进的火炮在当时的船上属于凤毛麟角的“少数派”武器，并且在实战中的使用率少得可怜。

不过进入 16 世纪中后期，火炮的使用概率显然提升了不少。在 1571 年的勒班陀海战中，尽管交战双方以接舷战为主，并且舰队的主要组成部分为划桨战舰。但舰炮在海战中依然起到了一定作用。据记载，当神圣同盟的主力舰队切入奥斯曼土耳其帝国舰队阵型时，曾使用火炮对敌方舰船进行猛烈攻击。但是这些火炮仅仅起到“开胃酒”的作用，因为随后的接舷“肉搏”才是这场海战的主旋律。海战最终的结局是大家所熟知的，基督教神圣同盟舰队将奥斯曼土耳其帝国舰队彻底击溃，而这场海战通常也被认为是“划桨船”时代的终结。

勒班陀海战胜利后，西班牙帝国的实力膨胀到空前强大的规模。数年后，随着葡萄牙王位的空缺，西班牙的费利佩二世甚至计划将葡萄牙占为己有。1582 年，正值巅峰的西班牙海军舰队与法国舰队（包括一些英国、葡萄牙的盟友船只）在亚速尔群岛的蓬塔·德尔加达港附近进行了一场以火炮扮演重要角色的海战。尽管在此役的最后阶段仍旧以接舷战来决定胜负，但火炮的使用几乎贯穿整个海战并使人们见识到了它的威力。据战后统计，蓬塔·德尔加达海战中失败一方的法国舰队共有 4 艘战舰被击沉。不可否认，它们恐怕便是最早的舰炮攻击下的牺牲品了。

可以看出，到 16 世纪晚期，舰炮在海战中的重要性被不断提升，至 1588 年西班牙“无敌舰队”覆灭一役终于大放异彩。而提到“无敌舰队”的覆灭，我们就不得不为大家介绍一下英国与西班牙当时在海上争霸的背景。16 世纪下半叶，在一代明君伊丽莎白的引导下，英国逐渐走上了通往霸权的快车道……

一幅反映勒班陀之战全貌的油画。可以看到在混战中弥漫在双方舰船之间的烟雾，那便是火炮射击后的痕迹

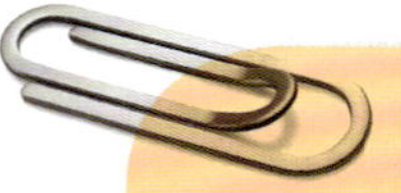

# 英国海上力量的壮大

## 伊丽莎白的登基与舰队的大力扩充

1558年，25岁的伊丽莎白从她姐姐玛丽那里继承了英格兰王位。然而，她与她那同父异母的姐姐却完全是两种人。玛丽是个狂热的天主教徒，在她的任期内，英国国内实施迫害新教徒的恐怖统治政策。同时，为了得到同样为天主教国家的西班牙的支持，玛丽与西班牙国王费利佩联姻，在那段时间里，英西两国处于同盟状态。不过“好景”不长，玛丽在位仅5年便死去，新登基的伊丽莎白同情国内的新教徒，于是废除了先前玛丽迫害新教徒的政策，转而将英国打造成新教徒的“温房”。

英国历史上最伟大的国王之一伊丽莎白一世的肖像。很多历史学家认为英国之所以成为“日不落帝国”，其霸业的根基始于这位女王

上台后的伊丽莎白女王心中十分清楚，等待她的将不再是西班牙帝国的支持，而可能是一场前所未有的艰苦战争。为此，英国从16世纪中叶便开始了备战行动。当然，应对西班牙可能的入侵只是促使英国大力发展海军的一个契机，野心勃勃的伊丽莎白女王想依靠一支由新式战舰组成的新式舰队为英国撑起海上强国的门面。

前文为大家介绍的“玛丽罗斯”号与“大哈利”号是英国在16世纪前期所建造的具有代表性的战舰，不过它们都属于卡拉克船。时过境迁，到16世纪中期盖伦船兴起时，这些旧式的卡拉克船都已经显得过时了，刚诞生不久的盖伦船成为了各海上强国的新宠儿。16世纪时，军舰尚未出现分级的概念（即按照军舰体型大小和用途分为“皇家战舰”“大型战舰”“中型战舰”和“小型战舰”这4个级别），英国所建造的主力舰被称为“Great Ship”，而这其中有少部分战功卓越的军舰能获得“Ship Royal”的称号。从1556年开始直至1600年之前，英国共建造了17艘“Great Ship”，这些船均为盖伦船，并且是当时英国海军中最大的一批军舰。关于这些船只的大致情况请见下表。

| 舰名 | 建造地 | 下水时间 | 火炮数量 | 吨位 |
|---|---|---|---|---|
| 极品（Nonpareil） | 迪特福德 | 1556 | 32 | 381 |
| 玛丽罗斯（Mary Rose[1]） | ? | 1556—1557 | 29 | 595 |
| 金狮（Golden Lion） | ? | 1557 | 36 | 526 |
| 伊丽莎白（Elisabeth） | 伍尔维奇 | 1559 | 55 | 684 |
| 希望（Hope） | 迪特福德 | 1559 | 30 | 403 |
| 胜利（Victory） | ? | 1560 | 34 | 565 |
| 凯旋（Triumph） | 伍尔维奇 | 1562 | 55 | 760 |
| 白熊（White Bear[2]） | 伍尔维奇 | 1564 | 57 | 732 |
| 波奈温彻（Bonaventure） | ? | 1567 | 35 | 560 |
| 彩虹（Rainbow） | 迪特福德 | 1586 | 26 | 384 |
| 前卫（Vanguard） | 伍尔维奇 | 1586 | 38 | 449 |
| 皇家方舟（Ark Royal） | 迪特福德 | 1587 | 38 | 555 |
| 蔑视（Defiance） | 迪特福德 | 1590 | 34 | 442 |
| 花环（Garland） | 迪特福德 | 1590 | 34 | 532 |
| 梅尔豪诺（Merhonour） | 伍尔维奇 | 1590 | 39 | 692 |
| 退敌（Repulse） | 迪特福德 | 1596 | 38 | 622 |
| 沃斯派特（Warspite） | 迪特福德 | 1596 | 32 | 518 |

*1：此处的“玛丽罗斯”号并非前文介绍的那艘船，而是一艘全新的盖伦船。

*2：“白熊”号最初建造于1515年，船型为卡拉克船。该舰在1564年时曾进行大规模重建并重新下水，外观具备了盖伦船的特征。

从这些船的吨位可以看出，最大的“凯旋”号吨位也不过760吨，这与同时期动辄上千吨的西班牙巨舰相比实在不值得一提。但是值得注意的是，尽管吨位不大，英国舰船上所搭载的火炮数量却一点都不少。从表格中我们可以看到，即便是不到500吨的“小船”也可以搭载多达超过30门火炮。而“伊丽莎白”“凯旋”和“白熊”号这三艘较大战舰则各搭载了50多门火炮，这一水准已经基本与西班牙1 000吨级别的大型盖伦船相持平。这从一个侧面也证明了当时英国人对于舰载火炮在海战中可能起到作用的重视。由于16世纪英国造船技术并没有诸如南欧葡萄牙等国那么先进，因此建造“性价比”高的中小型舰艇成为了首选。

少女时代伊丽莎白的画像。此画作于1546年其13岁时

一幅描绘英国盖伦船“复仇”号战斗的画作。该舰虽然只有440吨，但却搭载了46门火炮，是英国舰船火炮高搭载率的一个很好的见证

对于表格中的17艘伊丽莎白海军中的“顶梁柱”，我们选择相对名气较大的“白熊”“凯旋”与“皇家方舟”号在下文为大家单独介绍。

## 伊丽莎白时代英国海军“三大舰”——“白熊”“凯旋”与“皇家方舟”号

谈起伊丽莎白女王时代的海军舰艇，最著名的自然是在击溃西班牙“无敌舰队”一役中表现出色的“皇家方舟”号。但在这艘传奇战舰之前却有两艘“老大哥”不能不提，那就是比它体型更大的“白熊”号与“凯旋”号。

可以说在传奇巨舰“大哈利”号之后，“白熊”号与“凯旋”号是伊丽莎白女王时期英国人所拥有的战斗力最强的两艘军舰了。尽管这两艘船对于西班牙“无敌舰队”来说只能算是再普通不过的“绿叶”，但它们对于英国海军的意义可绝非吨位上的数字那么简单。而在这两艘船中，“白熊”号的经历显然是更为奇特的，因为它不但原本是一艘卡拉克船，而且还是风帆时代“寿命”最长的帆船之一！

1515年，“白熊”号是一艘800吨级别的大型卡拉克船，建造于伍尔维奇。对于该舰作为卡拉克船的这段经历，有些史学家持反对意见，并且“白熊”这个舰名也是自1564年才开始使用的。当然，即便抛开“白熊”号的这段“黑历史”不谈，该舰自1564开始，直到被当成废料前变卖的65年服役历程在风帆时代也当属“长寿”了。

1585—1586 年，“白熊”号在参加与西班牙“无敌舰队”的决战前进行了第二次大修。据记载，服役刚过 20 年的“白熊”号舰体已经残破不堪，这似乎也从侧面证明了其船体年龄过长（已经有 70 年）的事实。重新服役后，“白熊”号在埃芬汉的霍华德爵士（Lord Howard of Effingham）指挥下加入对抗西班牙“无敌舰队”的英国大舰队。1588 年 7 月，举世瞩目的英西海上大决战开始，在战斗中“白熊”号的表现并未被记载。

1599 年，“白熊”号被重建为一艘“皇家战舰”。不过在此之后该舰便再也没有出海记录，在近 30 年的时间里都默默无闻地待在自己的锚地。1627 年，在评估了“白熊”号的舰况后，英国方面认为已无再次重建的必要，遂将该舰退出现役。两年后的 1629 年 6 月 12 日，“白熊”号被当成废材变卖，结束了自己漫长而乏味的一生。

倘若“白熊”号还带有改装舰“嫌疑”的话，那么“凯旋”号便是一艘“血统纯正”的盖伦式“巨舰”了。其设计排水量为 760 吨，满载时可达到 955 吨。虽然在吨位上并未达到 1 000 吨，但它的武备却丝毫不逊色于那些同期 1 000 多吨的巨舰。“凯旋”号在服役时设计搭载有 42 门火炮。其组成为：9 门半加农炮、4 门佩里耶炮（cannon-perier，一种体型稍小的加农炮，发射石制炮弹，可能产自葡萄牙）、14 门长炮、7 门半长炮、6 门隼炮及两门米宁炮（minion，源自法国，一种发射 5 磅炮弹的轻型加农炮）。除此之外，舰上还配备了 26 门小型火器（包括 10 门鸟铳，一种较为原始的回旋速射炮）用于海战中的接舷战。

一幅关于“白熊”号的彩绘图。该舰是一艘传奇的军舰，始建于 1515 年，在历经维修和重建后直至 1629 年才寿终正寝，服役时间长达 114 年。这不仅在风帆时代、放眼各个时期都是一个难以被逾越的纪录

一门产自西班牙的佩里耶炮。这种火炮活跃于16世纪，由于石制炮弹威力不佳，遂在17世纪被逐渐淘汰

由于是伊丽莎白时期英国海军最大的军舰，“凯旋”号顺理成章地被选为旗舰，并在1588年与“无敌舰队”的对抗中成为海军中将马丁·弗罗比歇的座舰。战斗中的“凯旋”号贡献颇多。该舰先是参加了8月2日的波特兰岛海战，在弗罗比歇的指挥下攻击了西班牙方面因航速较慢而掉队的划桨船分舰队；数日后又在格拉弗林与“无敌舰队”的最终决战中配合“复仇”号攻击敌方旗舰“圣马丁”号，致使其身负重伤。在战斗中，“凯旋”号上搭载的为数众多的中小口径加农炮发挥了相当大的作用。利用射速上的巨大优势，英国人成功遏制住西班牙人大型盖伦船的凶狠火力，从而最终拖垮了对手。

战后，大约在1595—1596年，“凯旋”号接受了重建。英国人将该舰的甲板层数进行削减，随后增加了火炮数量。进入17世纪后，“凯旋”号基本上处于被“遗弃”的状态，直至1618年退出现役并拆毁。

最后，为大家介绍伊丽莎白时代英国海军“三大舰”中最为著名的一艘——“皇家方舟”号。提起“皇家方舟”号，人们很容易想起在20世纪英国曾建造过的3艘同名航空母舰（3舰均已成为历史），而知道西班牙“无敌舰队”那段历史的人应该不会忘记，早在400年前，“皇家方舟”这个名字就曾为英国海军带来无上荣耀，而那也是这个舰名历史上的“第一位传人”……

这艘英国历史上首次以“皇家方舟”冠名的军舰是一艘标准的盖伦式帆船。它的外形在16世纪无疑是十分先进的，其船体较矮且流线型相当好，这对提高航速将会很有帮助。据记载，“皇家方舟”号的龙骨长110尺（一说103尺）、宽37尺、吃水15尺（一说16尺）；标准排水量为555吨，满载排水量可达到694吨（一说约800吨）。该舰火炮搭载数量为38门（不包括搭载于船楼上的17门小型火器），其组成如下：

4门60磅超重型加农炮，布置在下层火炮甲板船艉部分；

4门30磅重型加农炮，布置在下层火炮甲板的后段；

12门18磅加农炮，布置在下层火炮甲板的中前段；

12门9磅轻型加农炮，布置在上层火炮甲板的中后段；

6门6磅轻型加农炮，布置在上层火炮甲板的前段。

图为1596年被削减了甲板层数后的“凯旋”号。此举完成后，该舰在外形上更为现代化了

一幅描绘航行中的“皇家方舟”号的画作。这是一艘外形优美、行动敏捷的优秀军舰

“皇家方舟”号最初是由已有32年造船经验的造船师R- 查普曼为沃尔特·罗利爵士（Sir Walter Raleigh）建造的私人帆船，被命名为“罗利方舟”号（Ark Raleigh）。随着与西班牙战争的临近，伊丽莎白女王迫切需要各种能为英国海军提供帮助的舰船，因此于1587年1月从罗利爵士手中将此船以5 000英镑的价格买走。这对于一艘500多吨的大帆船来说已经是十分低廉的价格，即便如此，罗利爵士在得到伊丽莎白的财政大臣的口头承诺后迟迟未能收到这笔资金。

摇身一变成为军舰的“罗利方舟”号很快便被伊丽莎白女王亲自更名为“皇家方舟”号。由于并非纯正的军舰出身，“皇家方舟”号没有其他大型军舰那样高耸的上层建筑，但低矮的外形反而使其能获得更好的适航能力。具备双层贯通甲板的该舰拥有不亚于同等大小军舰的载炮能力，同时，其出色的稳定性使得士兵在舰上行走时感到舒适。

服役后的“皇家方舟”号所参加的第一次行动就是于1588年抵抗西班牙“无敌舰队”的入侵。在英国舰队中，“皇家方舟”号算得上是屈指可数的“大船”，同时舰况也是最好的，因此被委以重任——担任舰队司令、海军上将霍华德爵士的旗舰。不过由于是舰队旗舰，“皇家方舟”号在战斗中得到很好的保护，并未参加激烈的一线战斗。在击败“无敌舰队”后，“皇家方舟”号还参加了1596年英国突袭加的斯港的行动，并且在3年后西班牙人再次入侵时有所作为。

一幅关于“皇家方舟”号的漫画作品。在这艘著名战舰的左上方是霍华德爵士

进入 17 世纪后，随着一代明君伊丽莎白女王的死去，“皇家方舟”号按照新国王詹姆斯一世要求更名为“皇家安妮”号（安妮是詹姆斯一世妻子的名字，来自丹麦王室的安妮公主。下文为保持连贯性，仍以旧名称呼该舰）。1608 年，“皇家方舟”号得到重建，成为一艘拥有42门火炮的“皇家战舰”。1625 年，更名后的“皇家方舟”号得到再次披挂上阵的机会——成为温布尔登领主（Lord Wimbledon）的旗舰再次去突袭加的斯港，但这次行动却因为准备不足而失败。

直到1636年4月之前“皇家方舟”号都依然是英国海军的一员，作为约翰·佩宁顿爵士（Sir John Penington）的旗舰停泊在梅德韦河畔（River Medway）。在一次意外中，“皇家方舟”号丢失了原本用于固定船身的铁锚；加之梅德韦河河道过浅、多暗礁，随波逐流的该舰很快触礁，导致船壳严重受损。英国方面本想将其打捞并修复，却发现维修费用甚至高过当初买下它的价格，最终不得不放弃。就这样，“皇家方舟”号的残骸于1638年被拆毁，结束了其51年的服役历程。

另一幅描绘航行中的“皇家方舟”号的版刻画。这幅画的时间应该是1600年之后，因为甲板上类似房屋的建筑在17世纪初期比较流行

## 他是海盗还是英雄？弗朗西斯·德雷克

在阐述了伊丽莎白时期英国海军最出名的几艘军舰的基本情况后，接下来要为读者朋友们介绍的是这一时期英国著名海军将领的故事，而弗朗西斯·德雷克则是首当其冲的人物。提起这个人的名字，相信了解英西海战的朋友都不会感到陌生。英国人之所以能在与西班牙“无敌舰队”的较量中笑到最后，德雷克无疑要在英国人大获全胜的功劳簿上书写下浓重的一笔。

1540年左右（具体时间已无从考证，因为他的出生并没有明确记录），弗朗西斯·德雷克出生于英国德文郡的塔维斯托克（Tavistock, Devon），是一位名为埃德蒙·德雷克的新教徒农民12个孩子中的长子。1549年，由于宗教迫害（新教徒在欧洲曾广泛遭到迫害），德雷克举家从德文郡逃至肯特。在那里，德雷克的父亲得到了海军的征召成为英国海军的一名水手，年幼的德雷克也从此与大海结下不解之缘。

23岁那年，德雷克与他的表兄约翰·霍金斯乘坐霍金斯家族的船队抵达美洲，这也是他的第一次远洋航行。之后在1568年，德雷克再次跟随霍金斯前往美洲，然而他们的船队却在墨西哥的圣胡安卢阿港（San Juan de Ul ú a）附近被西班牙人拦截。所幸的是，德雷克与霍金斯均安然逃脱虎口。不过年轻气盛的德雷克可咽不下这口失败的恶气，回国后，他发誓要为此报仇，并积极准备重返美洲。1570年和1571年，德雷克曾两次航行到西印度群岛，但关于这两次航行并没有更多的记载。

1572年，德雷克开始了他的第一次独立“军事行动”。根据计划，他打算通过巴拿马地峡袭击位于那里的西班牙殖民地金银矿。在“蹲点”成功后，当年5月24日，德雷克指挥73名船员分乘两艘小船（一艘叫“帕斯卡”号，70吨；另一艘叫“天鹅”号，25吨）从朴茨茅斯出发，于7月下旬夺取了被誉为“金银小镇”的西班牙据点“Nombre de Dios”（意为“上帝之名”）。不过在战斗中德雷克也并非一帆风顺。据记载，在夺取小镇的行动中这位年轻冒险家曾因受伤而导致血流不止，幸运的是他的部下坚持将其救走使其保住了性命。在此之后，德雷克留在该地区将近一年，时不时袭击西班牙运输队以夺取宝物。

一幅作于1590年或更晚的弗朗西斯－德雷克爵士（Sir Francis Drake，1540？—1596）的肖像画。身为那个时代“最伟大”的海盗，德雷克最终成为了英国人民心目中的英雄

一幅描绘“Nombre de Dios”遭受攻击的图片。不过攻击港口的是德国人皮特·申克，时间是1672年，恰好是德雷克攻击此地100年之后

1573年，德雷克加入了法国著名海盗纪尧姆·勒泰苏（Guillaume Le Testu，1509—1573）的队伍，对当地一支运输队进行袭击，截获黄金和白银约20吨。由于人手不够无法搬运，海盗们将大部分宝藏埋藏起来。随后不久西班牙人追上了他们，双方发生交火。战斗中，留下断后的纪尧姆受伤被俘，不久被西班牙人斩首。德雷克和手下一些海盗背着战利品一路狂奔到海边，却发现船都不见了。见此情形，德雷克和部下们都感到心灰意冷，疲惫和饥饿充斥在人群中，更要命的是，西班牙人离这里并不远……

此时此刻，德雷克召集部下将剩余的宝藏也埋藏在沙堆里，而后扎起一个木筏，由两人撑桨划离海岸。就这样，这个木筏承载着德雷克等人在沿着海岸航行了48千米后终于找到了他们的旗舰。当浑身肮脏的德雷克爬上旗舰甲板时，船员们惊问他是怎么逃脱攻击的。而幽默的年轻冒险家也不忘开玩笑以放松大家的心情。在他的鼓励下，大家于1573年8月9日最终回到了英国的普利茅斯港，结束了噩梦般的旅途。

经过早期冒险为自己积攒经验后，德雷克终于迈出了人生中最为重要的一步：进行人类历史上第二次环球航行。随着在巴拿马地峡一代突袭西班牙宝矿的成功，德雷克引起了伊丽莎白女王的注意。1577 年，在女王的授意下，德雷克开始沿着美洲太平洋沿岸对西班牙人进行打劫。因为得到了英国政府的支持，德雷克摆脱了“海盗”的身份，摇身一变成为能够名正言顺从事打劫行动的“私掠船长”。

1577 年 12 月 13 日，德雷克指挥以 150 吨的“鹈鹕”号（后更名为人们所熟知的“金鹿”号）为首的探险船队从朴茨茅斯出发，开始了环球航行的壮举。这支船队一共拥有 5 艘小型帆船和 164 名水手（出发后很快又加入一艘），并且水手们的航海履历都十分丰富。雄心勃勃的德雷克指挥船队南下沿着非洲西海岸横跨大西洋向南美洲驶去。

不过航行过程显然比德雷克所预料的还要艰难。横渡大西洋时，他们遭到罕见风暴的袭击并损失了两艘船。不过幸运的德雷克还是设法使自己的船队在今天属于阿根廷的圣胡利安港（San Julian）靠岸，而这个港口恰恰是半个世纪前麦哲伦所抵达的补给地。在这里，麦哲伦曾下令处死过一批哗变的船员，德雷克的船员很快便找到了那些悬挂着骸骨的绞刑架。与麦哲伦一样，德雷克也决定在这里处决“叛乱者”，他的死敌托马斯·道蒂（Thomas Doughty）。

图为纪尧姆于 1555 或 1556 年绘制的一幅世界地图的一部分。不单单是海盗，纪尧姆在当时也算得上是一名探险家

从圣胡利安启航前，德雷克船队中的“天鹅”号因船体腐蚀不能继续航行，这下原本拥有6艘帆船的冒险船队折损了一半船只。由于西班牙人的封锁，德雷克无法通过狭窄的麦哲伦海峡，这个时候，风暴再度来袭，德雷克船队的3艘船中有一艘被摧毁，另一艘因害怕而折返英国，最终只剩下旗舰“鹈鹕”号顺着海风继续向南行驶到了火地岛南侧。在洋流的推动下，“鹈鹕”号的瞭望员发现了一座孤岛，德雷克将其命名为伊丽莎白岛，用以表达自己对女王的敬意（实际上这里就是今天我们所说的合恩角“Cape Horn”）。随后不久，驶入太平洋的德雷克和他的手下在巴塔哥尼亚高原西南部与当地土著人发生冲突，并成为最早在这一地区杀死土著人的欧洲人。

值得一提的是，自从麦哲伦海峡被发现以来，人们一直认为该海峡以南的火地岛就是传说中“南方大陆”的一部分，但当德雷克绕过火地岛后却发现眼前是一片汪洋大海。毫无疑问，这位探险家被自己的意外发现惊呆了，于是兴奋地向大家宣布：“传说中的南方大陆是不存在的，即使存在，也一定是在南方更寒冷的地方。”（直到今天我们还称这片广阔的水域为“德雷克海峡”，其也成为世界上最宽的海峡）。

此外，由于船上横行的败血症（一种在风帆时代十分流行的疾病，因缺乏维生素所导致，患病者死亡率极高），德雷克不得不思索对付的办法。一个偶然的机会，“鹈鹕”号的船长温特发现当地盛产的一种树木的皮可以有效预防败血症，这在医疗条件落后的16世纪无疑是一剂“灵丹妙药”（尽管现在认为该植物的医用价值已经不大了）。而发现树木的温特船长的名字则被用来为树木命名（Drimys winteri，今天被划为林仙科植物）。

一幅描绘1581年在迪特福德接受检修的“鹈鹕”号的画作。该船在1578年执行环球航行途中被德雷克冠以“金鹿”的全新船名。后来该船成为人们最熟知的帆船之一，同时也是模型界的“宠儿”

在历经“千辛万苦”抵达风浪缓和的太平洋后，为了感谢克里斯托弗·哈顿爵士为自己提供的这艘“幸运”船只，德雷克将其更名为“金鹿”号（金鹿是哈顿家族的纹章），并指挥其在南美洲西海岸对西班牙据点进行攻击和掠夺。一些西班牙船只被抓获，德雷克利用船上的航海日志制作出更精确的海图以指引前进的方向。在到达秘鲁海岸之前，德雷克发现了摩卡群岛，但却遭到敌视欧洲人的岛上原住民马普切人的攻击。在冲突中，德雷克受了重伤，不得不狼狈离开这里继续北上。当他们抵达瓦尔帕莱索港（Valparaíso）时，则幸运地俘获了一艘满载智利红酒的西班牙商船。

在秘鲁的利马附近，德雷克抓获了西班牙一艘满载着秘鲁黄金的商船，这艘船的黄金总额价值 25 000 比索（一种西班牙钱币，如果换算到今天的话相当于 700 万），在当时不可不谓“价值连城”。此外，德雷克还发现了另一艘正驶向马尼拉的西班牙珍宝船，名为“圣母康塞普西翁”号（Nuestra Señora de la Concepción，与 17 世纪末西班牙一艘一级战舰同名）。在追踪了数日后，德雷克最终截停并夺取了这艘珍宝船，获得了不菲的战利品。

登上“圣母康塞普西翁”号的甲板后，德雷克发现这艘船上藏着一个稀世珍宝——一枚重达 80 磅（约合 36 千克）的纯金十字架。除此之外，船上运载的 13 箱皇室珠宝和 26 吨白银更是令众船员垂涎。面对天上掉下的如此大的馅饼，德雷克自然欣喜若狂。不过高兴之余，这位颇具绅士风度的英国冒险家善待了船上每一名俘虏，并按照船上官员身份的高低为他们准备了相应的礼物并提供保护。

一株尚处于幼年期的林仙木。这种树木多分布在安第斯山脉到麦哲伦海峡一带

作于1626年的一幅描绘德雷克捕获“圣母康塞普西翁”号珍宝船的画作

在劫掠了“圣母康塞普西翁”号之后，德雷克继续向北航行，希望能发现另一艘从马尼拉返回阿卡普尔科的西班牙珍宝船。但是经过一番努力之后，他们失望了，他们并没有发现这样一艘预想中的“猎物”。不过尽管没能扩大战果，但根据新制作的海图，德雷克指挥“金鹿”号在1579年6月17日航行至加利福尼亚海岸，并在这里发现了一个适宜船只靠岸的好地方。德雷克决定在这里休整一段时间以维修、补给船只。同时，在吸取了在摩卡群岛的遭遇后，德雷克上岸后竭力与当地原住民米瓦克人保持友好的关系。在相处过程中，德雷克和他的手下“热心”地教当地人英语并将这里称为“新不列颠”（New Britain）。

为了不使自己发现的加利福尼亚海岸原住民落入西班牙人之手，德雷克做了保密工作，并在闲余时间将海图制作完成。这本是记载当时航海情况的第一手资料，但不幸的是，航海日志、绘画和图表等其他相关珍贵物品均于 1698 年毁于白厅的大火中。

离开太平洋沿岸后，德雷克一行人朝着西南航向航行了一段时间，数月之后横跨大洋，抵达西太平洋上的摩鹿加群岛（Moluccas，今天的印度尼西亚领土）。在那里，“金鹿”号曾不幸触礁，险些沉没。为了挽救最后的帆船，德雷克下令倾倒所有货物使船体抢滩搁浅，并足足等了 3 天才借助有利潮汐重返大海。在度过这一劫难后，德雷克一行人的旅途变得平坦了许多。1580 年 7 月 22 日，他们成功穿过好望角抵达大西洋，对于这些冒险者来说，胜利就在眼前了……

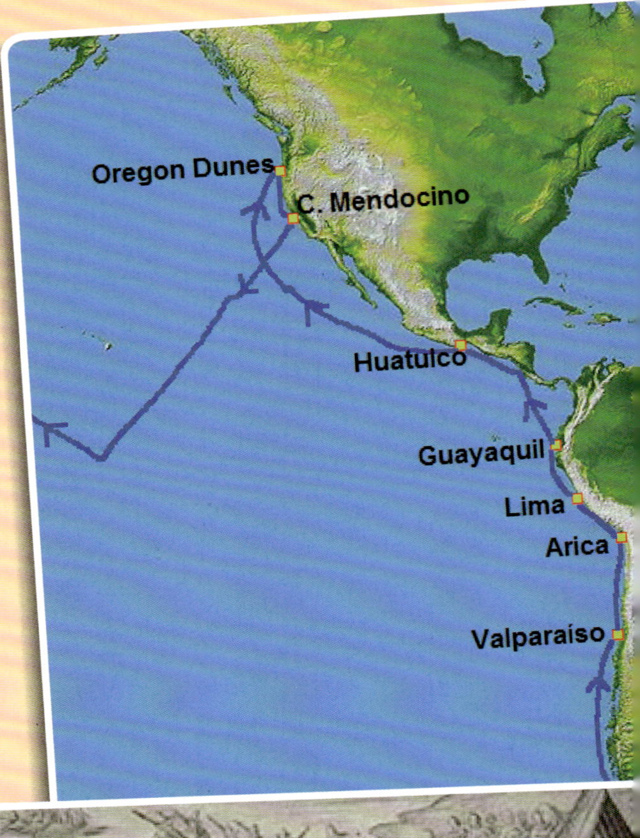


9 月 26 日，当“金鹿”号拖着疲惫的身躯驶入朴茨茅斯港时，几乎所有人都认为这是个奇迹：英国史上的第一次环球航行居然就这样完成了！包括德雷克在内，一共有 60 名水手最终回到了故乡，他们不仅为伊丽莎白女王带回了一船财宝，更带来了无上的荣耀。

值得一提的是，德雷克的环球航行是风帆时代唯一一次由一人自始至终指挥完成的壮举，而无论是 50 年前的麦哲伦，还是两个世纪后的库克船长，均在航途中命丧土著人的刀下。

一幅描绘德雷克在加利福尼亚海岸登陆的画作，1590 年由著名印刷商人特奥多雷·德布里所出版

一幅完整的德雷克环球航行示意图。蓝色箭头标注的是他的航行方向

或许连伊丽莎白也没有料到站在眼前的这位矮个儿青年竟然有如此大的能耐。在环球航行之后，德雷克不仅成为全英国的英雄，更是得到了女王的全力资助去完成他更大的“梦想”。后来，德雷克积极与西班牙为敌，不断骚扰其驻地甚至对“无敌舰队”的战备制造了很大威胁，当然，这些我们会在下文中为大家做出介绍。

1596 年 1 月，德雷克因为患上痢疾而死于一次航行中。能够死在自己一生挚爱的大海上，这或许是对一名航海家最好的褒奖……

一幅描绘德雷克在环球航行时登上不知名岛屿的画作。时至今日，德雷克仍是航海冒险家们心中勇气与睿智的代名词

# 英西海上争霸

## 玛丽女王被斩首与西班牙无敌舰队的组建

众所周知，西班牙一直是传统的天主教国家，英国则在亨利八世时期发生了一些变故。由于和教皇关系恶劣，这位心高气傲的英国君主曾公开与罗马教廷决裂并支持新教徒在英国发展。而在他死后，他的女儿玛丽（继位后为玛丽一世）改变了这一局面。由于玛丽也是一位狂热的天主教徒，继位后的她疯狂迫害新教徒。同时，这位“血腥玛丽”还有个特殊身份：西班牙王储费利佩（即后来的费利佩二世）的妻子。

玛丽与费利佩的结合意味着英国与西班牙的同盟。不过好景不长，玛丽在英国王位上只坐了5年就染病去世。由于没有后代，她的妹妹伊丽莎白继承了王位。伊丽莎白继位后对新教徒持同情态度并逐渐疏远与西班牙的关系，这使得费利佩心中大为不满。为了能继续保留对英国的控制权，费利佩二世向伊丽莎白求婚，但却遭到了拒绝，这为两国“反目成仇”埋下了最初的伏笔。

被伊丽莎白拒绝的费利佩心里明白，恐怕只有推翻这位年轻女王的统治才能恢复自己在英国的利益。而在这时，他发现来自苏格兰的玛丽女王似乎正是自己用来推翻伊丽莎白王位的理想对象……

一幅描绘西班牙费利佩二世与他的妻子英国的玛丽一世在一起的画作。此画应该画于1556年费利佩继承王位之后

一幅苏格兰女王玛丽的肖像，此画作于女王17岁时。“断头女王”玛丽的故事对于熟知历史的人来说早已成为一段经典

出生于苏格兰林利斯戈宫的玛丽·斯图亚特是位虔诚的天主教徒，同时就血缘而言比伊丽莎白更有资格继承王位。为了消除隐患，伊丽莎白于1567年将其囚禁。这引起了在英国国内仍拥护天主教和玛丽的贵族们的不满。费利佩二世利用英国国内贵族对于伊丽莎白所为不满的心态，一面暗中与被伊丽莎白囚禁的玛丽联络，表示对她的支持；一面收买勇士去刺杀伊丽莎白（1586年发生了著名的巴宾顿刺杀行动），但均以失败而告终。阴谋败露后，伊丽莎白于1587年2月8日将玛丽斩首，断绝了费利佩二世想要依靠内部政变推翻其统治的计划。而与此同时，在矛盾公开化的情况下，摆在费利佩二世面前推翻伊丽莎白女王的手段只剩下了一条，那就是武力征服。

对于16世纪下半叶的西班牙来说，在刚经历了在对奥斯曼土耳其帝国（勒班陀海战）和葡萄牙（蓬塔·德尔加达海战）的伟大胜利后，其军力正处于“巅峰”之时。拿下当时实力远不如己的英国对于费利佩二世来说似乎并非难事。在这样一种背景下，费利佩二世“倾全国之力”打造了一支庞大的舰队准备用于入侵英国，史称“无敌舰队”。

## 英国方面的备战

事实上在将苏格兰的玛丽·斯图亚特斩首之前，伊丽莎白女王便已经有了与西班牙“决战”的觉悟，并很早便开始了备战行动。而这个备战措施不仅仅是军力上的，也包括对敌方后勤补给港口的骚扰等。在风帆时代早期的16世纪，欧洲各国的海军舰艇大多处于“战前雇佣、战后解散”的状态。因此在得到费利佩二世组建“无敌舰队”的消息后，伊丽莎白亲自出马进行“总动员”，征召国内一切可用船只改装成战舰或武装商船组成一支尽可能庞大的、能与“无敌舰队”相抗衡的舰队。在她的感召下，同仇敌忾的英国人很快便募集到一支拥有197艘船只的舰队。这支舰队看似比“无敌舰队”还要庞大，实际上其中绝大部分都是只有100~300吨的小型战舰和武装商船，不仅没有1 000吨以上的巨舰，甚至连500吨级别的战舰都屈指可数。交战双方舰队装备舰船的吨位及数量可参照下表（西班牙“无敌舰队”的数量为141艘）。

| | 英国 | 西班牙 |
|---|---|---|
| 1 000吨以上（艘） | 无 | 7 |
| 500~1 000吨（艘） | 8 | 58 |
| 100~500吨（艘） | 115 | 34 |
| 100吨以下（艘） | 74 | 42 |

一幅描绘集结中的西班牙无敌舰队的油画。画面中威武的西班牙盖伦式巨舰看上去极具威慑力，然而这支被寄予厚望的舰队最终的命运却是悲惨的

除了准备武装力量，伊丽莎白还邀请具备丰富（与西班牙人）作战经验的德雷克和他的表兄霍金斯加入了舰队，其中德雷克甚至获准指挥一支以自己名字命名的分舰队，这足以见得女王对其的信任。不过德雷克分舰队多由吨位较小、航速较快的小帆船组成，他们的任务并非与“无敌舰队”正面交火（实战中德雷克担负着侦查“无敌舰队”动向的任务）。

据记载，准备迎击“无敌舰队”的英国舰队共被分为4个分舰队，分别为：中坚舰队、德雷克分舰队、唐斯分舰队及后备舰队。其中500吨以上的“巨舰”都集中在了中坚舰队，总旗舰为“皇家方舟”号。德雷克分舰队的旗舰为“复仇”号（Revenge），这是一艘460吨、搭载36门火炮的航速较快的盖伦式战舰。

一幅描绘正骑马亲自进行战争动员的伊丽莎白女王的画作。画中左侧的贵族脱帽向她致敬，显示出战士们高昂的士气

德雷克的旗舰“复仇”号的侧视图。该舰后来于 1591 年被俘获

在这 4 支分舰队中，每支舰队都由正规军舰和武装商船混编而成。其中中坚舰队有正规军舰 14 艘、武装商船 33 艘；德雷克分舰队有正规军舰 5 艘、武装商船 21 艘；唐斯分舰队有正规军舰和武装商船各 7 艘；后备舰队则有 21 艘武装商船和 15 艘纯正的商船（无重型火炮）。除此之外，各分舰队中还有大量吨位非常小(100吨以下的)的船只，而所有 8 艘 500 吨以上的“巨舰”全部集中在中坚舰队。分别为：“皇家方舟”号（555 吨）、“凯旋”号(760 吨)、“白熊”号(White Bear，732 吨）、“伊丽莎白”号（Elisabeth，684 吨）、“胜利”号（Victory，565 吨）、“玛丽罗斯”号（Mary Rose，595 吨）、“波奈温彻”号（Bonaventure，560 吨）和“金狮”号（Golden Lion，526 吨）。

尽管在数量上占据了一定优势，但英国人的船只过小且质量良莠不齐，因此在理论上和实际上依然不是“无敌舰队”的对手。不过大军压境，情况极其紧迫，已经尽全力进行战争动员的伊丽莎白还是把全部希望寄予在这支舰队身上，希望德雷克等人能再度带给她惊喜。根据舰队总司令霍华德爵士的安排，他自己和德雷克所指挥的主力舰队驻扎在朴茨茅斯（Portsmouth），而后备舰队则停泊于多佛（Dover），用于防备海峡对岸的西班牙帕尔马公爵发动可能的偷袭。

英国舰队总司令，诺丁汉伯爵查尔斯·霍华德（Charles Howard, 1st Earl of Nottingham, 1536—1624）的画像。在他的领导下，英国舰队奋勇迎击强敌

怀揣着忐忑不安的心情，伊丽莎白和她的子民即将迎来这“改变命运的时刻”。

## 德雷克对西班牙备战的骚扰

对于西班牙费利佩二世和他的“无敌舰队”来说，整个远征英国的计划就像受了诅咒的梦魇一般。自古以来，但凡具备决定性意义的重要战役需集齐“天时”“地利”“人和”方能胜出；而西班牙人似乎从一开始就交上了霉运，这也使得“无敌舰队”的征程蒙上了一层阴影。

在得知西班牙人集结舰队的消息后，伊丽莎白一面在全国范围内动员备战，一面应德雷克的请求派出船队对西班牙海岸进行骚扰。而这本来并没有被寄予厚望的骚扰竟然成为了影响战争走向的关键因素。

按照费利佩二世的计划，“无敌舰队”应当早在1587年春天就完成集结并即刻在战功卓越的海军名将阿尔瓦罗·德巴赞的指挥下前往英国。而各地所派出的分舰队也确实如期抵达了“无敌舰队”集结地加的斯港。德雷克通过自己的间谍在第一时间得到了这一消息。很快，这位富有冒险精神的航海家做出了一个大胆决定：夜袭加的斯港。

1587年4月12日，德雷克指挥的由25艘帆船组成的船队从普利茅斯港启航，目标直指西班牙的加的斯港。后人认为，德雷克之所以敢在西班牙人眼皮底下动刀子，其最主要原因是得到了伊丽莎白女王丰厚报酬的承诺。女王曾表示德雷克和他的“海盗舰队”可以从战利品中提取50%的利润作为自己的突袭回报。“重赏之下必有勇夫”，在女王的“刺激”下，德雷克等人的胆子越来越大。但是无论如何，这次袭击西班牙主力舰队的计划还是有点“玩大”了。伊丽莎白女王的本意仅仅是对西班牙海岸进行骚扰，在德雷克的极力怂恿下她才答应了夜袭加的斯港的作战计划。很显然，在德雷克离开后，伊丽莎白女王就对自己的“冲动”有些懊悔。她于德雷克舰队出航七日后追加了一道反对其执行夜袭加的斯港的命令，根据德雷克事后回忆，可能是由于处于逆风状态，这艘传令船并未将命令带给自己。就这样，德雷克险些与自己一场史诗般的胜利擦肩而过。

一幅描绘德雷克在向伊丽莎白女王进言请求派出船队骚扰西班牙舰队的油画。画面中的女王此时还显得有些犹豫不决，但她事后一定会为自己做出了这样一个英明决定而庆幸

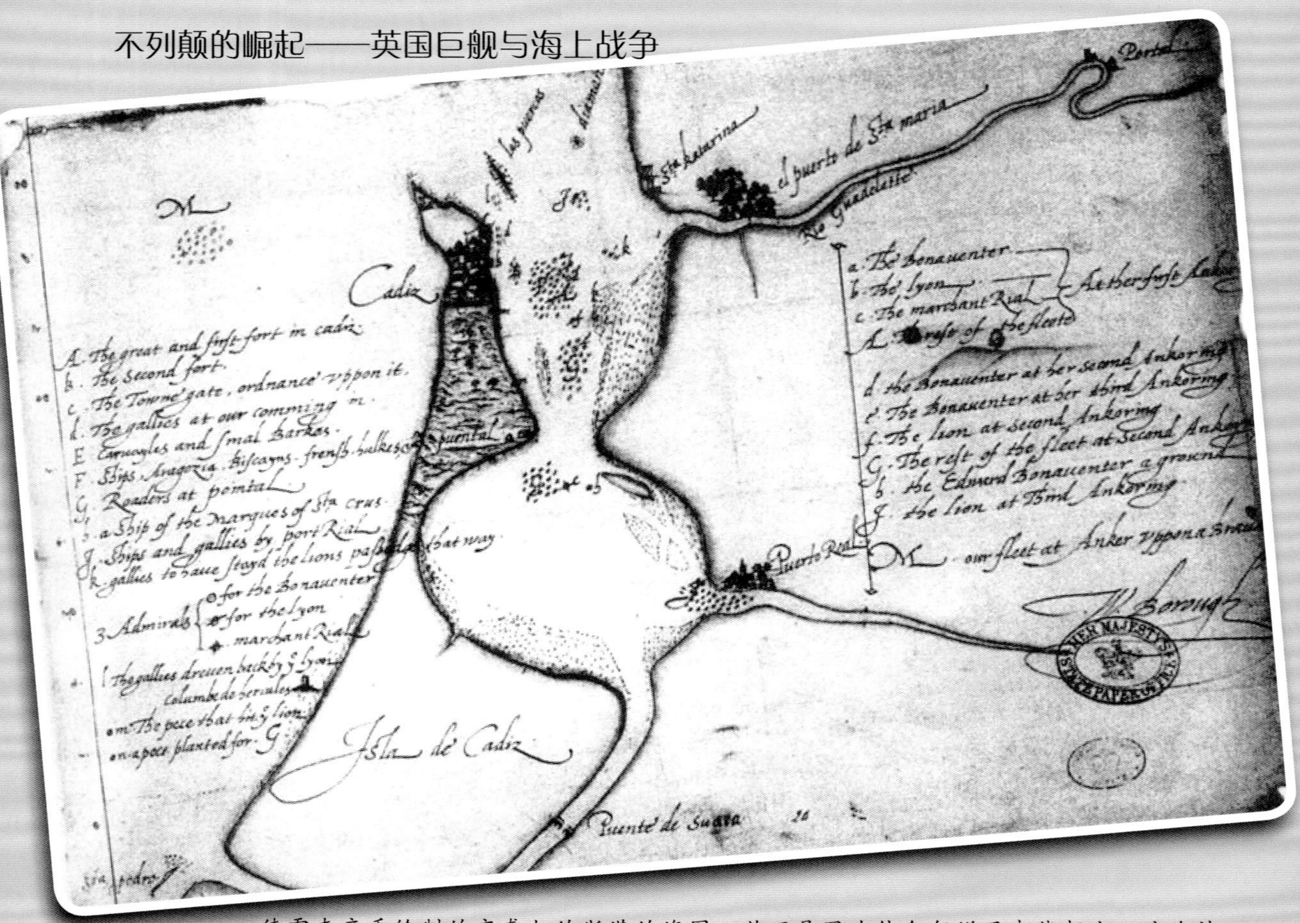


德雷克亲手绘制的夜袭加的斯港的海图。若不是因为传令船逆风未能赶上，这次计划恐怕就得泡汤了

于是，在经历了狂风巨浪的考验并损失了一艘小船后，德雷克的船队于4月29日夜间悄然无息地抵达了加的斯港，并乘夜对港内停泊的西班牙舰船进行攻击。当时在港口内共停泊着准备编入“无敌舰队”的60余艘武装卡拉克船和一些小型船只，德雷克对它们进行掠夺并放火焚烧，战后经过清点，西班牙方面一共有33艘大小船只被毁，损失不可谓不惨重。

然而故事并没有就这样结束。离开加的斯港后，德雷克指挥船队北上前往葡萄牙。在里斯本，他们遇到了阿尔瓦罗·德巴赞亲自指挥的（无敌舰队）主力舰队。此时，这位西班牙老将正在监督舰队集结为前往加的斯港做准备，并且很明显他还没有得到德雷克袭击了加的斯港的消息，对于德雷克的“来访”态度十分温和。德雷克提出与之交换囚犯，但德巴赞回应说自己并没有捕获英国战俘或对英国采取任何行动。随后双方在岸边的炮台进行了火药交换和淡水补给，在这一切完成之后，德雷克和他的船队逃之夭夭。值得一提的是，由于放走了德雷克，德巴赞受到了费利佩二世的严厉批评，并最终导致这位战功卓越、能力出众的将领于次年2月9日溘然离世。西班牙未曾开战就失去了一位优秀将领，这对于“无敌舰队”乃至西班牙海军来说都是一个沉重的打击。

离开里斯本后，德雷克的船队于6月8日在距离圣米格尔岛20海里的地方发现了一艘葡萄牙大帆船“圣菲利普”号（São Filipe），随即立即将其捕获。经调查，这是一艘从东印度返回本土的巨型卡拉克船，船上搭载的黄金、香料和丝绸等珍宝总价值高达108 000英镑（后来这其中的10%归德雷克私人所有）。7月6日，德雷克的船队返回英国，而这位受到上帝眷顾的探险家的声誉也达到了顶点。

停泊在葡萄牙里斯本用于组建西班牙“无敌舰队”的武装卡拉克船

## “无敌舰队”的覆灭

德雷克的“海盗行为”尽管没能实质性摧毁费利佩二世的“无敌舰队”，但却使之进攻英国的计划不得不推迟了一年。而伊丽莎白则利用这一年的时间为备战西班牙做好了更为充足的准备。

一年之后，费利佩二世组建了一支比原先泊在加的斯港还要庞大的舰队，并且亲自将其命名为“无敌舰队”（Grande y Felic í sima Armada）。然而这支舰队的质量却较之前有所下降。费利佩为了维持舰队规模，补充进去很多战斗力较低的船只。该舰队由梅迪纳·西多尼亚公爵指挥。编有6个风帆战舰分队、1个划桨战舰分队和1个补给分队。共有141艘船（一说134艘）和30 000多人。人员包括舰队水手8 700余名、划桨奴隶2 000余名、士兵22 000余名。由于舰队中混杂了大量仅负责运输的落后船只，“无敌舰队”的火炮搭载总数并不太多，仅为2 430门。这样一来，平均到每艘船只有不足18门火炮。而与之形成鲜明对比的是英国舰队的197艘船只上总共搭载了6 500门火炮，平均到每艘船达到33门，这几乎是西班牙人的一倍。

1588年春，经过了“漫长”的准备期，这支跃跃欲试的“无敌舰队”终于于5月30日从里斯本起航前往英国本土。而当“无敌舰队”正在跨越大西洋时，英国舰队已经在普利茅斯港聚集完毕。不过由于大西洋上风浪较大，西班牙人到来的速度显然比英国人所想象的要慢得多。6月19日，梅迪纳·西多尼亚公爵在大风浪的迫使下不得已进入拉科鲁尼亚港避难。在那里，使他感到惊慌的是，许多补给品都腐烂了，并且有大量的饮用水都已经从新制的木桶中漏光；他也发现有许多船需要修补；有相当一部分人身体状况堪忧。在召开了一次紧急会议后，他亲自派人送信给费利佩二世，请求暂停这次远征，到明年再图大举。然而这个合理提议却遭到求胜心切的费利佩二世的断然拒绝。于是在采购了一些新的补给之后，尽管天气恶劣，西班牙舰队还是在7月22日再度开航了。7月29日，西班牙人已经可以望见英国海岸的理查德（The Lizard），在那里，梅迪纳·西多尼亚公爵下令暂停前进，以等待其全部船只赶到。然而就在停歇中，他们被担任侦查任务的德雷克分舰队中的“金鹿”号（即前文中跟随德雷克完成环球航行的那艘帆船）发现。英国方面的主力舰队随即出港，这导致“无敌舰队”丧失了作战先机，不得不仓促应战。

7月31日，在普利茅斯以南海域，双方舰队终于相会了。由于此前两次风暴的削弱，“无敌舰队”的实力已经下降至125艘。梅迪纳·西多尼亚公爵将“无敌舰队”排出“新月”形阵势向英国舰队发起攻击。这场载入史册的大海战就这样打响了第一炮。

西班牙舰队司令梅迪纳·西多尼亚公爵（Duke of Medina Sidonia，1550—1615）的肖像。他是一名优秀的陆军将领，但在指挥海战上显然有些“外行”

图画右侧为排成“新月”形阵势向英格兰舰队进攻的“无敌舰队”

开战之后，占据上风位的英国舰队利用顺风的优势（可以获得主动和机动，而且炮烟也顺着风吹向敌方，足以蒙蔽敌人的视线），从容迎接来自“无敌舰队”的挑战。据部分资料记载，英国舰队的先头船只排成一条单长线向“无敌舰队”驶去。对此，西班牙人似乎也有所记载，他们称之为“Fnala”（已经可以算是之后出现的战列线的雏形）。排成单长线的英国船只以猛烈的炮火对笨重的西班牙大帆船进行攻击，西班牙人似乎被这凶猛的火力打懵了，甚至有的船只当场开始溃逃（也有说法认为西班牙部分船只是被风所吹散而并非溃逃）。

为了挽回舰队的溃散，西班牙比斯开分舰队司令胡安·马丁内斯·德里卡尔多立即指挥旗舰“伟大的笑容”号（El Gran Grin，一艘巨型卡拉克船，1 160 吨，28 门火炮）上前加以阻止，但随后立即受到了包括德雷克旗舰“复仇”号在内的多艘英舰的夹击，他们把猛烈的火力倾泻在该舰上。现场的惨烈程度是海战史上前所未有的。

接着西班牙安达卢西亚分舰队司令唐·佩德罗·德·巴尔德斯的座舰“罗萨里奥夫人”号（Nuestra Señora del Rosario，也是一艘巨型卡拉克船，1 150 吨，46 门火炮）前去营救里卡尔多。不久，总司令梅迪纳·西多尼亚公爵的旗舰“圣马丁”号也加入了战斗。可惜他们来晚了一步，“伟大的笑容”号已经完全失去了战斗力。西多尼亚只得将里卡尔多救起，但放弃了战舰。然而厄运接踵而至，西班牙舰队军需处长和金库所在的“圣·萨尔瓦多”（San Salvador，卡拉克船，958 吨，25 门炮）号被击中起火，退出了战线。霍华德用信号通知他的舰队赶紧追击这艘正在燃烧的船只，结果这又引起了一场新的战斗，由于靠近的西班牙舰只越来越多，他不得不主动撤退了。后来，这艘倒霉的巨舰因为损毁严重也被放弃。

双方的第一次交手以西班牙的失败而告终。虽然这并不是致命的，但却极大地打击了西班牙人的士气。正如梅迪纳·西多尼亚公爵日后在回忆录中所写的那样："敌人的船只是那样的轻快灵活，所以面对它们，我们颇有无可奈何之感。"

在随后的日子里，双方在波特兰岛（The Isle of Portland）外海、怀特岛（The Isle of Wight）附近，以及法国北部布洛涅港（Boulogne）的外海接连发生了3次遭遇战。梅迪纳·西多尼亚公爵的本意是指引舰队去护送此时应当在加莱海岸做好准备的帕尔马公爵满载步兵的运输船队前往英国海岸执行登陆作战。然而令他沮丧的是，帕尔马公爵根本没做好登陆作战的准备，其运输船队也完全不存在。霍华德观察到"无敌舰队"一直在加莱海岸处于抛锚状态，便于当天（8月7日）午夜派出纵火船向"无敌舰队"发起火攻。对此没有防备的西班牙人纷纷砍断锚缆四散开来，但还是陷入了混乱。被打乱阵形的"无敌舰队"于8日清晨在英国舰队的驱赶下驶至敦刻尔克北部格拉弗林外海区域。这里有许多浅滩沙洲，对船只航行不利，然而对于熟悉此处水域的英国人来说却是一个极为利好的因素。霍华德决定在此处与"无敌舰队"一决雌雄，最后决战的时刻终于来临。

一幅描绘英国战舰攻击西班牙战舰的油画。位于画面左侧的西班牙战舰显得异常高大，然而却抵挡不住更为灵巧低矮的英国战舰

一幅描绘遭到英国纵火船攻击后混乱不堪的“无敌舰队”的场景。火光冲天的战舰上，西班牙船员纷纷跳海逃生

由于在开战之初“无敌舰队”便完全陷入混乱之中，因此这场英西舰队之间最终决战的胜负悬念就已经很小了。英国人以优势兵力对混乱不堪的“无敌舰队”船只进行分割围剿，此时的梅迪纳·西多尼亚公爵已经失去了对舰队的控制。英舰的强大火力迫使西班牙人一度上岸。而在他们上岸后，又遭到地面和海上炮火的双重打击，损失惨重。当夜，眼见大势已去的梅迪纳·西多尼亚公爵趁着英国人稍有松懈，将舰队残余兵力集中在一起准备突围。而到战役的最终时刻，幸运女神终于眷顾了一次可怜的西班牙人：海面上适时刮起了南风。见风向有利，梅迪纳·西多尼亚立即决定从北面绕过不列颠群岛返回西班牙。由于风向处于劣势，再加上各舰早已弹药耗尽、船员精疲力竭，英国方面也放弃了追击。这标志着双方在格拉弗林海域战斗的终结。

一幅反映格拉弗林之战全貌的板画。战斗到最后时刻，实际上双方都陷入了各自为战的混乱境地

霉运很快再度降临到脱离战场的“无敌舰队”的头上。在途经奥克尼群岛时，他们再度遇上了风暴，由于先前决战时有很多战舰已在战火中残破不堪，无法抵御惊涛骇浪的侵袭，这场风暴给“无敌舰队”带来的损失甚至高于海战。据记载，有30余艘船只在风暴中倾覆，数以千计的船员和士兵死亡。

直到9月底，梅迪纳·西多尼亚公爵才率领“无敌舰队”的残部返回西班牙的桑坦德港。这时，“无敌舰队”已由出征前的141艘舰船和30 000人被削减到只剩63艘舰船和10 000多人了。鉴于“无敌舰队”的实力已被严重削弱，费利佩二世不得不放弃了他在不列颠进行登陆作战的计划。至此，无敌舰队的北征以彻底失败而告终。而伊丽莎白女王和她为击败强敌立下汗马功劳的臣子们则为后人所津津乐道。

## 失败的英国版“无敌舰队”

“无敌舰队”的损失不仅仅只是回国后所统计的“战时损耗”，事实上尽管最终还有接近半数的船只逃回西班牙，但绝大多数都因为受损严重而很快报废，这其中就包括曾被西班牙海军视为骄傲的旗舰“圣·马丁”号。从这个角度来看，“无敌舰队”实际上等于彻底覆灭了。费利佩二世一手重金打造的舰队就这样在短短数月里灰飞烟灭。不过尽管在远征英国的行动中遭到惨败，西班牙海军仍控制着大西洋和地中海的霸权，欧洲与新世界间贸易往来所带来的巨大财富犹如源源不断的新鲜血液被注入遭受重创的西班牙体内。

为了彻底击败西班牙海军，刚刚击溃西班牙“无敌舰队”而取得一场史诗般胜利的伊丽莎白女王决定乘胜追击，组建了一支英国版的“无敌舰队”进攻西班牙本土。这支舰队一共拥有126艘各型舰船和23 000名士兵。现在，危机已经从英国转移到了西班牙，西班牙人则从侵略者变成了卫国者。

英国人的目标是桑坦德港，全歼在那里的西班牙“无敌舰队”残部。1589年4月，在德雷克和诺里斯爵士（Sir John Norris）的率领下，这支庞大的英国“无敌舰队”向西班牙本土出发了。但在路途中，德雷克和诺里斯商议后认为攻击设防坚固的桑坦德胜算不高，因而改变战略在附近的西班牙重要港口拉科鲁尼亚登陆并攻击这座城市。然而他们的攻击却遭到当地西班牙军民的激烈反抗并最终未能占领该城市。在保卫拉科鲁尼亚的战斗中，一位普通的西班牙妇女玛利亚·皮塔因替亡夫守城（其丈夫是西班牙驻守拉科鲁尼亚的一名陆军上尉，在战斗中因头部被弓弩射中而死去）而被奉为民族英雄。她的名言“¡Quen teña honra, que me siga！”（没有抛弃荣誉的人们，跟我一起上啊！）激励了当时处于逆境中的西班牙守城将士并最终顶住了英国人的猛扑。

一幅反映在奥克尼群岛附近西班牙“无敌舰队”隶属的划桨分舰队旗舰“赫罗纳”号被巨浪斩断吞没时的惨烈景象的油画。西班牙帝国的黄金时代也如这艘被腰斩的巨舰一般，沉没于历史的巨涛中

在经历了拉科鲁尼亚的失败后，德雷克等人转而南下里斯本，袭击了停泊在塔何河（Tajo，葡萄牙语为 Tejo，流经西班牙和葡萄牙境内的一条大河）的 60 艘德意志邦国的船只（后来害怕引起外交纠纷，这些船又如数退还）。德雷克的计划是占领里斯本，但素质较低的英国陆军士兵再一次令他失望了。于是德雷克等人只得北上返航，途径西班牙维戈（Vigo）时又将这座繁荣的港口洗劫一空。接着，这支“海盗”舰队又驶往亚速尔群岛附近，试图拦截西班牙从西印度群岛返回的运宝船队（通常情况下，运宝船队都会在亚速尔群岛停歇），但却扑了个空。此时，由于漫长而曲折的航程，英国舰队中疾病蔓延，有近半数水手死亡，德雷克不得不率部回国。

德雷克与生俱来的海盗行径引起了包括德意志诸邦国在内的欧洲各国的强烈不满，并且伊丽莎白女王对此次远征的结果也很不满意。女王的不满并不令人意外，因为德雷克和诺里斯的舰队除了掳掠到一些财物外没有在战略上达成任何目标。尽管如此，英国人仍向世人展示了自己具备和西班牙一样的海军实力，这预示着一个新时代即将到来。

今天矗立在拉科鲁尼亚广场上的玛利亚·皮塔（María Pita，1565—1643）的雕像。英国人入侵时她年仅 24 岁。在她的脚边是自己死去的丈夫，只见她一手持矛，另一只手与亡夫紧紧握在一起

## 西班牙的没落与英国的崛起

在经历了“无敌舰队”的覆灭和战争带来的巨大创伤后，曾在16世纪不可一世的西班牙终于开始走下坡路。尽管在伊丽莎白女王统治时期，西班牙的国力仍然强于英国，但不可否认的是，此时的英国已经走上了蓬勃发展的快车道，它将在未来欧洲的政局中扮演更为重要的角色。

根据史料记载，为了弥补历次战争中的损失，以及应对来自多方的威胁（比如英国、海盗等），西班牙国王费利佩二世不断增加军费开支。不过连年增加的军费已使西班牙政府到了不堪重负的地步。尽管有美洲殖民地源源不断的黄金白银做支撑，费利佩二世仍为国家留下了巨大的赤字。在“无敌舰队”失败之前，这位国王已经于1557年、1560年和1575年3次宣布国家破产，并且在他去世后的第二年，西班牙第四次宣布破产。在这样一种情况下，包括本土、美洲殖民地及在尼德兰、意大利等领地的臣民生活日益艰苦。这就形成了一个恶性循环，使西班牙的衰落成为必然。

一幅描绘战胜西班牙“无敌舰队”后风光无限的伊丽莎白女王的画像。至此，这位女王足以跻身英国历史上最伟大君主的行列

当老的霸主呈衰败趋势时，另一个新的霸主将会接替它的位置，尽管这可能并不是立即就能达到的。而西班牙帝国的这个最终接班者就是英国。也许在西班牙这栋大厦轰然坍塌时（1639 年，唐斯海战的失利对于西班牙的影响甚至比“无敌舰队”的覆灭更大。在那之后西班牙一蹶不振，彻底沦为二流国家；而荷兰则成为一股新生力量并得到突飞猛进的发展），英国并不是最强的，因为当时“群雄并起”——左有荷兰、右有法国，这些都是与英国一同挑战新霸主地位的强有力的对手。然而尽管在短时间内它们的光辉或许盖过了英国，但最终还是沦为英国人的手下败将。风帆时代最终成为了英国人的独曲。

开启英国海权时代的功劳无疑记在了伊丽莎白女王身上。而从她开始，之后的历代英国国王都以加强海军建设为首要目标。与“无敌舰队”的对抗中，英国方面在单舰上处于劣势的情况将一去不复返，因为从 17 世纪开始，它们将开启属于自己的“巨舰时代”。

一幅老年费利佩二世的画像。这位国王曾将西班牙带上欧洲之巅，然而其穷兵黩武的做法却使西班牙帝国如昙花一现般迅速衰落

# 第一艘三层甲板战舰“皇家王子”号

## 菲尼亚斯·佩特的杰作

提起 17 世纪的英国战舰，人们自然会想起著名的“皇家王子”号（Prince Royal）与“海上主权”号（Sovereign of the Seas），而可能大部分读者都不会知道，这两艘名舰的设计者竟是一对父子！伟大的佩特家族在英国造舰史上留下了自己的足迹。

翻开履历，我们可以发现，“皇家王子”号建造于 1610 年，它的建造者名为菲尼亚斯·佩特，建造地点为伍尔维奇船坞。菲尼亚斯·佩特是“佩特王朝”的开启者，出生于迪特福德。他的父亲彼得·佩特也是一名船舶工程师，但是在当时并没有太大的名声。由于家境一般，菲尼亚斯只能被送去罗切斯特的免费学校学习。三年后，因为需要更进一步深造，菲尼亚斯被送入位于格林威治的一家私人学校。在那里直到 1586 年，16 岁的他成为剑桥大学伊曼纽尔学院的学生为止。1589 年，彼得·佩特去世，菲尼亚斯变得一贫如洗，不过他仍然坚持完成了他的学业。

一幅老年伊丽莎白女王的画像，作于 1600 年或更晚些时候。女王于 1603 年逝世，享年 70 岁。正是她的野心和努力使英国海军得到质的飞跃并开启了英国的海权时代

英国历史上最伟大的造船大师菲尼亚斯·佩特（Phineas Pett，1570—1647）的肖像。他不仅为英国带来了一艘设计精良的巨舰，更开创了一个造舰的大时代

菲尼亚斯的坚持不懈得到了回报。1601年，他被海军看中并被任命为查塔姆的海军造船师助理。菲尼亚斯在这个岗位上干得相当不错，尤其是在一次执行维修舰队的任务中，他仅花费了6周便完成了指标，这为他赢得了一致好评。1604年初，菲尼亚斯有幸见到了当时年仅10岁的亨利王子。在参观了菲尼亚斯的工作场所后，年轻的王子对其设计的帆船表现出浓厚兴趣。为了满足王子的好奇心，菲尼亚斯亲手在查塔姆码头做了一艘龙骨长28英尺（8.5米）、宽度大约12英尺（3.6米）的等比例缩小的船模（看上去外观类似1587年的“皇家方舟”号），并于3月22日亲手将其献给王子。菲尼亚斯的举措得到了英王詹姆斯一世的赏识。很快，这位因财力窘迫几乎要不得不停工的造船大师便得到了来自皇室的资助。同时，菲尼亚斯和他的哥哥约瑟夫还得到了国王亲授的皇家勋章，以鼓励他们为英国造船业做出的贡献。

1607年，菲尼亚斯以当年送给亨利王子的船模为基础设计出一艘新的模型献给国王詹姆斯一世。这是一艘船艏经过全新设计的帆船，并且在修长的船身上安置了三层火炮甲板。詹姆斯一世对于模型非常满意，并要求尽快付诸现实。1608年10月20日，新舰铺设了第一块龙骨，开始正式建造。

此后的两年内，新舰的建造进展得十分顺利。1610年，对于菲尼亚斯来说无疑是个幸运的年份。在这一年，他的妻子为他生下了儿子彼得，也就是日后建造“海上主权”号的佩特家族的第二个天才造船师。同年晚些时候的7月25日，以亨利王子之名命名的“皇家王子”号战舰完成了下水仪式。一代名舰就此揭开其神秘面纱。

由于是一艘皇家战舰，“皇家王子”号在下水后即对水上结构进行雕刻装饰。船艉和侧舷雕刻由塞巴斯蒂安教区牧师完成；船体彩绘则由罗伯特·皮克与保罗·伊萨克松完成。整个工序耗时约一年，大致在1611年的复活节至米迦勒节之间（大约是4月至9月间）陆续完成。至此，这艘历史名舰已威风凛凛地向我们驶来，即将把它的一切展现出来。

1605年由约翰·德克里茨所画的英王詹姆斯一世的肖像画。这位国王是前文提到的苏格兰女王玛丽的儿子，他的继位推翻了伊丽莎白女王的很多政策，但仍旧保持了对海军的大力发展

## 英国海军的第一艘三层甲板战舰

关于“皇家王子”号的具体服役时间如今已无从考证，但从一幅描绘其于1613年驶抵法拉盛的油画来看，其服役时间应当在1611—1613年。该舰的设计吨位达到了1 187吨，不仅是英国在17世纪首屈一指的巨舰，也是那个时代的最强者之一。

由现代人制作的“皇家王子”号的大比例全肋骨模型。模型很好地展现了该舰奢华的雕刻和绚丽的彩绘，不过其细节与真船相比肯定还是有所出入的

建成伊始的“皇家王子”号设计拥有三层全贯通的火炮甲板——这在英国历史上可是第一次，并且是一个巨大的进步。要知道在十多年前的伊丽莎白女王时代，英国最大的军舰还仅仅是只有几百吨和双层火炮甲板的中型盖伦船。不过“皇家王子”号并不是历史上第一艘拥有三层火炮甲板的军舰，因为早在16世纪60年代，汉萨同盟所建造的巨舰“吕贝克之鹰”号便获此殊荣。据说，那是一艘全长达到78.3米、排水量在2 000~3 000吨的庞然大物，是16世纪存在过的最大帆船。

上文提到的描绘“皇家王子”号驶抵法拉盛港的油画。该舰位于油画中间偏左的位置，其奢华的上层装饰和鲜艳的色彩格外引人注目

初次竣工时，“皇家王子”号的龙骨长度为 115 尺（约合 35 米）、船体宽度为 43 尺 6 寸（约合 13.26 米）、吃水深度为 18 尺（约合 5.5 米）、排水量约为 1 200 吨（也有资料认为该舰的初始吨位为 1 150 吨左右，因为重建时经过较为精确的测量，该舰吨位为 1 187 吨，而该舰虽然在重建时没有增加尺寸，但扩充的武备显然会增加少许吨位）。而在武备上，该舰搭载了总计 55 门火炮。其中包括 51 门带有最新轮式炮架的标准舰炮和 4 门用于杀伤人员的小型手炮。这 55 门舰炮在每层甲板的组成情况为：下层甲板 6 门半加农炮、两门佩里耶炮和 12 门长炮；中层甲板 18 门半长炮；上层甲板 13 门隼炮和 4 门手炮。这里值得注意的是，该舰的上层甲板出现了单数的火炮，由于没有可以参照的历史图片，我们无法判断这“多出来”的一门火炮的安装部位在哪里。另有资料认为，“皇家王子”号类似前文提到的一些早期巨舰，装备有更多的轻型火器，总数目达到 120 门，但并没有证据证明它们的存在。

按照 1625 年的一张关于“皇家王子”号的人员配备清单我们可以了解到，该舰当时配备有 340 名水手、40 名炮手和 120 名士兵。此外，舰上还有 21 名随行的码头人员，总计 521 人。

值得一提的是，“皇家王子”号在建造时采用了较为保守的四桅设计，这在 15~16 世纪的大帆船上十分常见。不过随着桅杆、索具的改善，到 17 世纪 20 年代，设计师们发现即便再大的帆船也可以通过三桅来完美推动，于是第四根桅杆便从船上逐渐消失了。当然，“皇家王子”号想要去掉象征着“落后”的第四根桅杆可能还需等待一些时日了。

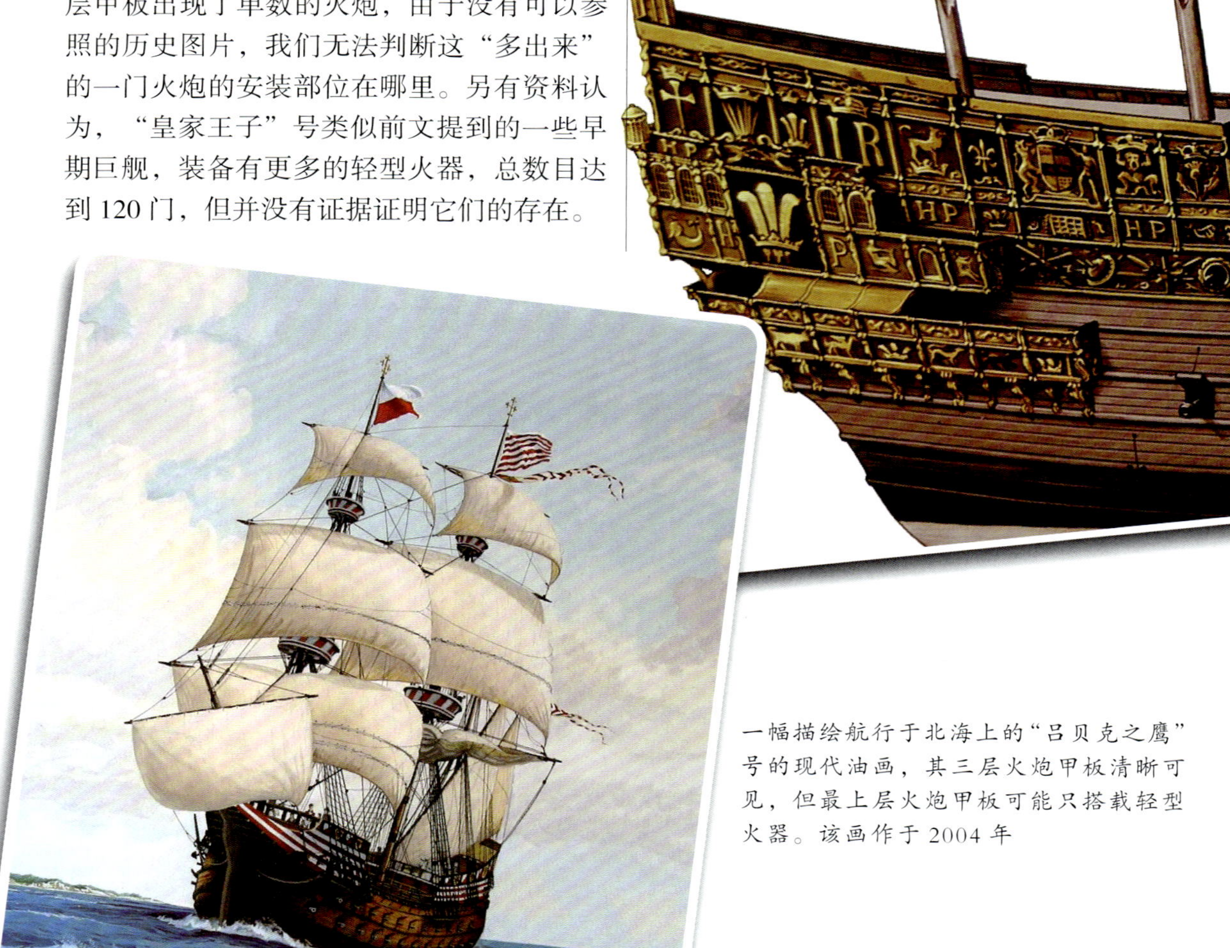


一幅描绘航行于北海上的“吕贝克之鹰”号的现代油画，其三层火炮甲板清晰可见，但最上层火炮甲板可能只搭载轻型火器。该画作于 2004 年

建成后的“皇家王子”号随即被编入皇家海军服役。从1613年4月6日至5月7日，该舰曾短暂成为海军总司令霍华德（就是击败“无敌舰队”一战中的英国舰队总指挥诺丁汉伯爵查尔斯·霍华德）的旗舰。不过由于老将军已入花甲之年（1613年时已是77岁高龄），因身体原因退出现役，“皇家王子”号很快便更换“主人”。1621年，军方为该舰花费6 000英镑更换了船身上腐败的木料；1623年，又花费1 000英镑解决了下层和中层火炮甲板尾部下坠的问题。随后该舰参加了远征西班牙的行动，不过并未显示有任何作战记录。

1625年5月，“皇家王子”号在完成了一次保卫运输船队的任务后便没有再出海。1639年，该舰暂时退出现役，等待它的将是其生涯内的第一次大规模重建。

由于拥有4根桅杆，船体设计较为先进的“皇家王子”号看上去仍旧像一艘典型的盖伦式帆船

## “皇家王子”号的重建历史

1637年，在菲尼亚斯·佩特的儿子彼得·佩特的主持下，建造的英国乃至全欧洲第一艘火炮过百的战舰“海上主权”号完工服役。这是一艘仅具备3根桅杆的外观更为现代化的巨舰。相较而言，仍然具备4根桅杆、火炮甲板长度过短的“皇家王子”号已经显得过时了。在这种情况下，军方决定对“皇家王子”号进行大规模重建。由于菲尼亚斯·佩特年事已高退居二线，他的儿子彼得·佩特接过了改造的重任。

第一次重建的“皇家王子”号在外观上与旧型的主要区别就是桅杆数量。彼得·佩特按照“海上主权”号的布局将“皇家王子”号的第四根桅杆去除；同时移动第三根桅杆的位置成为“后桅”（前面两根桅杆分别为“前桅”和“主桅”）。完成改造的“皇家王子”号在外观上已经成为“小一号”的“海上主权”号，令人眼前一亮。

在完成了桅杆的改造后，“皇家王子”号进行其第二项重点改造工程：重新布置火炮甲板。在不扩大船体大小的前提下该舰适当延伸了甲板长度（缩短了原本奢华的尾部舱室长度）和重新设置了炮位，这使得其火炮搭载数量从55门上升至70门。而在1653年第一次英荷战争爆发时，该舰甚至将火炮数量临时提升至88门（在露天甲板增设轻型火炮），不过在非战时，该舰的火炮数量一直维持在70~80门。至于这些火炮的组成情况则没有记载。

第一次英荷战争结束后，由于舰体老化及新式战舰层出不穷，军方决定对“皇家王子”号进行第二次大规模重建，而这次几乎是建造了一艘新船。17世纪60年代，英国新建了一批全新设计的主力舰，这些船只拥有更为流线型的船艏、更为低矮的船身及更为密集的火炮布局。“皇家王子”号的第二次重建便是以当时流行的舰型为蓝本进行改造的。

一幅描绘彼得·佩特（Peter Pett，1610—1672）和他所设计的“海上主权”号的油画。佩特家族是17世纪英国乃至欧洲最著名的造船世家

一幅反映完成第二次重建后“皇家王子”号侧面与船艉效果的油画。不难看出，该舰从外观上已经摇身一变成为一艘新舰

事实上不仅仅是外观，接受第二次重建的“皇家王子”号由于变更了尺寸而从根本意义上来说已经完全成为一艘“新舰”。该舰的重建工作由1661年一直进行至1663年，如此长的时间也几乎是一艘军舰完整的建造周期了。重建后的“皇家王子”号在外观上焕然一新，其船身尺寸得到显著加大。其龙骨长度增长至132尺（约合40米）、船体宽度增加至45尺2寸（约合13.77米）、吃水深度略微增加至18尺10寸（约合5.74米），排水量激增至1 432吨。与比它略大的“海上主权”号（1 522吨）基本达到了同一个水准。

除了尺寸上的明显改观，“皇家王子”号还再一次增强了武备。由于船体大幅延长，该舰的火炮甲板自然得到了延伸。重新武备后的“皇家王子”号的火炮总数达到了92门；并且在最下层甲板拥有了13个炮位，“海上主权”号也是如此。这就意味着该舰的重火力与后者基本持平（遗憾的是我们并没有该舰在第二次重建后的火炮详细配置表，因此其火炮具体组成情况成谜）。

在完成了第二次重建后，“皇家王子”号的战斗力达到了其服役期间的巅峰。而它很快便迎来了属于自己的真正挑战，那就是第二次英荷战争。

从另一个角度描绘“皇家王子”号的油画。此画所反映的年代应当正是第二次英荷战争期间

## 陨落在英荷战争

任何一部精密华贵的武器，哪怕它璀璨得如同漆黑夜空中的群星，但倘若离开了实战便会显得黯然失色，“皇家王子”号也是如此。因为武器得以存在的根本便是“杀戮”。相比一百多年前的巨舰“大哈利”号，“皇家王子”号无疑是“幸运”的，因为它有幸参加了从第一次英荷战争到第二次英荷战争的大小5次海战。尽管它最终陨落在战场，但对于一艘军舰来说，这无疑是光荣的。

1649年，查理一世被斩首，克伦威尔控制了英国。由于“皇家王子”号的舰名象征着旧制度的皇权，该舰很快被更名为“决心”号（Resolution）。在随后到来的第一次英荷战争中，“皇家王子”号以“决心”号这个新舰名参加了3场著名海战，分别为1652年9月28日的肯特角海战（Battle of the Kentish Knock）、1653年6月2日至3日的加伯德海战（Battle of the Gabbard）和1653年7月31日的席凡宁根海战（Battle of Scheveningen）。

在参加的第一次英荷战争的3次海战中，“皇家王子”号都搭载了88门火炮，这也是在第二次重建之前该舰所能承受的极限武备。在肯特角海战中，“皇家王子”号担任英国海上将军（克伦威尔时期的海军最高军衔，实际上就是后来的海军上将）罗伯特·布雷克舰队的瞭舰（旗舰为“海上主权”号）。在战斗中，“皇家王子”号曾与德鲁伊特尔麾下的荷兰舰队旗舰“布雷德罗德”号发生炮战。在那次海战中，布雷克的舰队给了荷兰人迎头痛击，使“初出茅庐”的德鲁伊特尔吃到了自己所指挥的海战中的第一场败仗。

在次年6月初的加伯德海战中，“皇家王子”号担任英军统帅乔治·蒙克（George Monck，后来的阿尔伯马尔公爵）的旗舰。尽管这支庞大的英国舰队拥有约100艘各式船只，但其中只有不到1/3的是军舰。荷兰舰队有98艘，虽然在数量上与对手不相上下，但在单舰形体上还要小得多。“皇家王子”号是交战双方参战的最大军舰，不过在海战中并未发挥太大作用。此役乔治·蒙克获得胜利，俘虏了荷军11艘船只和1 350名水手。

将近两个月后，英荷双方在席凡宁根决一死战，“皇家王子”号也参与其中。海战中，荷兰历史上最优秀的海军将领之一马尔滕·特罗姆普被击毙，这对荷兰人来说是个沉重打击。因此尽管他们在战略上达到了意图（解除了英国方面对特克塞尔岛的封锁），但由于特罗姆普的死去而使这场“胜利”变得苍白无力。

第一次英荷战争结束后十年，随着新继位的英王查理二世修改《航海条例》，荷兰成为最大受害者，这导致他们不可避免地再次向英国提出挑战。1664年8月，由德鲁伊特尔指挥8艘战舰出击收复了被英国占领的据点。在此之后，双方摩擦不断升级。终于，在1665年2月22日，荷兰正式向英国宣战，第二次英荷战争就此爆发。战争爆发伊始，“皇家王子”号刚完成第二次重建不久，几乎变成了一艘新舰。在第二次英荷战争双方所进行的第一场较量——洛斯托夫特海战中，“皇家王子”号成为英军蓝色分队指挥官、第一代桑威治伯爵爱德华·蒙塔古的旗舰。此役英国方面一共派出了109艘各式作战船只，其中70门炮以上的三层甲板战舰就有6艘，可谓倾巢出动。由于在决战开始后不久荷军旗舰“伊恩德拉赫特”号便被英军“皇家查理”号击中弹药库而导致大爆炸，这场战斗很快便演变为英军单方面的“屠杀”——最终一共有17艘荷兰舰船被击毁或俘获，英国人大获全胜。

一幅描绘肯特角海战的油画。这是第一次英荷战争期间双方进行的第二次海上大战。其中油画最左侧的三层甲板巨舰是“海上主权”号；其右侧较小一些的帆船便是“皇家王子”号，正与位于画面最右侧的荷军旗舰“布雷德罗德”号进行激烈炮战

1666年初，在荷兰的鼓动下，法国站在荷兰这边与英国为敌，这使得英吉利海峡一带的战略形势对英国变得更加不利。尽管法国人并未真正出兵，但其牵制的目的显然已经达到。眼见查理二世已经分兵去迎战子虚乌有的法国舰队，荷兰方面立即派出由德鲁伊特尔所指挥的主力舰队出发进攻由乔治·蒙克所指挥的后备舰队（用于支援前去与法国舰队“交战”的鲁珀特亲王所指挥的主力舰队）。“皇家王子”号是英国前卫舰队指挥官乔治·爱司句上将的座舰。在双方的海上争斗进行至第三天时，由于处于劣势，乔治·蒙克被迫指挥舰队向西撤退，而当舰队撤退至加洛普浅滩（Galloper Shoal）时，由于吃水过深，“皇家王子”号落在了舰队最后面，被蜂拥而上的荷兰“小船”们团团围住。经过一番绝望的抵抗，爱司句下令“皇家亲王”号向荷兰名将小特罗姆普降旗投降，成为了英国在整个风帆时代唯一一位在战斗中被俘虏的海军上将，永久地钉上了“耻辱柱”。

按照小特罗姆普的打算，他本想将被俘的“皇家王子”号作为战利品带回荷兰本土邀功，并且这艘巨舰完全有可能为荷兰海军所用（“皇家王子”号比当时任何一艘荷兰战舰都要大得多）。但总司令德鲁伊特尔却认为该舰尺寸太大、吃水太深，不适合荷兰的浅滩海域，同时为了羞辱被击败的英国人，最终下令将这艘象征着英国皇室尊严的巨舰焚毁。一代名舰就此凋零。

第一代桑威治伯爵爱德华·蒙塔古（Edward Montagu, 1st Earl of Sandwich, 1625—1672）的肖像。他后来于第三次英荷战争的索尔湾海战中战死

威廉·范德维德所绘的“皇家王子”号降旗投降的油画。这艘曾是英国第一艘三层甲板战舰的“老王子”终于在四天海战中走到了生命的终点

## 综合性能评价

从1612年左右到1666年，“皇家王子”号大约为英国海军服役了55年的时间，这在风帆时代对于一艘木质帆船来说已经算是相当之久了（尽管期间该舰曾经历过两次大规模重建）。虽然期间“皇家王子”号的出勤率仍旧偏低，但至少比100年前另一艘皇室巨舰“大哈利”号的境况要好得多。由于在17世纪上半叶，各海上强国掀起了造船热，在这里我们将“皇家王子”号与同期别国主力舰做对比，这样可以更好地认识到该舰在当时欧洲所处的地位。

前文已经介绍过，“皇家王子”号是英国所建造过的第一艘三层甲板战舰，并且由于“吕贝克之鹰”号在1588年便被拆毁，根据资料记载，该舰很可能也是当时世界上唯一一艘在服役的三层甲板战舰。不过，多出来的那一层火炮甲板究竟能否使“皇家王子”号登上当时最强大风帆战舰的宝座呢？让我们用数据来说话。

这里挑选了17世纪早期欧洲各海上强国具有代表性意义的战舰，其技术参数对比表整理如下。

| 舰名 | 皇家王子（Prince Royal） | 吉斯的盖伦船（Galion de Guise） | 旗舰康塞普西翁（Capitana La Concepción） | 瓦萨（Vasa） | 三冠①（Tre Kronor） |
|---|---|---|---|---|---|
| 国籍 | 英国 | 法国 | 西班牙 | 瑞典 | 丹麦 |
| 服役时间 | 1 612 | 1 620 | 1 626 | 1 627 | 1 604 |
| 除籍时间 | 1 666 | 1 642 | ? | 1 628 | 1 632 |
| 排水量 | 1 187 | 1 000~1 200 | 1 150~1 300 | 1 250 | 1 500 |
| 设计炮门数 | 55 | ? | 60 | 64 | ? |
| 实际载炮数 | 55 | 48~58 | 60~70 | 64 | 64~90 |
| 甲板长（m） | ? | 43.52 | 44.25 | 47.5 | 41.2 |
| 龙骨长（m） | 35 | 35.08 | 34.48 | 38 | ? |
| 船宽（m） | 13.26 | 12.34 | 12.93 | 11.11 | 10.1 |
| 最大吃水 | 5.5 | 5.19 | 6.32 | 4.75 | ? |
| 船员 | 521 | 540 | ? | 445 | 500~600 |

①17世纪初的丹麦巨舰“三冠”号从载炮数量来看有可能是一艘三层甲板战舰，但没有资料来证明这点。该舰1 500吨的排水量是其于1606年访问英国时由英国所测的，从船体尺寸来看，这可能是该舰的满载吨位。

从表中的数据对比可以看出，与同期欧洲各海上强国的主力舰相比，拥有三层火炮甲板的“皇家王子”号无论在尺寸还是在火力上都只能算是“中规中矩”，并不具备明显优势。这里值得一提的是，就在17世纪20年代各国仍在流行建造四桅大帆船时，瑞典的“瓦萨”号较早采用了“非传统”的三桅布局，这对于当时的造船业来说无疑是最重要的变革。

身为三层甲板战舰，火炮装载数量相比双层甲板战舰却并不占优势，这是一个十分奇怪的现象。不过如果我们仔细观察后便会发现，早期“皇家王子”号的火炮甲板利用率十分低下，平均每层火炮甲板只能配置18~20门火炮（即舷侧火力为9~10门），这显然还停留在16世纪标准盖伦船的水平。当然，也许是注意到这种设计对空间资源的浪费，在第一次重建时，“皇家王子”号在不增加尺寸的前提下便对武备进行大规模提升（达到平均每层火炮甲板配置26门火炮的主力舰水平），这也使得该舰的战斗力成倍提升。

1637年，更大更奢华的“海上主权”号服役后，“皇家王子”号逐渐黯然失色、淡出了人们的视野。但作为英国舰队的重要一员，完成数次修葺和重建后的它依旧活跃在战场上，为祖国奉献出最精彩的战斗篇章。这或许就是对一艘军舰最好的评价了。

后人制作的瑞典著名风帆战舰“瓦萨”号的模型。该舰是一艘外形优美、极具现代化特征的皇家战舰，然而由于船体重心设计上的缺陷，该舰在处女航时即宣告沉没

前文提到过的“皇家王子”号大比例全肋骨模型的侧面效果图。由这个角度可以清楚地看到其接近船艉的雕刻部分是无火炮的，这对该舰的空间资源是一个极大的浪费

# 第一艘火炮过百的三层甲板战舰“海上主权”号

## 历史上第一艘火炮过百的风帆巨舰

在风帆时代的历史上，英国人所建造的帆船曾多次创下纪录。例如15世纪初在全欧范围内最大的帆船，亨利五世的御用座舰“格雷斯·丢”号；最早拥有侧舷齐射火力的“玛丽罗斯”号；第一艘拥有双层火炮甲板的“大哈利”号，以及英国第一艘三层甲板战舰，也是世界唯一一艘此类船只的“皇家王子”号。如此多的纪录也无愧于这个国家在风帆时代称霸海洋的地位。而这样的纪录还远远未结束。

也许是认为该像父亲詹姆斯一世那样拥有一艘属于自己的皇家战舰，查理一世在登基之后便一直计划着建造一艘新舰，但受限于经费拮据和议院的阻挠（议院认为这样一艘庞大的军舰将没有港口可以供其停靠，也没有合适的锚地供其下锚），这一计划迟迟未能实施。而到1634年8月，查理一世在海军上将约翰·彭宁顿的支持下，终于突破重重阻挠下令建造这艘巨舰。而该舰的设计师则由菲尼亚斯·佩特的天才儿子彼得·佩特来担任。

1635年5月，“海上主权”号正式开工。年仅25岁的彼得·佩特在父亲菲尼亚斯·佩特的协助下以“皇家王子”号为蓝本改进设计出了这艘巨舰，与“皇家王子”号在外观上最大的不同是，“海上主权”号在设计伊始便采用了当时刚开始流行的以三根桅杆驱动船体的布局，而这一布局也一直延续到了风帆时代结束。

从外观来看，“海上主权”号是一艘拥有流线型船身和修长火炮甲板的优美战舰。尽管该舰的尾部也如“皇家王子”号一样背负着交错复杂的雕刻，但在雕刻群中依然设置有火炮射击孔，并没有浪费这块区域。此外，“海上主权”号还可能是最早在船舷设置登舰门的三层甲板战舰之一（位于第二层甲板的舱门，用于迎接舰队司令等高规格军官，通常只有舰队旗舰才会有这个设置），而英国人也将这一设置延续到了风帆时代末期（例如在特拉法尔加海战中，英国舰队旗舰“胜利”号便有登舰门的设置）。

海军上将约翰·彭宁顿爵士（Sir John Penington，1584？—1646）的肖像。在他的大力支持下，“海上主权”号终于得以建造

“海上主权”号的船艏与“皇家王子”号类似，呈扁平修长之态，与后来风帆时代标准战列舰的船艏有很大不同。按照英国方面的说法，这一灵感来源于造船师马修·贝克（Mathew Baker，1530—1613）对“复仇”号的设计。“复仇”号是一艘不足500吨的中型盖伦船，建造于1577年，曾参与1588年与西班牙“无敌舰队”的交战。这种船艏在17世纪晚期无疑是“跨时代”的先进设计，直到17世纪中期才被更为先进的鸟喙式船艏所取代。

在外观上，除了较为先进的设计，“海上主权”号最引人注目的恐怕便是其几乎遍布全身的金碧辉煌的装饰了。据记载，“海上主权”号单单是舰体雕塑便耗费6 691英镑（相当于今天的1 010 027英镑，在当时足够组建一支军队了），而其整艘船的造舰更是高达65 585英镑（相当于今天的9 900 404英镑，在当时可以建造数艘皇家战舰），其华贵程度即便放眼整个风帆时代的英国皇家海军也无出其右。“海上主权”号从船艏至船艉都被覆盖以黑色背景的镀金装饰，并且雕刻有圣徒约翰和圣徒马蒂亚斯的肖像。所有这些雕饰都是由南尼德兰（即今天的比利时，17世纪上半叶仍属于西班牙殖民地）著名艺术家安东尼·范戴克来设计完成的。

一幅描绘“海上主权”号舰体细节的作品，可能作于17世纪。该舰位于侧舷中央的登舰门十分醒目，甚至还延伸下来一条长长的登舰梯

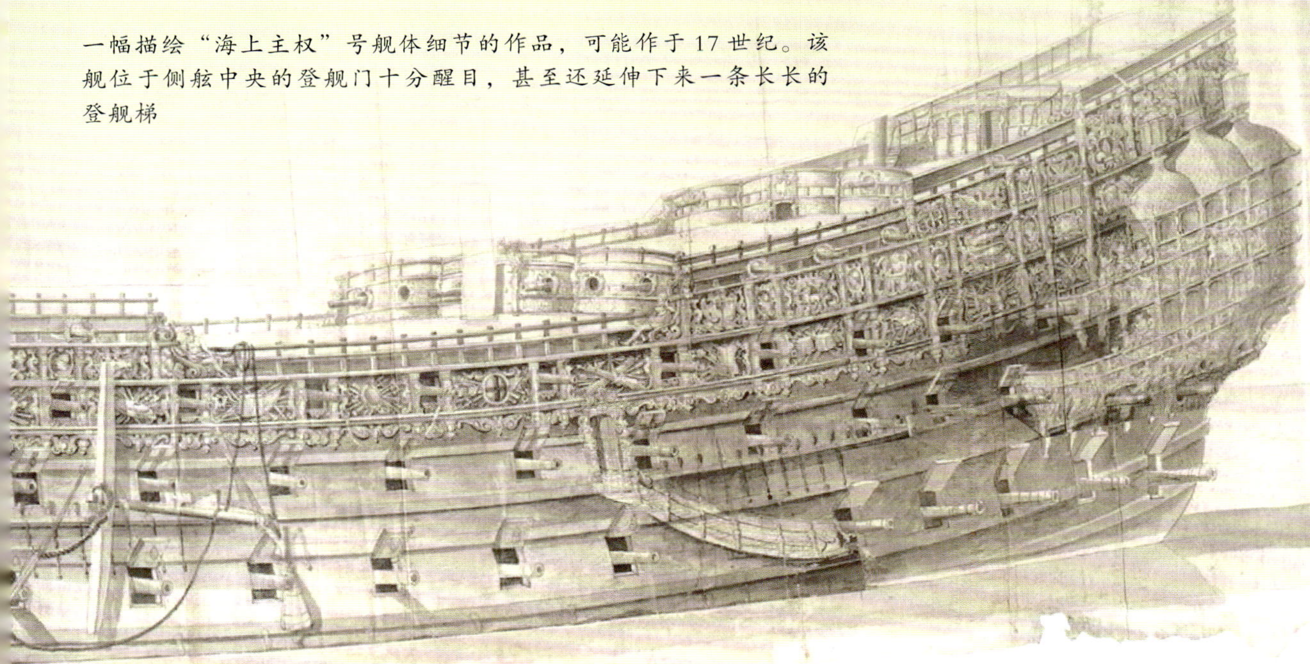

南尼德兰艺术家安东尼·范·戴克（Anthony van Dyck，1599—1641）的自画像。此画所描绘的是自己与向日葵的合影，作于1633年之后

除了价值不菲的装饰，“海上主权”号上搭载的武器同样是一笔令其他军舰望尘莫及的巨大开支。为了显示自己的尊贵地位，查理一世明令“海上主权”号必须全部搭载造价高昂的铜制加农炮。有趣的是，该舰在设计之初仅能搭载90门火炮，但在完工之后全舰的火炮射击孔总共达到118个！由于铜制加农炮自重较大，为了不重蹈“瓦萨”号的覆辙，查理一世经过妥协，要求搭载的火炮数量为102门。这些火炮均由皇家御用火炮铸造师约翰·布朗（John Browne，？—1651）亲手所制，每门大炮的炮尾均雕刻有皇室纹章。这些火炮的磅数由9磅至42磅不等，在每层甲板的具体分配情况如下所列：

20门42磅重型加农炮布置在下层火炮甲板；

两门32磅重型加农炮布置在下层火炮甲板靠近船艏位置（一般不作为齐射火力使用，下同），4门布置在靠近船艉位置，另有两门位于船舵两侧（作为艉炮使用）；

22门18磅加农炮和2门9磅轻型加农炮布置在中层火炮甲板；

两门18磅加农炮布置在中层火炮甲板靠近船艏位置，4门布置在靠近船艉位置；

22门9磅轻型加农炮布置在上层火炮甲板；

两门9磅轻型加农炮布置在上层火炮甲板靠近船艏位置，两门布置在靠近船艉位置；

6门9磅轻型加农炮布置在艉楼，两门布置在艉楼露天甲板上；

8门9磅轻型加农炮布置在艏楼，另有2门18磅加农炮位于艏楼正前方（作为艏炮使用）。

在这里需要注意的是，以上总计102门火炮仅为该舰所实际搭载的，其舰身上仍有16个没有火炮的空炮位。因此在各种画作中出现的“海上主权”号会使人们产生“火炮数量更多一些”的错觉。

由于扁而宽的船艏形状，“海上主权”号的主锚只能挂在靠近船艏的侧壁上，这在一定程度上影响了侧舷位于前端火炮的射击。当然，对于这样一艘威力十足的巨舰来说，缺少几门火炮似乎称不上是致命的弱点。综上所述，我们可以计算出“海上主权”号在火力全开的情况下侧舷齐射火力为39门，这对于一艘设计拥有118个火炮射击孔的巨舰来说很明显有些效率低下。

事实上早在16世纪，单舰搭载上百门火炮的帆船就已经不占少数。传说“大哈利”号的火炮总数达到141门，“吕贝克之鹰”号更是达到了恐怖的186门。不过在这里需要指出的是，早期帆船搭载的火炮中有相当一部分是火铳与小型火器（发射的弹丸质量很小，甚至有的发射石弹等原始弹丸），与我们所说的“舰炮”相去甚远；而“海上主权”号上的102门火炮则全部为9磅至42磅的“货真价实的舰炮”。这也使得这艘金碧辉煌的巨舰不仅在外观上绝对吸引人的目光，并且荣登了“第一艘火炮过百的三层甲板战舰”的宝座。

不过好景不长，在服役5年之后“海上主权”号便被削减武备至90门火炮（这也是该舰最初设计的搭载火炮数量）。在相当长的一段时间里，“海上主权”号都是英国乃至欧洲最大的战舰。在和平岁月里，这艘巨舰被视为英国皇室无上的荣耀；而在克伦威尔夺得政权后，它依然维持原有舰名并被视为是海上力量的象征。带着这些光环，“海上主权”号迎来了作为军舰生涯的第一个考验，这就是英荷战争。

保存至今的一幅关于“海上主权”号船艉部细节手稿。该舰的船艉雕刻处设有多个炮位，但实际上只搭载了两门作为艉炮使用的火炮

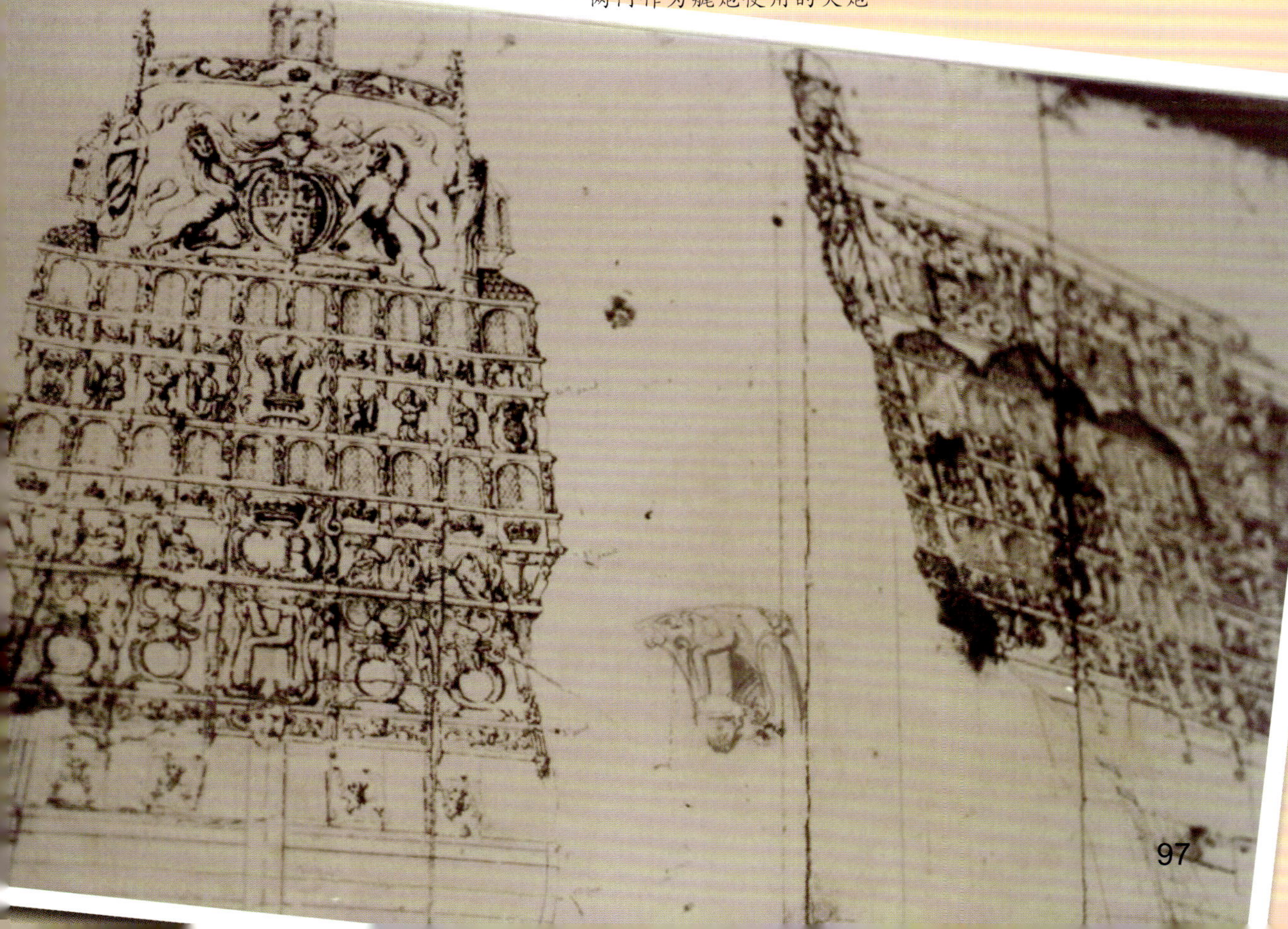

一幅描绘“海上主权”号航行在大洋中的画作。该画可能就创作于其服役之时。无论从哪个角度来看，“海上主权”号都堪称是同时代的最强者

## 荷兰人眼中的“金色魔鬼”

在“海上主权”号服役10年后，英国发生内战，查理一世被克伦威尔斩首，英国进入了短暂的共和国时期。克伦威尔上台后，对查理一世的庞大舰队进行精简，去掉不必要的开支以用来重建刚遭受战争创伤的家园，而奢华至极的“海上主权”号成为首当其冲的对象。不过似乎也是对这艘雄伟的巨舰欣赏有加，克伦威尔并未下令将其拆毁，而是仅仅去除部分上层建筑的雕塑（这些镀金的雕塑可以卖一大笔钱）和降低了船身高度。就这样，在1650年，“海上主权”号被“砍”为一艘“精简版”战舰。不过因祸得福的是，该舰不再像建造之初那般“臃肿”，变得“苗条”起来。1651年，“海上主权”号被第二次削减上层高度，对此，19世纪初曾担任海军测量员一职的威廉·西蒙斯爵士如是描述道：“这是一艘优美的护卫舰，世界上不可能再有第二艘和它一样的船了。”

威廉·西蒙斯爵士当然清楚“海上主权”号绝不是一艘单薄的护卫舰。而发出这样的感慨则是因为在削减了冗余的上层建筑后，“海上主权”号变得“精干”了许多，从而显著提升了适航性。事实证明，这次改造是十分及时和必要的。没过多久，由于英荷战争的爆发，“海上主权”号得到了一展身手的绝佳机会。

由于克伦威尔指示新成立的共和国议会通过投票决议产生的《航海条例》（一部保护英国本土航海贸易垄断的法案）对荷兰的海外贸易和殖民地产生了巨大的不利影响，几经协商无效后，双方舰队于 1652 年 5 月在多佛海峡发生冲突（此战被称为古德温沙洲之战）。紧接着在 7 月 8 日，荷兰向英国宣战，第一次英荷战争正式拉开了序幕。

“海上主权”号在第一次英荷战争中的出勤率相当高。除了最初的古德温沙洲之战，在另一艘三层甲板巨舰“皇家王子”号的伴随下，“海上主权”号几乎参加了随后英国舰队的全部作战行动。而一经出现，它那金碧辉煌的伟岸身躯及凶狠无比的舰载火力便给荷兰人留下了深刻的印象——“金色魔鬼”的称号由此而来。

曾担任海军测量员的英国海军少将威廉·西蒙斯爵士（Sir William Symonds，1782—1856）的肖像。在研究了“海上主权”号的图纸和参数后，他对前辈建造的这艘巨舰赞不绝口

一幅由计算机合成的反映“海上主权”号侧舷齐射时壮观场面的画作。很难想象它的敌人在面对这样一艘“金色魔鬼”时会不产生畏惧，而在战场上，畏惧就意味着死亡

由于在第一次英荷战争时期荷兰战船的体积普遍较小（此时他们还没有建造出包括“七省”号在内的那批实力强劲的80炮战舰），因此当面对像“海上主权”与“皇家王子”号这样的三层甲板“巨兽”时，他们几乎手足无措。根据荷兰人的回忆，“‘金色魔鬼’的一次齐射足以将一艘荷兰帆船掀翻”。尽管现实中这样的场面并未出现，但从这句话我们不难看出“海上主权”号给它的敌人造成的心理阴影有多么大。

“海上主权”号的初次实战是在1652年9月28日的肯特角海战。此役该舰搭载了106门火炮，担任英国舰队司令布雷克的旗舰。在战斗中，“海上主权”号给荷兰人留下了深刻印象。据记载，在这场战斗中，“海上主权”号曾因为吃水太深不慎在肯特角搁浅，荷兰船只蜂拥而上试图俘获它，然而受制于其强大的火力根本无法靠近。最后只能眼睁睁看着英国救援船只将其救回。

这一事件深深刺激了荷兰人的神经，他们十分后悔在围攻中没有用纵火船去攻击这艘难以战胜的“巨兽”。此役结束后，荷兰人甚至通过一次秘密会议设定了用于使用纵火船攻击英国大型舰只的奖励办法；而在这份英国舰船的名单中，首当其冲的便是“海上主权”号。会议决定，凡是使用纵火船焚毁“海上主权”号的勇士除了规定得到的奖金外，还能获得3 000荷兰盾的额外奖赏。

然而直到战争结束荷兰人也没有再次找到可以火攻“海上主权”号的机会。机会本身便是如此，一旦错过便不会再拥有。就这样，“海上主权”号顶着“金色魔鬼”的“赞誉”走向了下一场战争。

## “老当益壮”与“离奇而亡”

1658 年，克伦威尔死去，经过短暂的国内局势动荡后，英国历史上短暂的共和时期就此结束。查理二世于 1660 年戴上了象征英国王位的皇冠，而国王回来的第一件事就是将象征着父亲（查理一世）荣耀的“海上主权”号进行重建，这也是该舰服役历史上的第一次重建。

重建工作在 1660 年年内便告完成。这次的重建工作主要包括修改船艏形状（到 17 世纪 60 年代，“海上主权”号的船艏已经明显落后）、大量去除船身上不必要的雕饰及重新定义火炮数量等。重建后的该舰被重命名为“皇家主权”号（Royal Sovereign，为保持阅读连贯性，在下文中我们仍称其为“海上主权”号），炮门数量由 118 门减少为 100 门（看似火力被削弱，但实际上去除的是无关紧要位置的炮门，侧舷火力反而得到加强）。同时，该舰侧舷的绝大部分雕饰都被拆除，甚至连船艉部分都得到简化。这一举措不仅为海军节省了一大笔开支，而且再次提升了该舰的稳定性，增强了实战能力。

纵火船古已有之。图为中国古代的“火船”，是攻克敌方大型战船和扰乱舰队的绝佳利器

时至17世纪60年代，“海上主权”号已经不再是海军里独树一帜的“巨舰”了。例如新建造的“内斯比”号（Naseby，稍后更名为“皇家查理”号）的船体长度就超过了它。但这并不是一件坏事——因为良性的竞争让人们看到了在这段时间里英国海军的不断进步。已经服役了二十多年的“海上主权”号理应被更优秀的后辈所超越。

1666年7月25日，“海上主权”号在圣詹姆斯节这天（英国传统节日，为英历8月4日）发生的海战中再度披挂上阵，担任英国舰队的旗舰。由于英国舰队炮火十分凶猛，荷军统帅德鲁伊特尔只能选择撤退。英军统帅鲁珀特亲王和乔治·蒙克则紧追不舍，致使对方蒙受了重大损失。10天后，英军将领霍姆斯在弗利制造了一场焚毁150艘荷兰商船的大篝火，史称“霍姆斯篝火”。这接连两次大捷使查理二世产生了本国已夺回制海权的假象，遂放松了警惕（没有继续增加海军军备）。

然而仅仅不到一年之后，查理二世的错误判断就遭到了报应。在1667年6月，德鲁伊特尔完全出乎英国人意料地指挥荷兰舰队深入英国腹地，通过梅德韦河后对英舰聚集地查塔姆锚地发动突然袭击，致使其锚地内的军舰（尤其是18艘三层甲板战舰）遭受了难以弥补的巨大损失。当荷兰人安然返回时甚至将英军旗舰“皇家查理”号掳走，这也是英国在风帆时代历史上所遭受的最大的屈辱。所幸的是，“海上主权”号并未在此次袭击事件中被毁，它的故事还没就此结束。

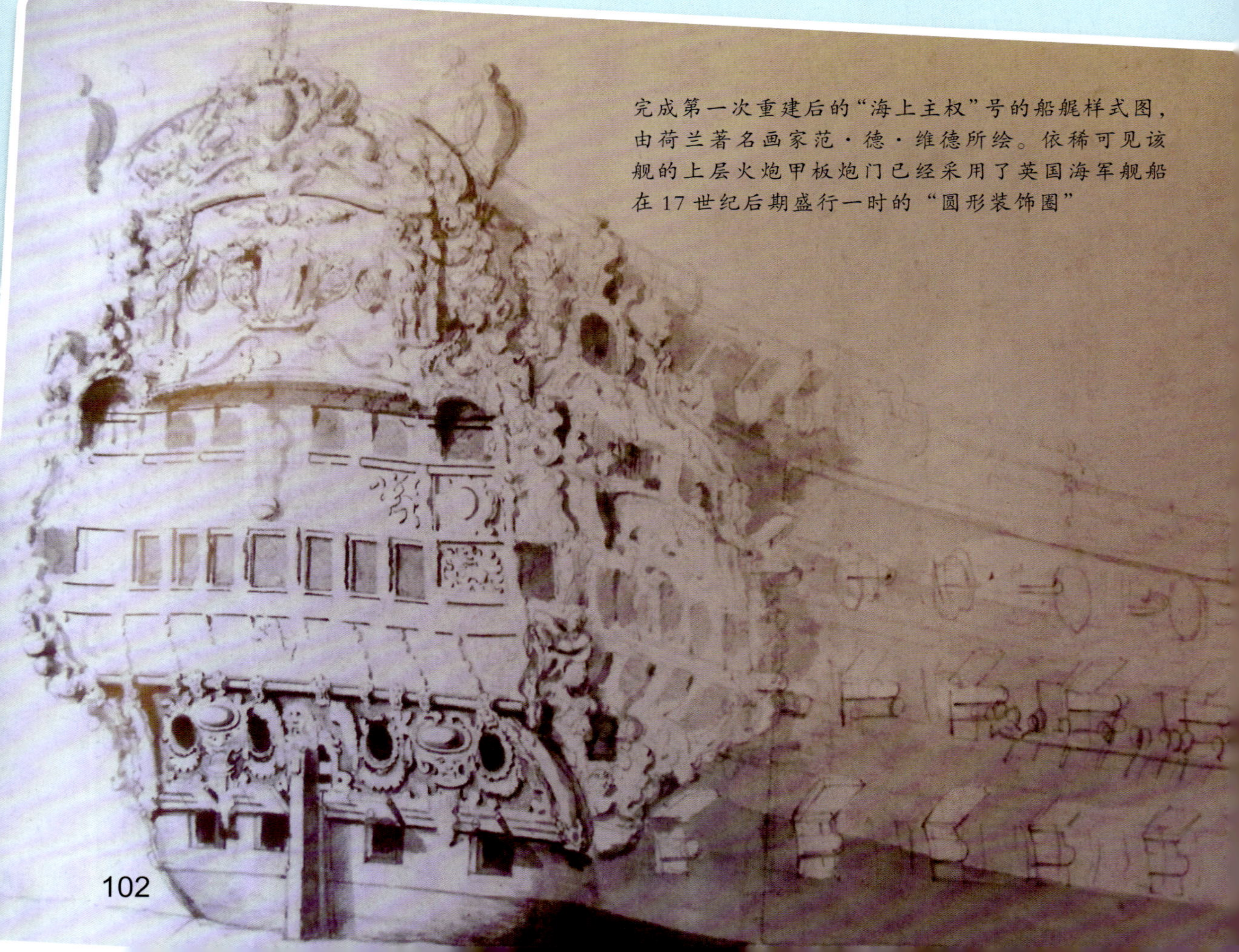

完成第一次重建后的“海上主权”号的船艉样式图，由荷兰著名画家范·德·维德所绘。依稀可见该舰的上层火炮甲板炮门已经采用了英国海军舰船在17世纪后期盛行一时的“圆形装饰圈”

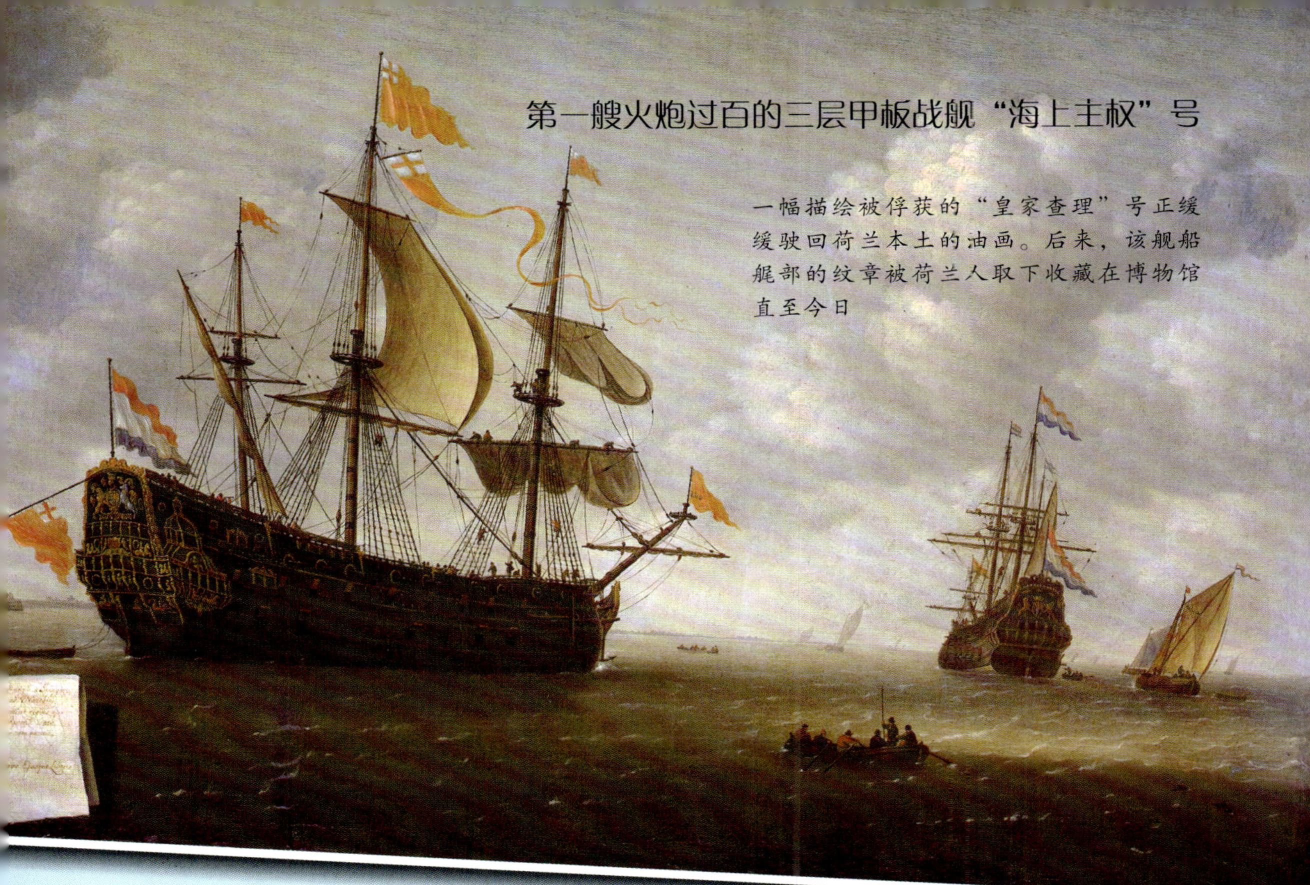


一幅描绘被俘获的"皇家查理"号正缓缓驶回荷兰本土的油画。后来，该舰船艉部的纹章被荷兰人取下收藏在博物馆直至今日

第二次英荷战争结束后，查理二世于1670年与法王路易十四秘密结盟共同对付荷兰。第三次英荷战争（也包括法荷之间的对抗）就这样在1672年3月的一次遭遇战（英国舰队袭击一支荷兰护航船队，但未能得手）中拉开序幕。"海上主权"号参加了短短一年多时间内双方发生的全部4次重要海战，分别为1672年6月7日的索尔湾海战、1673年6月7日至14日的两次库内维尔海战，以及8月21日进行的特克塞尔海战。其中"海上主权"号仅仅是在索尔湾海战中担任前卫分队指挥官约瑟夫·乔丹中将的旗舰；其余3次海战均以普通舰只的身份参战，这也体现出其在英国海军内地位的衰败。

1685年，英国人决定对堪称老爷舰的"海上主权"号进行第二次重建以延长其使用寿命。此次重建使得"海上主权"号的尺寸稍有增加：火炮甲板为167尺9寸（约合51.13米）、船宽为48尺4寸（约合14.73米）、吃水为19尺4寸（约合5.89米），排水量也相应增至1 683吨。完成重建的该舰火炮数量仍旧维持在100门，由于此时英国已经拥有多艘装备100门左右火炮的巨舰，"海上主权"号已经显得不再那么吸引人了。

年过半百的它仍旧在发挥着余热。1688年，持续9年的奥格斯堡同盟战争爆发，面对强大的路易十四的舰队，"海上主权"号再次成为海军的选择。在1690年7月的比奇角海战中，"海上主权"号成为舰队司令托林顿伯爵的座舰——时隔38年后再次成为英国舰队的总旗舰。两年后，"海上主权"号还作为海军中将拉尔夫·德拉瓦尔爵士的旗舰参加了拉乌格海战，这也是该舰的最后一次出战记录。

拉乌格海战结束后，由于舰龄实在过老再加上海上战事的结束，"海上主权"号被闲置在查塔姆锚地。1697年1月27日，一场突如其来的火灾结束了它的生命。据民间流传的说法，这是一起由一根蜡烛引燃舱室导致的悲剧……

曾在海上叱咤风云的"金色魔鬼"，竟以如此方式告别了我们，令人唏嘘不已。

一部 1685 年最后一次重建后的“海上主权”号的全肋骨模型。此时该舰的外观与最初建成时已很大不同

## “海上主权”号在风帆史上的地位及对后世的影响

由于“海上主权”号在设计之初便以炫耀国威、赞誉国王为目的，因此其在建造时考虑的是如何将奢华体现得淋漓尽致，而非适应海军战术和军事需要（这也是该舰在建造之初因为形体过大遭到反对的主要原因）。而至于该舰的名字“海上主权”，也许正预示着查理一世想要向世人表明重振英国是“海洋君主”的决心（在阿尔弗雷德大帝时代英国曾被称为“Lords of the Seas”，意即“海洋君主”）。为了能达到这一目的，查理一世甚至要求其他国家船只在碰见英国船只后应该鸣炮升旗致敬，甚至包括在国外的港口也是如此。可以说“海上主权”号开启了英国在风帆时代走向霸权的大门——就像它所取的名字那样。从这一角度来看，这是一艘魅力非凡的军舰，甚至早已凌驾了其本身仅仅作为一部武器的价值。

当然，尽管不是以作战为根本目的来设计和建造的，但这并不意味着“海上主权”号就只不过是一只“花瓶”了。其先进的流线型船身和舰上所搭载的 100 多门舰炮令它所处时代的任何一个敌人胆寒。前文已经介绍过，在第一次英荷战争中，荷兰人曾称其为“金色魔鬼”，这足以说明它的威力。

在这里，笔者将"海上主权"号与同时代其他海上强国主力舰放在一起进行比较，可以帮助读者更清晰地认识它在当时欧洲的地位。这些主力舰的具体参数如下表所列。

从表中的对比可以清晰地看出"海上主权"号无论在火力还是在吨位上都领先于其他"挑战者们"。更值得一提的是，该舰也是其中唯一一艘三层甲板战舰，而在17世纪30年代的欧洲，除了英国，再难觅他国海军中拥有三层火炮甲板军舰的身影。

| 舰名 | 海上主权（Sovereign of the Seas） | 花冠（Couronne） | 圣·特列莎（Santa Teresa） | 阿米莉亚（Emilia） | 柯罗南[①]（Kronan） |
|---|---|---|---|---|---|
| 国籍 | 英国 | 法国 | 西班牙 | 荷兰 | 瑞典 |
| 服役时间 | 1637 | 1632 | ? | 1632 | 1632 |
| 除籍时间 | 1697 | 1643 | 1639 | 1647 | 1675 |
| 排水量 | 1 522 | 1 200~1 400 | 1 300+ | 600 ? | ? |
| 设计炮门数 | 118 | ? | 80 ? | ? | ? |
| 实际载炮数 | 90~106 | 48~72 | 62~80 | 46~57 | 68~74 |
| 甲板长（m） | 51.13[②] | 53.59 | ? | 37.37 | 48.98 |
| 龙骨长（m） | 38.7 | 38.97 | ? | ? | ? |
| 船宽（m） | 14.17 | 14.29 | ? | 9.06 | 13.06 |
| 最大吃水 | 5.89 | 5.2 | ? | 3.82 | ? |
| 船员 | 700 | 593 | 1 000 | 240 | 402 |

①：此处的"柯罗南"号并非之后瑞典建造的拥有126门火炮的那艘同名超级战舰。后者于1672年服役，是当时欧洲最大的战舰。

②：这里的甲板长度是"海上主权"号于1685年第二次重建后的数值。

一张由计算机合成的"海上主权"号的侧视图。其船身上金碧辉煌的雕饰搭配着一排排能够置敌人于死地精良火炮，无愧于其"金色魔鬼"的称号

一些资料更认为，“海上主权”号为后续英国乃至欧洲范围内海上强国的三层甲板主力舰树立了标榜。值得一提的是，该舰还是最早取消位于船体尾部下层甲板半高层炮位的军舰之一，而那也是我们印象中“盖伦船”最为突出的特征之一。从“海上主权”号开始，这一标准火炮甲板的布局一直延伸至风帆时代结束。

因此从上述种种对“海上主权”号特征的描述来说，该舰出现的意义绝非仅仅限于扬英国国威、颂查理一世功德这么简单。它不仅在设计上为后面近200年的顶级风帆战舰的发展指明了道路；更是在实战中证明了自己的价值。对于一艘风帆战舰来说，我们已经不可能再要求更多了，而这正体现了“海上主权”号在风帆史上不可替代的地位。

一幅描绘在唐斯海战中正与敌舰激烈战斗的西班牙巨舰“圣·特列莎”号的油画。该舰建造于葡萄牙，是17世纪30年代为数不多的能在大小上与“海上主权”号比肩的军舰之一。但受限于只有两层火炮甲板，其在火力上仍旧明显逊色于后者

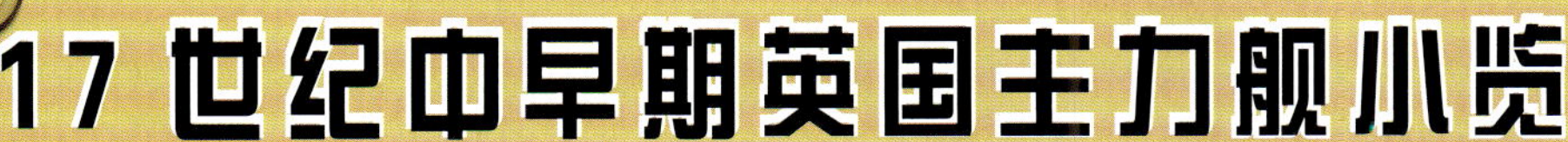

# 17 世纪中早期英国主力舰小览

## 17 世纪上半叶的主力舰概述

前文已经为大家介绍过英国在 17 世纪上半叶最著名的两艘主力舰“皇家王子”与“海上主权”号，这两艘船也是这一时期仅有的两艘被冠以“皇家战舰”（Royal Ship）的主力舰。不过从 1619 至 1634 年的这 15 年时间里，英国还建造了多达 10 艘设计拥有 42 门火炮、被称为“大战舰”（Great Ship）的“二等”主力舰。这些“二等”主力舰中既有当时在各国属于中流砥柱的双层炮甲板战舰，也有个别形体较小的拥有三层炮甲板的“精英者”。在这里，将这 10 艘“二等”主力舰的基本情况以表格的形式列出（船体尺寸均以英尺 / 英寸来计算）。

一幅描绘“皇家主权”号停泊在锚地的油画。此“皇家主权”非彼“皇家主权”——是一艘建造于 1701 年的全新战舰，继承了老前辈光荣的舰名和传统

| 舰名 | 载炮数 | 建造地 | 下水时间 | 龙骨长度 | 船体宽度 | 船身吃水 | 吨位 |
|---|---|---|---|---|---|---|---|
| 坚定改革 (Constant Reformation) | 40~60 | 迪特福德 | 1619 | 106 | 35/6 | 15 | 691 ? |
| 胜利 (Victory) | 40~64 | 迪特福德 | 1620 | 108 | 35/9 | 17 | 721 ? |
| 迅敏 (Swiftsure) | 46~64 | 迪特福德 | 1621 | 106 | 35/10 | 16/9 | 746 ? |
| 圣·安德鲁 (Saint Andrew) | 42~66 | 迪特福德 | 1622 | 110 | 36/5 | 14/8 | 783 |
| 圣·乔治 (Saint George) | 42~72 | 迪特福德 | 1622 | 110 | 37/3 | 14/6 | 792 |
| 凯旋 (Triumph) | 42~74 | 迪特福德 | 1623 | 110 | 36/6 | 14/6 | 776 |
| 查尔斯 (Charles) | 44 | 伍尔维奇 | 1633 | 105 | 35/7 | 16/3 | 707 |
| 亨利埃塔·玛利亚 (Henrietta Maria) | 42~54 | 迪特福德 | 1633 | 106 | 35/9 | 15/8 | 792 |
| 詹姆斯 (James)① | 48~70 | 迪特福德 | 1634 | 110 | 37/6 | 16/2 | 875 |
| 独角兽 (Unicorn) | 46~64 | 伍尔维奇 | 1634 | 107 | 35/8 | 15/1 | 767 |

①：“詹姆斯”号是英国风帆时代第一艘明确记载了火炮甲板长度的战舰，该舰的甲板长度为 138 英尺。

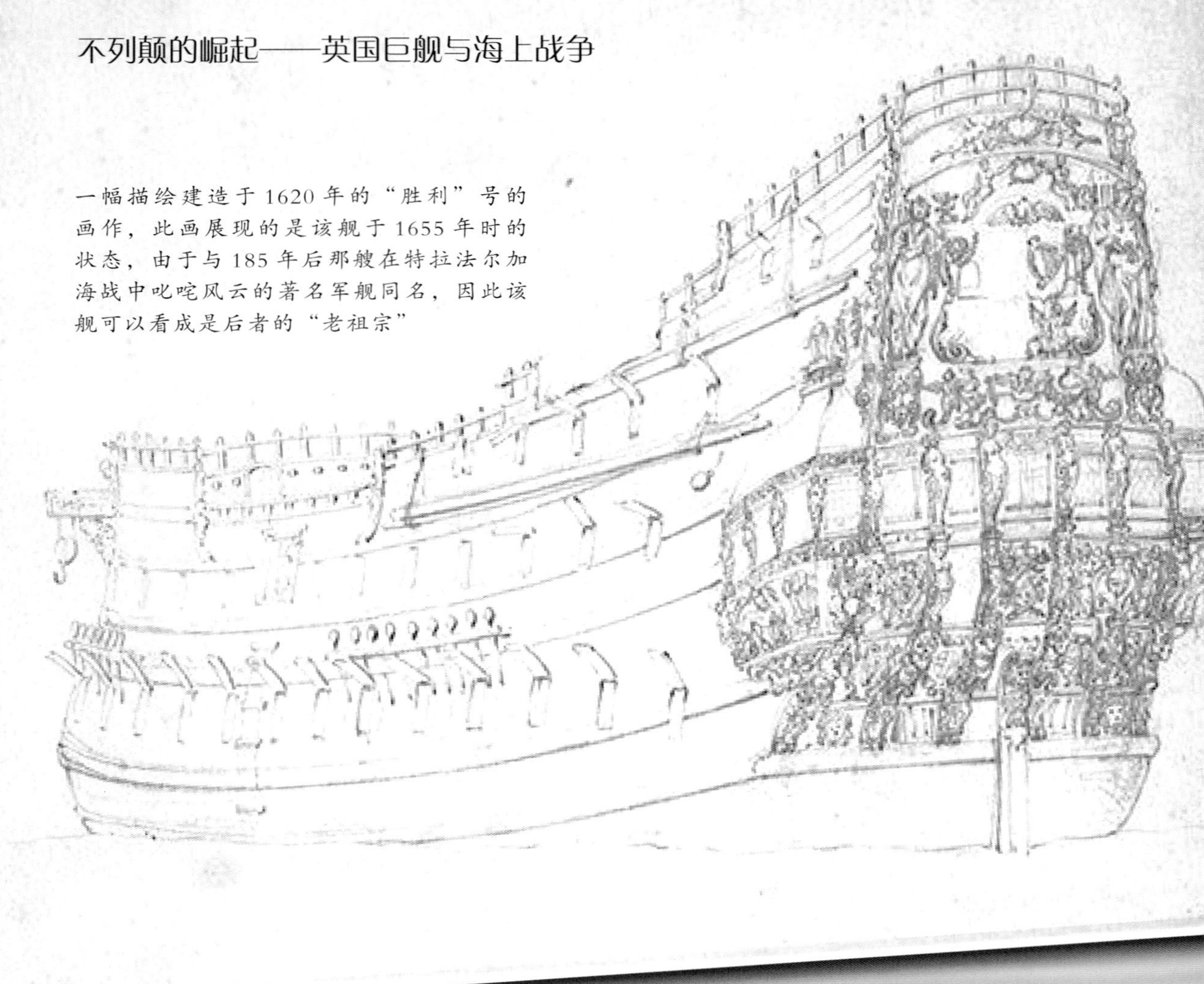

一幅描绘建造于1620年的“胜利”号的画作，此画展现的是该舰于1655年时的状态，由于与185年后那艘在特拉法尔加海战中叱咤风云的著名军舰同名，因此该舰可以看成是后者的“老祖宗”

由于17世纪早期帆船的体型普遍不大，并且每层甲板的火炮布置也没有规律，因此很难推测这些战舰中究竟有多少是拥有三层炮甲板的。当然，明确留下画作的战舰会为人们的判断提供便捷，例如1623年建造的“凯旋”号。尽管在著名画家小威廉·范·德·维德的作品中该舰是一艘不折不扣的三层甲板战舰，但其在建造之初仅为42门火炮，如此少的火炮数量很难让人将其与一艘“3-decker”联系在一起。根据记载，“凯旋”号在1660年将火炮数量提升至64门，并随后在1666年进一步提升至72或74门。不过没有任何资料显示该舰曾进行过重建，因此该舰是否在最初42门火炮状态时就是一艘三层甲板战舰便不得而知了。

与“凯旋”号同时建造的“圣·安德鲁”和“圣·乔治”号具备相近的尺寸和相同的初始载炮数量。从这一角度来看，这三艘战舰很可能为同一级别军舰。那么既然“凯旋”号为一艘三层甲板战舰，其他二者是否也是如此呢？姑且不论暂时找不到图片资料的“圣·安德鲁”号，就拿“圣·乔治”号来说——上一章为大家展示过曾在英西战争中作为布雷克旗舰的关于该舰的画作，从那两幅画来看这艘战舰并非一艘“3-decker”，而这也增加了人们推测的难度。此外，1620年建造的“胜利”号曾在1666年经过重建成为一艘拥有82门火炮的三层甲板战舰。不过该舰在重建之前确是只有双层甲板的，这在上一张图中可以清楚地看出。

其余几艘主力舰中，最早建成的“坚定改革”号于1648年加入英国内战中保皇党的部队，并于1651年损失。同期损失的还有“查尔斯”号，该舰在1650年沉没。这也是仅有两艘没能存活到英荷战争的“大战舰”。

第三艘建成的主力舰“迅敏”号是一艘经历“不平凡”的战舰，该舰在1654年经过重建后成为一艘60门火炮战舰；第二次英荷战争中，在海军中将威廉·伯克利爵士的指挥下参加了4天海战。在海战的第一天，伯克利指挥的英国前卫舰队与荷兰中央舰队相遇，经过一番激烈厮杀，伯克利不幸阵亡，“迅敏”号也被荷兰人所俘获。被俘后的“迅敏”号被荷兰舰队留用，升级为70门炮、更名为“奥茨胡恩”（Oudshoorn）后参加了第三次英荷战争的索伦湾海战，对其原来的主人反戈一击……

由小威廉·范·德·维德所绘的“凯旋”号的画作。该舰是一艘小型三层甲板战舰，最多时可搭载74门火炮。曾参加过英荷战争，服役时间长达65年，最终在1688年被变卖

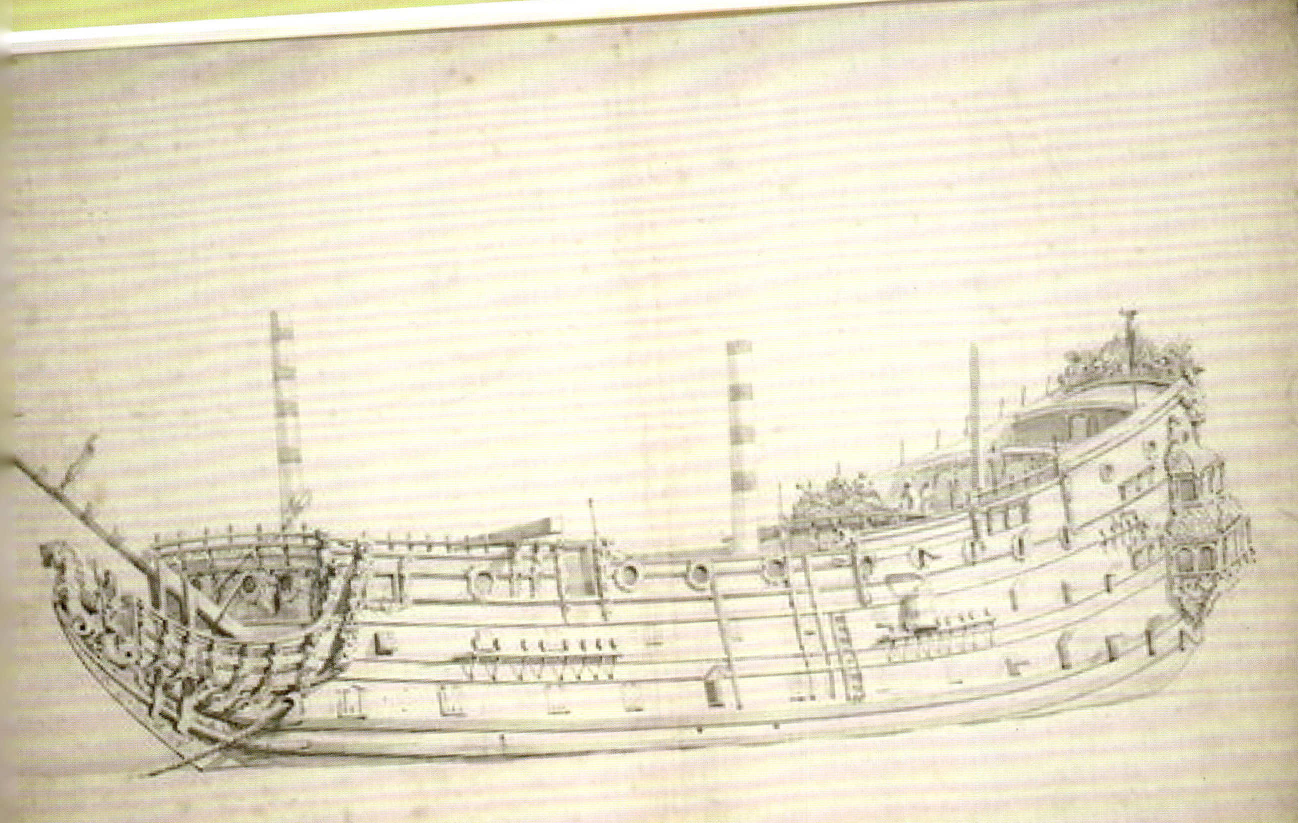

另一艘“有故事”的战舰则为这批主力舰中最后建成的“独角兽”号。1634年4月14日，“独角兽”号下水服役，该舰的首任舰长是前文提到的曾对“海上主权”号的建造起到关键作用的约翰·彭宁顿爵士。到任不久，彭宁顿便致信给海军部认为这艘主力舰“船身太过于纤细和容易侧倾”，并且“以现在的状况是不适合航行”的。同时他还将这封信寄送给该舰的建造者博特先生。一个月之后的5月14日，彭宁顿首先得到了博特的回复，他表示船身宽度的不够是因为上级的指示，并且他已经在原计划的基础上增加了20英寸的宽度（但这显然还是不够的）。8日后，海军部告知彭宁顿可以对该舰进行改造，并要求他指挥军舰航行至吉林汉姆进行改装。彭宁顿照做了，而“独角兽”号也因此获得了“新生”。

当英国内战爆发时，“独角兽”号的舰长一职由外号为“黑线鳕”的理查德·阿道克爵士（阿道克的姓氏“Haddock”在英文里就是“黑线鳕”的意思）接管。阿道克从英国内战一直服役到西班牙王位继承战争，长达60年之久，堪称英国海军的“活化石”。在英国内战时期，阿道克先是支持保皇党，随后又倒向议会，而在查理二世复辟后，善变的阿道克又回到了国王的麾下。有趣的是，在著名漫画《丁丁历险记》中，“独角兽”号曾被海盗俘虏，但最终被它的船长阿道克爵士（漫画中叫弗朗西斯·阿道克）机智地炸毁，这样一来，海盗们的宝藏就石沉大海了。这段传奇经历后来被著名导演史蒂芬·斯皮尔伯格拍摄成动画电影。

由小威廉·范·德·维德所绘的“迅敏”号在4天海战中被俘的油画。我们可以清晰地看到该舰只有两层火炮甲板

理查德·阿道克爵士（Sir Richard Haddock，1629—1714）的肖像。尽管他担任“独角兽”号的舰长仅仅一年时间，却似乎给后人留下了深刻印象

在历史上，类似“独角兽”号这样的海军主力舰自然不会“沦落到”被俘于海盗之手的田地。与之相反，该舰曾参加过多次重要海战，其中包括前文提到的圣·克鲁斯之战（1657 年），第二次英荷战争中的洛斯托夫特海战、四天海战和圣·詹姆斯节海战，第三次英荷战争中的索尔湾海战、库内维尔海战和特克塞尔海战，不可不谓“身经百战”。该舰最后于1688 年和“凯旋”号一同被变卖，结束了长达半个多世纪的服役生涯。

在“独角兽”号之后，英国终止了这种42 门火炮级别的旧式“大战舰”的建造。全新的火炮装载数量在 80 门左右的三层甲板“二等”主力舰即将登上历史的舞台……

由小威廉·范·德·维德所绘的“坚定改革”号刚建成时状态的画作。该舰也是这批“大战舰”中最先建成的一艘

## 新型主力舰的开端——“皇家查理”号

尽管从黄金时代风帆战舰的审视角度来看，拥有80门火炮和三层甲板顶多只能算是“二等”，但在17世纪中叶，这当然算是最高级别的舰种，因为并不是每个国家都能承受像“海上主权”号这样拥有100多门火炮的巨舰，甚至包括英国本身也是如此。“皇家查理”号就是在这种背景下诞生的产物。

“皇家查理”号原名“内斯比”，与“海上主权”号一样也出自著名造船师彼得·佩特之手。该舰于1655年4月12日在伍尔维奇船坞下水，是克伦威尔统治时期英国开工建造的最大战舰。

事实上，“内斯比”号最初被计划为一艘 60 门火炮级别的大型双层甲板战舰，但在建造过程中被临时更改设计升级为拥有三层贯通炮甲板的“3-decker”，因此其前后炮楼被融合为一体并在炮孔位置加装了当时刚刚出现的圆形装饰圈。所有在这艘战舰上出现的特征都是当时最先进的体现，可以说它是英国舰队中最新锐的武器。

1660 年，英国迎回了复辟的查理二世。而担任接送任务的正是“内斯比”号。而完成护送国王的光荣使命后，为了表彰“内斯比”号对王朝复辟做出的“贡献”，查理二世亲自将该舰更名为“皇家查理”，为其赋予了“新生”。

现在更多的关于这艘战舰的记录都是在其 1660 年获得“皇家查理”这个新舰名之后，甚至也包括该舰的技术参数。据记载，该舰的火炮甲板全长 170 尺（约合 51.82 米，这一长度超过了“海上主权”号）、龙骨长 131 尺（约合 39.93 米）、船体宽 42 尺 6 寸（约合 12.95 米）；标准吃水 18 尺（约合 5.49 米），满载最大吃水可达 21 尺 6 寸（约合 6.55 米），该舰的排水量为 1 258 吨，仅次于“海上主权”（1 545 吨）和“皇家王子”号（1 432 吨），是当时英国海军中的第三大舰。在武备方面，“皇家查理”号的火炮搭载数量为 78~86 门，按照 1660 年该舰的配置为标准的 80 门火炮，其组成为：

20 门 42 磅和 6 门 32 磅炮布置在下层火炮甲板；

26 门 18 磅炮布置在中层火炮甲板；

24 门 9 磅炮布置在上层火炮甲板，6 门布置在艉楼。

这样的火力配置在 17 世纪中叶也称得上翘楚，而“皇家查理”号的载炮数量甚至还逊于“海上主权”（100 门炮）和“皇家王子”号（92 门炮）。由此，不得不让人对该时期英国舰队的恐怖实力感到由衷的惊叹。

至于“皇家查理”号的船员，有资料显示该舰在 1660 年时为 500 人，当然这仅仅是在和平时期。战争爆发后，该舰的船员数目上升至 550 人，并且在 1666 年 5 月达到 632 人。船员数目的上升也让人怀疑该舰在 1666 年可能配备了 86 门火炮。在第二次英荷战争的最后一年（1667 年）里，该舰的人员配备达到 650 人的最高值。

一部现代制作的“皇家查理”号的全肋骨模型。此模型展示的是该舰于 1655 年刚竣工时的外貌，其时该舰的舰名为“内斯比”

1665年，第二次英荷战争爆发，“皇家查理”号作为旗舰参加了这次战争中英国舰队的历次重要行动。在战争第一年发生的洛斯托夫特海战中，“皇家查理”号作为查理二世的弟弟、约克公爵的旗舰参加了战斗。海战中，英荷双方的旗舰“皇家查理”号与“伊恩德拉赫特”号缠斗在一起，然而当战斗进行至白热化状态时，一声惊天动地的巨响令所有人惊愕——荷军旗舰“伊恩德拉赫特”号被命中弹药库而发生大爆炸，包括舰队司令奥普当（Jacob van Wassenaer Obdam，1610—1665）在内，荷军旗舰几乎全员在爆炸中丧生。由于失去了旗舰，荷兰舰队很快溃不成军。在这第二次英荷战争双方首次交锋中，“皇家查理”号显然能被记上头功。

一幅由现代人制作的“皇家查理”号的3D绘图。该舰精美的雕刻引人注目

由荷兰籍海军画家亨德里克·范明德豪特所绘的洛斯托夫特海战场景画。画面右侧，英舰“皇家查理”号正与荷舰“伊恩德拉赫特”号进行激烈战斗

1666 年初，在经过略微调整（武备由 80 门炮增至 86 门炮，船员增加至 600 多人）后，“皇家查理”号参加了当年发生的两次重要战役：四天海战和圣·詹姆斯节海战。在这两场战役中，“皇家查理”号跟随英国舰队经历了从失败到胜利的“喜悦”。然而，这还远远不是故事的终点。

1667 年，由于英王查理二世低估了荷兰人，并未做出相应防范措施。荷兰舰队在德鲁伊特尔的指挥下奇迹般地穿越英军封锁抵达位于梅德韦河腹地的查塔姆锚地，将停泊在锚地的英国巨舰们“洗劫”一空，这其中就包括舰队旗舰“皇家查理”号。这艘查理二世的尊贵旗舰被荷兰人当成战利品拖回本土，甚至向公众展出。这令不可一世的查理二世感到极大的羞辱。由于没法使用这艘吃水深的巨舰，荷兰人将“皇家查理”号上有用的部件拆除后闲置在港口，后于 1673 年将其作为废料变卖。曾经的皇家战舰以此结局收场，令世人唏嘘不已……

## 第一次与第二次英荷战争之间建造的主力舰

“皇家查理”号为英国在 17 世纪中叶建造的新式主力舰开创了先河。包括两艘重建的“海上主权”号与“皇家王子”号在内，英国人在第一次与第二次英荷战争之间总共建造了 8 艘火炮数量在 64~102 门之间且排水量均超过 1 000 吨的主力舰，这些主力舰的基本情况如下表所列（船体尺寸均以英尺 / 英寸来计算，重建的两舰在舰名后标注“RB”）。

| 舰名 | 载炮数 | 建造地 | 下水时间 | 甲板长度 | 龙骨长度 | 船体宽度 | 船身吃水 | 吨位 |
|---|---|---|---|---|---|---|---|---|
| 皇家查理 (Royal Charles) | 78~86 | 伍尔维奇 | 1655 | 170 | 131 | 42/6 | 18 | 1 258 |
| 亨利 (Henry) | 64~82 | 迪特福德 | 1656 | 153 | 123 | 40 | 17/2 | 1 047 |
| 伦敦 (London) | 64~76 | 查塔姆 | 1656 | ? | 123/6 | 40 | 16/6 | 1 050 |
| 皇家詹姆斯 (Royal James) | 70~82 | 伍尔维奇 | 1658 | ? | 124 | 41 | 18 | 1 108 |
| 主权 (Sovereign(RB)) | 92~102 | 查塔姆 | 1660 | 167/9 | 127 | 47/10 | 19/2 | 1 545 |
| 皇家王子 (Royal Prince(RB)) | 86~92 | 伍尔维奇 | 1663 | 160+ | 132 | 45/2 | 18/10 | 1 432 |
| 皇家橡树 (Royal Oak) | 76~100 | 朴茨茅斯 | 1664 | 154 | 121 | 39/10 | 17/1.5 | 1 021 |
| 皇家凯瑟琳 (Royal Katherine) | 76~86 | 伍尔维奇 | 1664 | 153/1 | 124 | 39/8 | 17/3 | 1 037 |

至今保存在位于阿姆斯特丹的荷兰国家博物馆的“皇家查理”号船舰的纹章。当年这块纹章被荷兰人取下用来炫耀自己的功绩，如今成为了见证那段英国在风帆时代“黑暗史”的唯一证物

一幅描绘“伦敦”号的草图。该舰是这批战舰中较小的一艘，载炮数量也是最少的，并且从图中来看该舰似乎并非一艘真正意义上的三层甲板战舰

前文已经为大家介绍了这批主力舰中的“先行者”——“皇家查理”号，该舰也是在这段时间内建造的诸多主力舰中舰身最长的一艘。在“皇家查理”号之后，两艘较小的主力舰被投入服役，为“亨利”号与“伦敦”号。从现存图片来看，这两艘战舰似乎都不具备连贯的最上层火炮甲板，因此也算不上是真正意义上的三层甲板战舰了。

1656 年 6 月，“伦敦”号在查塔姆下水服役，与“皇家查理”号一样，该舰也作为护送查理二世回国船队的一员于 1660 年前往荷兰。当船队回国时，“伦敦”号承载着另一位贵人——查理的弟弟约克公爵詹姆斯。1665 年 3 月 7 日，因为一次不明原因的爆炸，“伦敦”号沉没于泰晤士河口。据当时在现场的萨缪尔・佩皮斯回忆，爆炸导致 300 名船员丧生，仅 24 人幸免于难。

另一艘“亨利”号的命运则相对要好一些。该舰原名“登巴”（Dunbar），在查理二世复辟后更名为“亨利”，参加了第二次英荷战争中包括洛斯托夫特海战、四天海战、圣・詹姆斯节海战在内的诸多重要战役；后因为担负护航商船的任务而侥幸躲过英国舰队在梅德韦河的灾难。从 1667 年 9 月到 1668 年 4 月，“亨利”号曾短暂退役并翻修，将火炮升级为 82 门（可能变成了一艘真正的三层甲板战舰）。1672 年，第三次英荷战争爆发，“亨利”号参加了包括索尔湾海战、库内维尔海战、特克塞尔海战在内的全部战役，算是一名身经百战的“老兵”了。1682 年，“亨利”号同样因为事故被焚毁于查塔姆，结束了服役历程。

“皇家詹姆斯”号是克伦威尔在任期间完工的最后一艘主力舰，其原舰名为“理查德”（克伦威尔之子理查德的名字），查理二世复辟后更换为“皇家詹姆斯”。重新命名后“皇家詹姆斯”号的船身也进行了一些修改，这包括将艄艉楼连成一条完整的火炮甲板升级为标准的三层甲板战舰。完成修改后，该舰的武备也由70门火炮被增加至82门，成为一艘“一等”主力舰。

在第二次英荷战争中，“皇家詹姆斯”号作为鲁珀特亲王的旗舰参加了洛斯托夫特海战、四天海战和圣·詹姆斯节海战，但是在1667年，荷兰舰队突袭查塔姆锚地的战斗中，“皇家詹姆斯”号不得不被凿沉以防止被捕获，但即便如此它也没能逃过一劫——该舰浮在水面的部分被荷兰纵火船所点燃，毁之一炬。

一幅描绘1656年竣工时的“亨利”号的草图。其时该舰很明显只有两层火炮甲板

一幅模糊不清的“皇家詹姆斯”号的草图，图中该舰已经是拥有 82 门火炮的三层甲板状态

查理二世复辟后立即对两艘尊贵老战舰“海上主权”号与“皇家王子”号进行重建，与此同时，他还计划建造两艘新舰，这就是“皇家橡树”号与“皇家凯瑟琳”号。

“皇家橡树”号在建造时的定义与“皇家凯瑟琳”号一样，都是拥有 76 门火炮的小型三层甲板战舰，并且无论是尺寸还是吨位，该舰都是这 8 艘主力舰中最小的。然而有资料却认为它在最多时候搭载了 100 门火炮，竟达到了“海上主权”号的水平！至于这 100 门火炮是如何布置的，此资料认为其在1666年时装备了28门32磅炮（下层甲板）、28 门 24 磅炮（中层甲板）、28 门 12 磅炮（上层甲板），以及 16 门 4 至 6 磅轻型炮（艏楼和艉楼）。但是细心的朋友不难发现，在中层甲板布置 24 磅火炮要迟至 18 世纪才能实现，因此单从这张火炮列表来看，这更像是一艘 18 世纪上半叶的英国一级舰。

“皇家橡树”号的服役历程是“短暂而充实的”。从其 1665 年 3 月 9 日正式入役至 1667 年在梅德韦河的灾难中被烧毁，总共只服役了两年多的时间。然而就是在这不长的时间里，“皇家橡树”号参与了第二次英荷战争时英国舰队的所有行动。其中在洛斯托夫特海战中“皇家橡树”号担任海军中将约翰·劳森爵士指挥的前卫舰队的旗舰。不幸的是，劳森爵士受了致命伤，在战斗结束不久后死去。

在 1666 年，“皇家橡树”号参与了四天海战、圣·詹姆斯节海战等舰队行动。由于英国人在霍姆斯的篝火事件后错误地认为荷兰舰队已丧失元气故而放松警惕、最后导致了 1667 年梅德韦河的灾难。在那次事件中，“皇家橡树”号被荷兰纵火船烧毁，结束了自己短暂的“生命”。

## 海军常青树——“皇家凯瑟琳”号

“皇家凯瑟琳”号是第二次英荷战争开始前英国建造的最后一艘主力舰，而它也是这批主力舰中“最长寿”的一员。历经两次重建，“皇家凯瑟琳”号最终在 1760 年才因事故而沉没，服役时间长达 95 年之久，跻身世界寿命最长军舰之列。

作为查理二世归国后下令新造的两艘新式主力舰之一，“皇家凯瑟琳”号于 1662 年 5 月正式动工并铺设了第一块龙骨，两年后的 1664 年 10 月 26 日完成了下水仪式，而最终入役则要等到 1665 年 3 月 11 日了。“皇家凯瑟琳”号的火炮甲板长 153 尺 1 寸（约合 46.63 米）、龙骨长 124 尺（约合 37.8 米）、船体宽 39 尺 8 寸（约合 11.91 米）、吃水深 17 尺 3 寸（约合 5.19 米）、排水量为 1 037 吨。由于该舰服役时间极长，其舰载火炮布局也发生过多次变化，我们将对此为大家一一做出介绍。首先，该舰于 1665 年服役时搭载有 78 门火炮，其组成为（在第二和第三次英荷战争中一直维持这样的配置）：

10 门 42 磅、12 门 32 磅和 4 门 18 磅炮布置在下层火炮甲板；

26 门 18 磅炮布置在中层火炮甲板；

22 门 9 磅炮布置在上层火炮甲板，4 门隼炮（5.25 磅）布置在艉楼。

约翰·劳森爵士（Sir John Lawson，1615—1665）的肖像。他曾参与 1660 年迎接查理二世复辟的护航行动，担任“伦敦”号的舰长

一幅描绘"皇家凯瑟琳"号初始状态的草图。该舰在第二次英荷战争期间搭载了78门火炮

1677年时，"皇家凯瑟琳"号将火炮数量增至84门，取消了同一层甲板上混装多种火炮的布局。其具体组成情况如下所列：

26门32磅炮布置在下层火炮甲板；

26门18磅炮布置在中层火炮甲板；

24门6磅炮布置在上层火炮甲板，8门隼炮布置在艉楼。

从上述情况中可以注意到，"皇家凯瑟琳"号在下层甲板取消了早期的42磅重炮。这看似是对火力的一种削弱，但事实上统一火炮口径这一举措在海战中无论是射击精度还是打击范围都是有力的提升。该舰在1685年时对火炮再次进行调整，将上层甲板的24门6磅炮撤换为26门磅数稍小一些的隼炮，这样一来火炮总数便达到了86门，为初始状态下的最高水平。

1696年，"皇家凯瑟琳"号退居二线。其载炮数量也被缩减为最初设计的76门。除下层和中层火炮没有变动外，上层甲板改为4门6磅炮与20门隼炮的混装式，同时取消了艉楼上的所有火炮。1703年，"皇家凯瑟琳"号进行了其生涯中的第一次重建，火炮数量大幅增加至96门，其具体组成情况如下所列：

26门32磅炮布置在下层火炮甲板；

26门18磅炮布置在中层火炮甲板；

26门9磅炮布置在上层火炮甲板；

12门6磅炮布置在艉楼，4门布置在艏楼，两门布置在后甲板舱室中。

1706年，"皇家凯瑟琳"号更名为"拉米雷斯"（Ramillies，为方便阅读后面仍称其为"皇家凯瑟琳"）。1749年，根据1719年的海军编制调整，"皇家凯瑟琳"号被重新定义为拥有90门炮的二级战列舰并进行第二次重建，重建后该舰的尺寸和吨位得到明显提升（火炮甲板长51米，船宽15米，排水量达到1 689吨），火炮布局如下所列：

26门32磅炮布置在下层火炮甲板；

26门18磅炮布置在中层火炮甲板；

26门12磅炮布置在上层火炮甲板；

10门6磅炮布置在艉楼，两门布置在艏楼。

一幅反映第二次英荷战争时期“皇家凯瑟琳”号侧面细节的油画。该舰是当时英国海军中最新锐的主力舰之一

在第二次英荷战争期间，“皇家凯瑟琳”号参加了包括洛斯托夫特海战、四天海战与圣·詹姆斯节海战在内的数次重大战役。在荷兰舰队奇袭查塔姆锚地时，为避免被俘的命运，“皇家凯瑟琳”号被船员凿沉，并且幸运地躲过了荷兰纵火船的攻击。后来被修复的“皇家凯瑟琳”号还参加了第三次英荷战争中的索尔湾海战与库内维尔海战。1688 年，奥格斯堡同盟战争爆发，已显老迈的“皇家凯瑟琳”号参加了巴夫勒尔海战，这也是该舰在第一次重建之前参加的最后一次舰队行动。

1704 年，“皇家凯瑟琳”号参加了英荷联军攻占直布罗陀的行动及马拉加海战。两年后，为了纪念英军名将约翰·丘吉尔在拉米雷斯战役中对法西联军取得的伟大胜利，完成重建不久的“皇家凯瑟琳”号被更名为“拉米雷斯”号。在西班牙王位继承战争期间，该舰作为海军上将乔治·鲁克的旗舰参与了捕获直布罗陀及在马拉加的两次重要海战。

1749 年，“皇家凯瑟琳”号完成第二次重建，随后作为海军上将约翰·宾的旗舰参加了“七年战争”。在梅诺卡岛（Minorca）海战中，由于没能完成保卫梅诺卡岛的任务，宾上将被送上军事法庭最后惨遭枪决。后来，法国思想家伏尔泰曾对此事发表过评论：“在这个国家里，为了激励一些人，有时往往不得不杀死一名将军。”

1760 年 2 月 15 日，“皇家凯瑟琳”号因在恶劣的海况下人为操作失误沉没于德文郡一处名为“Bolt Tail”滩头附近的海域（霍普湾西南）。当时舰上 850 名官兵仅有 26 人获救，为这艘 95 岁高龄的老战舰画上了一个悲惨的句号。

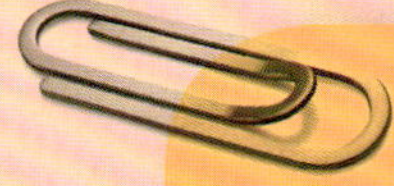

# 将西班牙推入深渊

## 与西班牙重燃战火

第一次英荷战争结束后，克伦威尔把注意力转向了英国的传统敌人：法国与西班牙。当时的西班牙国力已经持续处于衰败状态，尤其是在经历了唐斯的惨败后，其海军已经无力再与欧洲主流强国对抗，自然也不是处于上升期的英国海军的对手。克伦威尔看中了西班牙殖民地丰富的财富及其贸易航线，决定“痛打落水狗”——对已破败不堪的西班牙再次实施打击。克伦威尔把重点打击目标放在位于中北美和加勒比海地区的“新西班牙”上，希望借助西班牙衰落的绝佳时间将其海外殖民地纳入囊中，充实自己国库的腰包。

一部由现代人制作的“皇家凯瑟琳”号的模型。此照片的角度很好地展现了该舰的船艉细节

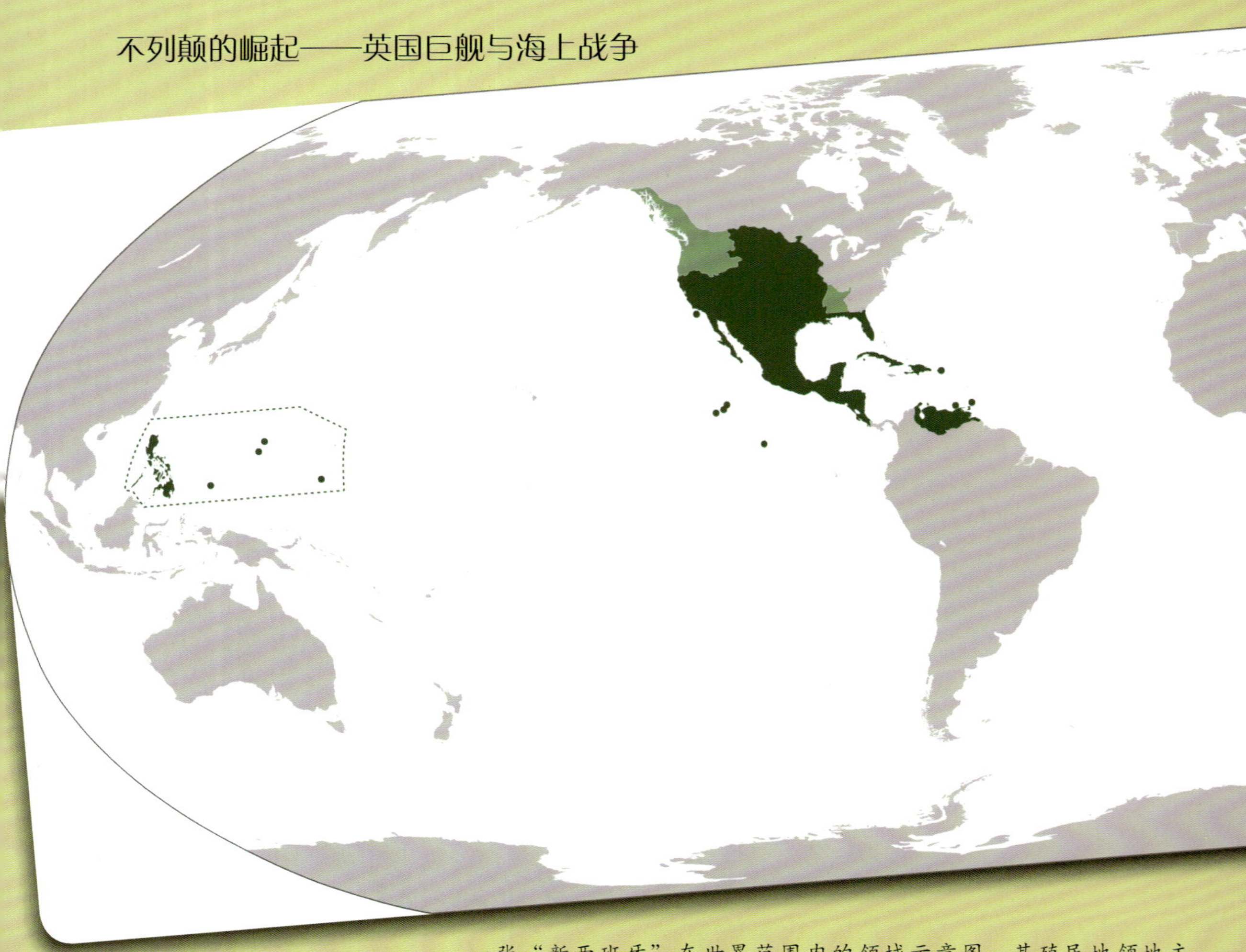

一张“新西班牙”在世界范围内的领域示意图。其殖民地领地主要分布在中北美及加勒比海地区及太平洋西岸的菲律宾群岛一带。这些殖民地担负着当时处于衰败中的西班牙几乎全部的经济来源

然而发起战争总需要一个合适的理由（哪怕只是个借口），即便你再想去挑起它。为此，克伦威尔召集下属连夜商议，并且很快便找到了办法。作为一个新教国家，英国本身就与信奉天主教的西班牙格格不入，适逢西班牙在南尼德兰推行迫害新教徒的政策，英国在与法国秘密签署合约后出面对其进行了干涉；与此同时，克伦威尔还以西班牙的贸易路线侵犯了英国利益为由，双管齐下，正式向西班牙宣战。

英国人看中的西班牙殖民地的巨大财富已经不仅限于金银珠宝了。随着社会文明进程的加快，糖、香料、烟草、茶叶等物品的需求量突飞猛进，尤其是糖——对于英国人来说，这就是一场糖资源的争夺战。

战争开始后，英国按照既定计划进攻西班牙位于西印度群岛（即加勒比海北面诸岛）的殖民地。1654 年 12 月下旬，一支全副武装的舰队抵达了这里，并为进攻圣多明各、牙买加等地做好了准备。1655 年 4 月 23 日至 30 日，英国舰队在威廉·宾的指挥下进攻圣多明各，但遭到当地 2 400 名西班牙守军在坚固工事下的顽强抵抗，没能得手。

失手后的威廉·宾调转矛头指向牙买加，而牙买加此时的状况则令人大跌眼镜：这里竟是西班牙在西印度群岛唯一没有新设立工事的地方，并且守军也只有 1 500 人，其中大部分是当地土著士兵。面对由 30 艘战船组成的庞大舰队和 7 000 名英军士兵的洪流，牙买加总督胡安·拉米雷斯·德埃雷拉诺很明智地选择了投降。就这样，宾成功地夺取了牙买加，为克伦威尔攻占西班牙殖民地的计划先拔头筹。

欧洲海域方面，罗伯特·布雷克继续执行着封锁西班牙主要贸易进出港口的行动。他们截获了大批从新世界运回西班牙本土的珍宝船，对西班牙造成了至少 200 万英镑的巨额损失。西班牙珍宝船只有极少数能安全返航，英国人几乎切断了西班牙人的经济命脉。1656 年 9 月，布雷克麾下的船长理查德·斯戴尔（Richard Stayner，1625—1662，后官至海军中将）截获了一整支满载珍宝的西班牙船队，这对于西班牙国库来说是个致命打击。

威廉·宾爵士（Sir William Penn，1621—1670）的肖像。他是英国海军上将和政客，被誉为“宾夕法尼亚州之父”

一幅描绘正在遭到追击而被迫自卫的西班牙珍宝船的画作。图中的打劫者是一艘荷兰快船。在17世纪中前期，原本只有荷兰船只会对西班牙珍宝船进行打劫，而当英国人也加入这一行列时，则意味着西班牙人的生存空间在进一步缩小

对于西班牙人来说，灾难还在持续。1657年2月，布雷克得到情报说一支运载着价值连城货物的西班牙珍宝船队从墨西哥驶出，正在横穿大西洋向西班牙加那利群岛驶来。又一次以捕猎西班牙珍宝船队为目标的行动迫在眉睫……

## 特内里费的圣克鲁斯之战

获悉西班牙珍宝船队情报的布雷克按捺不住激动的心情，下令其麾下的船长们立即去拦截这块“大肥肉”。然而尽管他麾下的船长们立即对情报所描述的这一船队可能的航途开始搜索，但仍难觅其踪迹。失望的布雷克指挥主力舰队驶向加那利群岛，准备攻击在那里可能存在的西班牙舰队（通常西班牙人都会在那里安排一支接应舰队迎接从新世界回来的珍宝船队）。

在布雷克决定前往加那利群岛之前，他的舰队得到了一次及时的补充，这其中包括他的新旗舰“圣·乔治”号（Saint George，72门炮）。“圣·乔治”号始建于1622年，是詹姆斯一世时期的主力舰（Great Ship），最初只拥有42门火炮，后经过重建火炮数量最多时达到72门。此外，“圣·乔治”号的服役期相当之长，直至1687年才终于退役成为一艘仓库船，而其最后一次被提及竟到了1697年！得到补充后的布雷克麾下一共拥有23艘战舰，已经构成了一股令人畏惧的力量。

4月19日，布雷克的舰队抵达了位于加那利群岛特内里费岛上的圣·克鲁斯港。然而令他感到“惊喜”的是，那支被他苦苦寻求的珍宝船队居然已经在港内了！其时在圣·克鲁斯港内一共有两艘武装盖伦船（一说6艘）、9艘珍宝船及5艘其他较小的船只。于是布雷克下令舰队将港口封锁。至此，敌人已成为瓮中之鳖，被猎人纳为囊中之物只是时间问题而已。

但是一个难题却摆在了布雷克的眼前，那就是自己将要对付的不仅是一支孱弱的西班牙船队，还有一座无比坚固的要塞。在观察了敌要塞布局后，布雷克决定依照自己对付位于突尼斯的巴巴里海盗的方式进攻要塞，于是命令已经是海军少将的斯戴尔指挥12艘战舰攻击西班牙船队，自己则坐镇“圣·乔治”号指挥剩余11艘战舰炮击岸上的炮台。

20日上午9时，布雷克舰队的进攻开始了。斯戴尔所指挥的分舰队插入至西班牙船队旁，以避免其扰乱布雷克的中坚舰队攻击要塞。随后不久，布雷克下令不许掠夺西班牙船只上的财物，所有敌船都应该被击沉。于是当斯戴尔开始攻击这些西班牙船只时，布雷克也开始炮击岸上的炮台。由于西班牙方面大部分都是民用船只，很快便被斯戴尔分舰队的强大火力打得分崩离析，只有那两艘较大的武装盖伦船多撑了几个小时，但仍然对大局毫无影响。利用这段时间，布雷克用舰炮（布雷克特意下令将舰炮垫高仰角，使其能打到位于高处的炮台）将岸边的炮台一一摧毁。由于船只燃烧和火炮发射的浓烟导致炮台视线受阻而无法有效还击，布雷克的进攻过程显得相当顺利。

一幅关于“圣·乔治”号的草绘图。该舰在围攻圣克鲁斯的战役时装备了60门火炮，是布雷克舰队中最大的一艘战舰

一幅描绘圣·克鲁斯之战场面的油画。画面中央的大型风帆战舰便是布雷克的旗舰“圣·乔治”号，该舰正与其余英舰猛烈攻击西班牙炮台

中午时分，一艘西班牙武装盖伦船起火引爆弹药库，在发生剧烈爆炸后沉没。另一艘则被凿沉（还有一个说法是两艘西舰均被凿沉）。到下午 3 点，港内所有西班牙船只均被肃清，而要塞也随即被攻克，布雷克的舰队大获全胜。西班牙方面损失了全部船只，有 300 人战死，另有数百人受伤或被俘；而英国方面仅有一艘船被重创，损失了 48 人，另有 120 人受伤。

特内里费的圣·克鲁斯之战是风帆时代一场极为罕见的舰队挫败岸上防御工事的战斗，而放眼整个人类海上战争史，这样的战例也当属凤毛麟角。史诗般的胜利为布雷克带来了极高的威望和声誉，然而幸运女神却没有眷顾这位英国海军的英雄。获胜之后，布雷克在率领舰队凯旋途中因旧伤复发而不幸在普利茅斯港外不远的海域上死去，没能亲身接受克伦威尔的嘉奖和国民的欢呼。

## 战争对英西两国产生的影响

1658 年，克伦威尔死去。英国本就不稳定的内政再次开始动荡，这给了斯图亚特王朝复辟的机会。1660 年，被克伦威尔斩首的英王查理一世之子查理二世在多佛登陆英国本土，斯图亚特王朝就此成功复辟。由于查理二世本人为天主教徒，对西班牙并不抱有敌意，因而英西战争也很快便在同年 9 月被正式终止（之后双方于 1670 年签署马德里条约，彻底恢复了和平）。

尽管在与西班牙的第二次较量中占尽优势并最终大获全胜，但这并不意味着英国彻底消除了这个传统强敌的隐患。事实上为了报复英国舰队截击珍宝船队、攻占殖民地的行为，受西班牙国王指使的私掠船开始疯狂骚扰英国商船（而以往这些西班牙船劫掠的对象总是荷兰人），这反而给英国海上贸易活动增添了危险，并使英荷之间发生冲突成为可能。此外，英国与荷兰在波罗的海和东印度的利益一再发生剧烈冲突。英西战争期间，荷兰趁英国无暇顾及自己的机会恢复了不少原本被《航海条例》排除在外的贸易领域。这一切都为未来新的英荷战争埋下了伏笔。

“海上将军”罗伯特·布雷克（Robert Blake，1598—1657）的肖像。他是克伦威尔时期英国最重要的海上将领。尽管他并非海军将领出身，但在海战中的战术素养和临战指挥能力却也可圈可点

英王查理二世的肖像。这位斯图亚特王朝的复辟者是一位天主教徒，继位后很快便将西班牙从遭受克伦威尔的疯狂打击中“解救出来”，两国就此恢复和平

当然，英西之战的获胜对英国来说也有积极的一面。通过这样一次战争，英国曾经最强的对手西班牙已经彻底倒下了。在其后长达半个多世纪的时间里，这个昔日的海上霸主甚至连一支像样的舰队都拿不出手，海军对于这个国家来说已是名存实亡（直到费利佩五世统治后期西班牙才逐渐恢复元气，并在 18 世纪后期盛极一时）。

此外，英国从西班牙手中夺得重要殖民地牙买加。由于牙买加盛产糖，这相当于英国人打赢了这场关于糖资源的争夺战。有趣的是，英国人在 1655 年拿下牙买加后，西班牙人并没有签署书面文件承认英国占领的有效性，这意味着这里可能会成为海盗们攻击的目标。对此，牙买加总督托马斯·莫迪福德爵士（Sir Thomas Modyford，1620—1679）想出了一个对策。在他的授意下，两位有政府背景的著名海盗亨利·摩根和克里斯托佛·敏思（Christopher Myngs，1625—1666）制造了袭击牙买加的假象。英国政府以此为由在 1670 年与西班牙政府签署《马德里条约》时要求对方加入了承认牙买加属于英国的条款，至此完成了对牙买加的正式占领。

# 来自“马车夫”的挑战——3次英荷战争及影响

在消除了西班牙这个背后隐患后，英国得以腾出双手全力以赴对付当时堪称“如日中天”的荷兰。而英荷之间几次火花四溅的对决必将谱写出17世纪海战史上的绚丽篇章。

## 航海条例与第一次英荷战争的爆发

17世纪中叶，刚刚经历过内战的英国羽翼渐丰。相比半个世纪前击败西班牙“无敌舰队”的那支“杂牌”海军，现在的英国显然更加强大和成熟。而与此同时，一个新的海洋国家崛起了，那就是刚刚在唐斯海战中大败西班牙舰队的荷兰。

克伦威尔虽是陆军将领出身，但心里很清楚英国的未来在海上，只有把握住海上经济命脉，英国才有可能强大起来。而在那个时期，善于经商的荷兰人已经在海外建立了广阔的商业殖民网，英国想要插足，不采取特殊手段已是难上加难。鉴于此情形，克伦威尔决定借助英国当时较强的海军力量强行分食荷兰人的“面包”。1651年10月，他指示新成立的共和国议会通过投票决议产生了一个保护英国本土航海贸易垄断的法案。这一法案被称为《航海条例》(The Navigation Acts，也被译为“航海法案”)。该条例的内容主要有以下几点:

只有英国或其殖民地所拥有、制造的船只可以运装英国殖民地的货物。

政府指定某些殖民地产品只准许贩运到英国本土或其他英国殖民地，包括烟草、糖、棉花、靛青、毛皮等。

其他国家的制造产品，必须经由英国本土中转，否则不能直接运销至殖民地。

限制殖民地生产与英国本土竞争的产品，如纺织品等。

亨利·摩根爵士(Sir Henry Morgan，1635—1688)的肖像。这位出身于威尔士的海盗同时还是冒险家和英国皇家海军上将，以攻击加勒比海一带西班牙据点而威名远扬，其对英国政府的功绩堪与100年前的德雷克比肩

(1449)

AN ACT
FOR
Increaſe of Shipping,
And Encouragement of the
NAVIGATION
OF THIS
NATION.

F Or the Increaſe of the Shipping and the encouragement of the Navigation of this Nation, which under the good Providence and protection of God, is ſo great a means of the Welfare and Safety of this Commonwealth; Be it Enacted by this preſent Parliament, and the Authority thereof, That from and after the Firſt day of December, One thouſand ſix hundred fifty one, and from thenceforwards, No Goods or Commodities whatſoever, of the Growth, Production or Manufacture of Aſia, Africa or America, or of any part thereof; or of any Iſlands belonging to them, or any of them, or which are deſcribed or laid down in the uſual Maps or Cards of thoſe places, as well of the Engliſh Plantations as others, ſhall be Imported or brought into this Com-

11 G 2

一张 1651 年英国发布的《航海条例》的副本。正是这部条例迫使荷兰与英国陷入了战争

英国制定的这个《航海条例》，其主要针对的目标便是荷兰。倘若遵守此条例内容，荷兰的海外贸易势必会受到沉重打击。这等于把诸多殖民地的利益拱手送给英国，一场争夺海上贸易网的战争已势在必行。不过在最初，荷兰人还幻想能以和平手段解决这一问题。毕竟一旦开战，对两国的经济都没有好处。但英国人的强硬态度却使荷兰商人处处吃亏。而到 1652 年 5 月时，两国舰队甚至在多佛海峡发生正面冲突（此战被称为古德温沙洲之战）。紧接着在 7 月 8 日，荷兰向英国宣战，第一次英荷战争就此燃起战火。

## 发生在1652年的重要海战

第一次英荷战争的海战主要集中在1652年夏至1653年夏大约一年的时间里。而就在这短短的一年里，英国与荷兰之间发生了大大小小共8次海战，其频率之高，即便放眼整个风帆时代也是不多见的。尽管战争在7月8日才正式爆发，但在这之前的5月19日，荷兰舰队和英国舰队在古德温沙洲附近便已经发生了第一次正面冲突。由于古德温沙洲地处多佛海峡，因此此战又被称为“多佛海战”。

多佛海战其实是由克伦威尔所颁布的一项法令所导致的。这项法令的内容是：凡是在北海或英吉利海峡航行的外国舰队必须降下他们的国旗并向英国舰队行礼。但当特罗姆普指挥的护航舰队经过这里时，他认为此举是对本国的侮辱而拒绝降下国旗。英国舰队司令布雷克下令舰队连开三炮示威。不幸的是，英国人的第三炮击中了一艘荷兰船只并打伤了一些水手（也有资料认为开炮示威实际就是主动攻击）。在这种情况下特罗姆普只能选择回击。双方舰队的炮击持续了大约5小时，各有损伤。为了保护商船队，在夜幕降临时，特罗姆普指挥荷兰舰队主动撤出了战场。布雷克趁机下令追击，俘获了两艘荷兰舰队中落单的小船。后来，在恶劣的海上暴风下，特罗姆普又损失了10艘船。

一幅描绘17世纪中早期荷兰在海外殖民地所设立的工厂的画作。荷兰在17世纪中早期高度发达的殖民体系遭到了英国的破坏

一幅描绘多佛海战的画作。画面正中间是布雷克的旗舰“詹姆斯”号，从图中来看是一艘三层甲板战舰

此战结束之后，特罗姆普曾控诉布雷克主动攻击自己，同时要求得到赔偿。他的这一要求理所当然地得到心高气傲的布雷克的拒绝。这次冲突最终演化为荷兰为了荣誉而不得不向英国宣战的事实。

由于特罗姆普在多佛海战中（实际上他是为了掩护商船）没有拿出应有的“拼搏精神”，荷兰政府指派米歇尔·德鲁伊特尔顶替了他舰队司令的职务。接过枪杆的德鲁伊特尔授命指挥一支舰队执行为商船队护航的任务，而在出航不久后，他便被英军将领乔治·爱司句所指挥的庞大舰队盯上了。

英国海军上将乔治·爱司句（George Ayscue，1616？—1671）的肖像。他在第二次英荷战争中不幸成为英国历史上唯一一名向敌军投降的海军上将

遗憾的是，手中实力占据明显优势的爱司句对“猎物”的“兴趣”仅仅体现在那支商船队而非舰队上，德鲁伊特尔很快洞察到这一点，有意改变航向驶向苏塞克斯海岸（Sussex）。靠近海岸线的荷兰舰队（就像当年唐斯海战一样）引起了当地居民的围观。对于德鲁伊特尔的这一战术变化，爱司句没能做出及时反应，导致荷兰商船队从眼皮下面溜走。不过德鲁伊特尔也因为过于靠近海岸而导致舰队中的两艘船搁浅而损失。

不过德鲁伊特尔的脱身只是暂时的，由于商船缓慢的航行速度，8月11日，爱司句的舰队再次遥相望见了对手。此时，这位英国海军上将手中已经握有47艘作战舰艇了（包括38艘战舰或武装商船、5艘纵火船和4艘小型帆船）。8月15日，一路追赶的爱司句在普利茅斯海岸借助风向堵住了德鲁伊特尔的去路，双方舰队开始炮战，这就是普利茅斯海战。

由于当时海上风浪较大，起初爱司句寄希望于大风能够吹散荷兰臃肿的商船队，而后将其各个击破，岂料风浪是把“双刃剑”，自己的舰队也被吹得七零八落．在这种情况下，爱司句无法组织有效阵型集中火力攻击荷军，这给了德鲁伊特尔再次脱身的机会。

在一阵混乱的炮战中，双方各损失了一艘帆船，德鲁伊特尔的船队则趁乱脱离了英国人的视线。在战斗中，英国方面所遭受的损失要明显超过荷兰。按照荷兰人在战后的统计，荷兰方面大约有60人战死，50人受伤，其中海军少将范·登·布洛克阵亡；而他们的敌手英国方面死伤总数高达700人（但是这一数字可能被荷兰人夸大了）。单单爱司句的旗舰“乔治”号上就有近百人伤亡，其中舰长托马斯·莱尔（Thomas Lisle）阵亡，另有海军少将迈克尔·帕克（Michael Pack）被炸断了一条腿而截肢，战后不久死于并发症。此外，英国还损失了一条纵火船。由于德鲁伊特尔达到了护送商船队的目的，因此英国人在此战中是失败者。

但是荷兰舰队的“消极避战”也引起了国内一部分将领的不满，这其中就包括维特·德威特。自从荷兰与英国发生第一次摩擦以来，德威特一直建议采取更为主动的、旨在摧毁敌方舰队的海军政策来应对英国人嚣张的气焰。在几次被动的商船队躲避英国舰队捕猎的战斗后，荷兰政府也认识到正面交锋夺取制海权的重要性，于是派出由德鲁伊特尔指挥的舰队主动寻战，而德威特也加入其中（后来德威特成为舰队总指挥）。

9月25日，荷兰舰队从库内维尔启航前往多佛附近的唐斯攻击英国舰队。但不走运的是，舰队在出航后遭到一场风暴袭击，损坏了许多船只。9月28日，双方舰队相遇。英国方面，布雷克所指挥的主力舰队共拥有68艘船、2 400门大炮和10 000名船员，在实力上略高于荷兰方面的62艘船、1 900门大炮和7 000名船员。由于当时吹着对自己有利的微弱西南风，布雷克打算趁势攻击尚处于无序状态的荷兰舰队，不过并未收到很好的效果。下午14时30分左右，除了漂泊在北边较远处的5艘船外，德威特收拢了荷兰舰队。这时候，一个小小的插曲发生了。德威特想要将自己较小的旗舰“路易丝公主”号更换为舰队中最大的也是特罗姆普曾经的旗舰“布雷德罗德”号，但却遭到了该舰船员的抵制。“布雷德罗德”号的船员认为此举是对特罗姆普的侮辱，威胁要杀死德威特，后在另一名荷兰海军将领科内利斯·艾弗森的调解下才算作罢。

一幅描绘普利茅斯之战的油画。画面中，在荷兰战舰的攻击下，一艘英国帆船正在下沉。事实上爱司句的舰队中也包含了不少武装商船，其战斗力没有想象中的那么强大

傍晚17时，布雷克将旗舰由庞大的“海上主权”号更换为体型稍小但更灵活的“皇家王子”号，双方开始战斗。布雷克打算突破荷兰舰队的战列线，但注意到这一意图的德威特下令将舰队东边清空（留给英国舰队通过这里），结果两支舰队平静地通过了对方的阵列。尽管避开了英国舰队切断自己战列线的可能性，但由于荷兰舰队此时处于下风位，而英国舰队不仅处于上风位，单舰体积和火力也明显占优。事实上荷兰人仍旧处于十分险恶的境地。但幸运女神显然再度眷顾了他们，在肯特角沙洲，“海上主权”“詹姆斯”号等深吃水舰船在这里搁浅，荷兰人趁机对其进行攻击。当时布雷克所乘坐的“皇家王子”号在较远处观察到这一切，但由于天色已晚视线受阻，不敢轻易前进。同样由于天气原因，大约在19时，荷兰人也停止了攻击。

荷兰海军著名将领维特·德威特（Witte de With，1599—1658）的肖像。他是荷兰17世纪上半叶指挥能力最为出色的将领之一，但其与特罗姆普之间不睦

次日清晨，大约有10余艘荷兰船只发生叛乱。这些船的船长大部分来自泽兰省（荷兰的7个省之一），他们对荷兰中央政府颇有微词并非常厌恶德威特。对于叛乱，德威特扬言说：“荷兰有足够的木料为任何叛乱者架设绞刑架。”然而这并没有阻止叛乱者的离去。在这些船只离去后，荷兰舰队仅剩下49艘，而通过夜间的补充，布雷克的舰队实力陡增至84艘。尽管如此，德威特似乎仍想为取胜做最后的努力。在他的指挥下，荷兰舰队移动至英国舰队的西南边，试图抢占上风位，但没有成功。德威特原本想与布雷克拼个鱼死网破，幸好德鲁伊特尔和艾弗森全力将其劝阻才避免了这个愚蠢的决定。撤退的时候，德威特曾愤然道：“我们就像躲避狼群的绵羊一样（狼狈）。”不过在他和德鲁伊特尔的出色指挥下，荷兰舰队终得以全身而退。

由于德威特在肯特角海战中没能达到自己的战略意图，荷兰政府将德威特免职，重新启用特罗姆普为海军总指挥。同时，在战胜荷兰人后，英国人误以为荷兰政府不会在年底前派出新的舰队护卫他们的商船前往地中海，而事实上在失利后，荷兰人变本加厉地填补着战败带来的损失，并将原有的舰队更加充实起来。再次上任后的特罗姆普也一改之前的“软弱”，开始主动向英国舰队寻战。11月29日，他在唐斯港内发现了停泊的英国舰队。

这支英国舰队的指挥官是布雷克，一共拥有42艘战舰。在发现港外出现荷兰船只后，布雷克立即下令起锚离开唐斯港，因为他不想像十几年前西班牙舰队那样被困死在这座孤港里。第二天早晨，两支舰队均向西南方向移动，英国舰队紧贴着海岸线，而荷兰舰队呈弧形在外侧航行，并迫使英国人一直沿着向南的轨迹航行。下午15时，当双方舰队航行至邓格尼斯角时，双方的指挥官都认为这是一片宽阔的适宜战斗的地方，海战随即开始。

一幅描绘肯特角海战全貌的油画。杂乱无章的场面让人很容易联想到当年英国与西班牙“无敌舰队”一战。事实上在风帆时代的海战中，当战斗持续到后期时多半都是这样的局面

一幅描绘邓格尼斯角海战的画作。其位于画面正中间位置的荷兰旗舰"布雷德罗德"号正遭到两艘较小英舰的围攻

战斗中，特罗姆普的舰队击沉3艘英舰，并俘获两艘。不过此时对特罗姆普不利的是风向阻止了荷兰舰队中的大部分船只进一步靠近布雷克的舰队。布雷克趁机释放纵火船，致使一艘荷兰战舰被焚毁。当夜幕降临时，由于担心被特罗姆普在黑夜中偷袭，布雷克借着有利的风向指挥舰队退回唐斯港。在这场位于邓格尼斯角附近的海战中，尽管特罗姆普失去了全歼英国舰队的机会，但到底还是收获了一场胜利。

邓格尼斯之战是第一次英荷战争首年进行的最后一场海战。总的来说，英国在这一年的海战中处于劣势。他们不仅没能在海上切断和阻碍荷兰的商路，其舰队也在一定程度上受到了打击。为了扭转这种颓势，英国人势必要有所行动了……

## 席凡宁根海战与英荷双方的和谈

1653年2月，在得知特罗姆普的荷兰舰队在法国港口拉·罗舍尔（La Rochelle）修整并等待预期从大西洋返回的商船队后，布雷克立即指挥英国舰队出海攻击。双方在波特兰海域相遇并打响了这一年的第一次海战，被称为波特兰海战。

战斗打响后不久，布雷克的旗舰"凯旋"号撞见了特罗姆普的旗舰"布雷德罗德"号，荷舰率先向"凯旋"号进行齐射。由于风向不利，布雷克并未选择回击。三轮齐射后，"布雷德罗德"号并未对"凯旋"号造成实质性的损伤（可能与当时荷兰战舰所搭载的火炮偏小有关。当时荷兰人所使用的最大火炮是18磅），布雷克趁机将双方距离拉开。

就在双方主力舰队在阵前厮杀之时，荷兰舰队副指挥德鲁伊特尔指挥一队纵火船攻击英国舰队中落在后面的大船。但由于风势过猛难以点着火反而被英舰包围。经过一番激战，德鲁伊特尔还是凭借高超的指挥使得己方逃出了敌方包围。

战斗持续了一整天，猛烈的炮火在交战双方阵势中交替着。布雷克派出一队快速帆船将荷兰舰队所保护的商船驱赶至拉·罗舍尔海岸。对此，特罗姆普迅速做出反应，派遣多艘战舰前往拦截英国快速帆船，迫使他们撤退。次日，布雷克借着风向之利准备发动总攻。但是5次攻击都未能切断荷兰的战列线。就在双方主力舰队剑拔弩张之际，布雷克派出的快速帆船捕获了12艘荷兰商船。由于持续作战，荷兰舰队的补给告急，英国人看到了获胜的希望。

不过幸运女神始终没能站在布雷克这边。战斗持续到第三天，他的舰队仍然没能切断荷兰舰队的战列线。有几名荷兰船长因为打光了所有弹药而胆怯试图逃走，但特罗姆普及时鸣炮示警制止了他们。终于，荷兰人的坚持得到了回报：由于在战斗的最后阶段大腿受了重伤，布雷克不能再履行指挥职责，而英国舰队也暂时撤退了。

到了第四天，更换了指挥官的英国舰队试图重新追捕目标，却发现荷兰人早已没了踪影，这也宣告了波特兰之战的彻底终结。战后，双方都宣称自己获得了此次战役的胜利，但事实上特罗姆普成功护卫着商船队离开了战场，而布雷克没能阻止他。不过对于布雷克来说也并非毫无收获，他至少捕获了8艘荷兰战舰和大约20~40艘商船作为战利品返回英国，也算是留给自己仅有的颜面了。

波特兰之战后，英国方面启用乔治·蒙克顶替了布莱克的职务。蒙克虽然不是海军出身，但曾参加过英国内战，拥有丰富的战斗经验，并且在士兵中有着较高的威望。克伦威尔对蒙克可谓寄予厚望，将当时英国海军的全部家当（大约100多艘战舰）交给他，希望其能扭转此前对英军不利的局面，击败风头正盛的荷兰舰队。

一幅描绘波特兰海战中荷兰人使用纵火船攻击英国战舰的画作。图画中的纵火船在接近目标前被对方猛烈的炮火所摧毁

乔治·蒙克（George Monck，1608—1670）的肖像。他是第一次与第二次英荷战争中英国海军的主要将领之一，后来成为第一代阿尔博马尔公爵

1653年6月2日，这支庞大的英国舰队在北海加伯德（Gabbard）附近发现了同样庞大的荷兰舰队（大约有98艘战舰和武装商船）。也许是高估了自己的实力，特罗姆普竟主动攻击了英国舰队，却被英军全新而纪律严明的战列线战术所击退。在战斗中，特罗姆普“异想天开”地试图用过时的跳帮战术捕获英舰而遭到惨重损失，有两艘船被击沉。

次日，尽管弹药已经不多，特罗姆普还是决定再发动一次攻势，事实证明这是一次极其错误的决定。在得到布雷克的支援后，严阵以待的蒙克指挥舰队把迎头而来的荷兰人打得溃不成军。特罗姆普制止不住溃散的舰队，英国人趁机紧追不舍，捕获和击沉了多艘荷兰战船。至此，加伯德海战成为第一次英荷战争以来英国获得的最畅快淋漓的一次胜利，并且谁都没能料到，英国人的好运就此而来……

一幅描绘加伯德海战的画作。英国人在此战中利用对方战术上的错误获得一场大胜，而在此之后，他们的好运便接踵而至

在加伯德海战获得大胜后，借助士气上的提升，蒙克派出更多的战船（大约在 120 艘左右）封锁荷兰海岸，捕捉荷兰商船并阻止其贸易活动。荷兰经济因此而迅速崩溃。到 7 月份时，大面积的失业和饥荒已经席卷了几乎荷兰全境。与此同时，蒙克将由德威特所指挥的 27 艘战舰包围在特克塞尔岛。在这种情况下，特罗姆普不得不再次临危受命。7 月 24 日，特罗姆普指挥由 100 艘船只组成的庞大舰队出海，目标是解救被包围的德威特舰队。而这恰恰是英国人所期盼的。7 月 29 日，英国人尾随特罗姆普的踪迹向南追去，在夜幕降临前击沉了两艘荷兰战舰，但却被特罗姆普利用空当将德威特的舰队解救了出来。第二天，在席凡宁根海岸，再次遭遇的双方即将开始第一次英荷战争的最终决战。

战斗伊始，特罗姆普利用其天才战术头脑指挥荷兰舰队占据了位于英国舰队北面的有利位置。不过到7月30日，海上风速突然在一夜之间加剧，致使双方舰队都陷于混乱。31日上午7时，风速逐渐减小，荷兰人获得了风向上的优势并开始进攻。蒙克的旗舰“皇家王子”号与特罗姆普的旗舰“布雷德罗德”号冲在各自阵型的前列，并很快缠斗在一起。接下来的战斗是无比残酷的，双方舰队4次通过了对方的战列线进行舷炮齐射，海面上烟雾缭绕。然而就在此时，戏剧性的一幕发生了：在甲板上指挥战斗的特罗姆普被从后面包抄上来的威廉·宾的座舰“詹姆斯”号上的一名神枪手一枪命中心脏而亡（这名枪手爬在索具上居高临下打死了特罗姆普，类似于150年之后纳尔逊之死的过程）。

特罗姆普死后，荷兰舰队坚持战斗到中午晚些时候，终于因抵挡不住英国舰队的重压而崩盘。大批荷兰船只在他们船长的带领下不顾战局向北边逃跑。德威特本想要阻止他们，但为了其余船只的安危不得不撤回特克塞尔岛。而英国舰队尽管在战斗中获得了胜利，但由于很多船只也损伤严重，急需修理，因此不得不返回英国港口，放弃了对特克塞尔岛的封锁。

战后，如同数月前进行的波特兰海战一样，英荷双方都宣称自己获得了战役的胜利。但犹如250年之后的日德兰海战一样，英国仅仅是获得了战术上的胜利：他们通过损失两艘战船和不足千人（死250人伤700人）的代价获得了击沉和捕获30艘荷兰船只（荷兰方面承认的数目仅为12至14艘）和超过2 000人的“辉煌”战果；然而荷兰人却达到了既定的战略目标，那就是解除英国舰队对特克塞尔岛的封锁。

一幅描绘席凡宁根海战全貌的画作。此战是第一次英荷战争中两国在海上的最后一次大规模战役

席凡宁根海战结束后，由于双方都在为期一年的数次海战中损耗较大，这让克伦威尔有些担心两个新教国家浪费了太多资源后会让天主教国家（如老牌强国西班牙）乘虚而入，考虑再三之后，克伦威尔决定提出和谈。在英国方面的催促下，荷兰政府犹豫过后终于在1654年4月22日接受了停战条款，双方就修订后的《航海条例》（主要放宽了荷兰在殖民地的利益）达成一致，签署了《威斯特敏斯特条约》（Treaty of Westminster）。英荷两国在海上的第一次冲突也就此结束了。

## 纷争再起与洛斯托夫特海战

1658年，奥利弗·克伦威尔死去，其子理查德·克伦威尔继任为“护国公”。然而由于理查德的威信远不如父亲，忠于贵族和军队纷纷开始叛乱。在一片混乱中，保皇党迎回了流亡在海外的英国王储查理（即被斩首的查理一世之子——查理二世）。就这样，传统的斯图亚特王朝在英国复辟了。

登基不久的查理二世即授予英国海军“皇家海军”的称号，并任命他的弟弟约克公爵（即日后的詹姆斯二世）为海军总司令。不过此时的英国海军实力已是今非昔比了。克伦威尔军事独裁时期对内镇压反对势力，对外远征爱尔兰、苏格兰，并与西班牙进行战争，使得国家背负200万英镑的债务。至1660年，由于政界和军界的腐败，其政府负债高达100万英镑。查理二世接手后，由于国库亏空，海军拨款仅及预算的2/3（这已经多亏了查理二世对海军的高度重视了），这导致船只破旧年久失修、兵士匮薪士气低落，战斗力被严重削弱。在这种情况下，为了能扭转国家整体的颓势，查理二世势必要先从经济入手解决问题。于是在英国议会的认可下，1663年7月27日，查理二世颁布了修改后的《航海条例》。该条例被修改的内容为：

“凡是前往北美或其他地方殖民地的商船都必须首先从英国中转；在英国，这些货物将被卸载进行严格检查，并在缴纳税金和得到批准后才能重新装载运往其目的地。这些被卸载检查的贸易物资再重新装载时必须使用英国的容器。对于那些从殖民地运来的商品（如糖、大米和烟草等），则必须先在英国缴税后才允许转运到其他国家。”

查理二世修改过的《航海条例》不仅为英国提供了一笔可观的税收，更显著增加了欧洲列国将货物出口到殖民地及从殖民地进口到本国所需要的运费成本和运输时间。这期间首当其冲的受害者就是荷兰，此举势必引起两国之间一场新的战争。

查理二世的弟弟约克公爵在1660年时的画像。在第二与第三次英荷战争中，约克公爵作为海军将领为哥哥冲锋陷阵；而到1685年时，他继承了王位，是为詹姆斯二世

果然，就在修改的《航海条例》颁布不久，英国于1663年成立了“皇家非洲公司”，开始进攻荷兰在非洲西岸的殖民地，并于1664年占领部分据点，企图从荷兰人手中夺取象牙、奴隶和黄金贸易。荷兰人被迫对此采取应对措施。1664年8月，德鲁伊特尔指挥8艘战舰收复了非洲被英国占领的据点。在此之后，双方摩擦不断升级。终于在1665年2月22日，荷兰向英国宣战，第二次英荷战争正式爆发。

1665年6月初，荷兰主力舰队（约103艘舰船）在海军上将奥布丹的指挥下从本土出发搜寻英国舰队。13日，奥布丹的舰队在英格兰东海岸外的洛斯托夫特（Lowestoft）遭遇了由英王查理二世的弟弟约克公爵詹姆斯所率领的英国主力舰队。这支英国舰队总计拥有各型船只109艘，其中装备了4090门火炮（在17世纪能够构成双层或更多火炮甲板）的可用于战列线作战的大型军舰为35艘。尽管双方在数量上不相上下，但英国海军在单舰大小与火炮威力方面要明显优于荷兰海军，尤其是他们拥有的敌人所不曾拥有的那些三层甲板巨舰。

战斗开始后，由于荷兰舰队处于有利的顺风位置，约克公爵不得不指挥舰队暂时规避。但对方未能指挥舰队抓住时机主动向英国人发起攻击。待风向改变后，英国舰队反而处于顺风位置，荷兰舰队居然在这时候顶风进攻。双方排成战列线后进行了一次齐射，但随后还是陷入混战之中。英国船只“饥不择食”地捕捉体型较小的敌人就立即与之缠斗。而荷兰船只则混乱不堪，甚至有一部分已经开始逃跑。当奥布丹费尽力气阻止住己方船只的溃散时，由约克公爵亲自坐镇的中坚舰队已经出现在眼前，决战时刻到来了。

在战斗中，约克公爵的旗舰“皇家查理”号与奥布丹的旗舰“伊恩德拉赫特”号缠斗在一起。双方不断炮击对方，使得双方都难以脱身。但是当战斗进行到下午时，“皇家查理”号的一次齐射引爆了对方火药库，造成荷军旗舰大爆炸，奥布丹在爆炸中当即毙命。据记载，“伊恩德拉赫特”号所搭载的409名船员中最终仅有5人获救，这不得不说是战争中的一个灾难。荷兰人在失去旗舰后，胜利的天平迅速向英国人这边倾斜。

由阿德里安·范·迪斯特（Adriaen van Diest）所绘的英荷双方旗舰对决的画作。油画中船艉对着我们的是约克公爵的旗舰“皇家查理”号，它左前方的荷军旗舰“伊恩德拉赫特”号已被火炮射击所产生的浓烟所包围

在旗舰爆炸沉没后，尽管剩余的荷军舰船仍旧在殊死抵抗，但不久后即因群龙无首而纷纷溃散。约克公爵乘胜掩杀，获得了较大的战果。当晚，战斗落下帷幕，洛斯托夫特海战以英国的完胜而告终。此役，英国方面仅损失一艘帆船和300~500人，荷兰方面损失了17艘舰船和多达2 500人，不可谓不惨重。

然而，英国在洛斯托夫特海战中的胜利果实并没有得到巩固，与此恰恰相反，它甚至被极大地浪费了。暂时控制了制海权的英国人没有进一步封锁荷兰人的港口，而是继续在海上劳而无功地抢劫着荷兰商船队身上那点儿“蝇头小利”。当时黑死病蔓延在英国国内，使得本就不佳的政府财政进一步恶化，这对英国海军也造成了极大的负面影响。与此同时，荷兰人正紧锣密鼓地建造新式战舰（比如80门炮的大型战舰“七省”号和它的同型船只），为之后的反扑积极地准备着。战争不过刚刚开始而已。

## 非决定性的“决战”——“四天海战”

1666年初，在荷兰的鼓动下，法国站在荷兰这边与英国为敌，政局对英国来说急转直下，也使得英吉利海峡一带的战略形势更加复杂。面对可能的战争威胁，查理二世让他的弟弟约克公爵留在议会里（由于查理二世本人没有子嗣，所以他担心弟弟在海战中阵亡而导致自己没有信奉天主教的继承人），改派阿尔博马尔公爵（即乔治·蒙克）和鲁珀特亲王联合指挥英国本土舰队。

由于受到错误情报的误导，查理二世以为法国土伦舰队将会进入英吉利海峡作战，因而将本土舰队一分为二：鲁珀特亲王率领一支少而精的舰队（大约20艘，其中有多艘三层甲板战舰）迎战子虚乌有的法国舰队；而乔治·蒙克则率领其余79艘（包括纵火船等小型帆船，船型繁杂）战舰作为鲁珀特亲王的预备队待命。6月11日，乔治·蒙克将舰队分为3部分（由他自己指挥的中坚舰队，由爱司句指挥的前卫舰队和由托马斯·泰德曼指挥的后卫舰队）准备支援鲁珀特亲王。不过令蒙克没有想到的是，前进中的他们却发现了由德鲁伊特尔指挥的荷兰主力舰队（有84艘船，其中也包含纵火船等小型船只）。

莱茵的鲁珀特亲王（Prince Rupert of the Rhine，1619—1682）的肖像。鲁珀特亲王是英王查理一世的侄子。此画由彼得·莱利爵士作于1670年

托马斯·泰德曼（Thomas Teddeman，？—1668）的肖像。泰德曼曾参加过英国内战和英西战争时期的多次战役，官至海军上将。后于1668年因伤口引起发烧而去世

当蒙克发现荷兰舰队时，他们正泊在敦刻尔克。尽管当天海上天气不利于海战，但蒙克不愿意放弃这次进攻的机会——打算攻击荷兰方面停泊在最外面的由小特罗姆普指挥的荷兰后卫舰队，借此达到扰乱荷兰整支舰队的目的。见有敌人攻击，小特罗姆普不敢恋战，指挥手下撤退。蒙克派人给鲁珀特亲王送信，希望他能够配合夹击荷兰舰队。不过在这之前，他还是需要与荷兰舰队单独交战。

见后卫舰队受到攻击，德鲁伊特尔指挥的中坚舰队和科内利斯·艾弗森指挥的前卫舰队一齐回头夹击英军，小特罗姆普趁势也参与围攻，但他手下的两艘战舰却在转移中发生相撞而失去动力。英军分舰队指挥官、海军中将威廉·伯克利爵士看到此景，便指挥其座舰"迅敏"号（即前文提到的那艘"great ship"）迅速靠近这两艘失事敌舰，想要趁机俘获它们。但是就在此时，两艘荷兰战舰回来营救失事友舰，并开炮打坏了"迅敏"号的帆桅和索具，这导致"迅敏"号瞬间由"猎人"变成了"猎物"。

很快，两艘荷兰战舰上的官兵登上"迅敏"号，在甲板上，双方发生混战。伯克利爵士被一发燧发枪子弹打穿咽喉而丧命。在失去了指挥官后，"迅敏"号终于降旗投降。

伯克利爵士战死后，英军舰队陷入不利的境地。英国另一支分舰队旗舰“亨利”号（也是前文提到的那艘“great ship”）也遭到重创。据记载，当“亨利”号被一艘纵火船点着帆布时，船员们惊恐万分，大约有50人跳水逃生。舰上指挥官、海军少将约翰·哈曼爵士（Harman）拔出佩剑高叫道：“谁敢弃舰逃生，我就先取他狗命！”在他的威吓下，船员返回自己的岗位奋力救火，终于控制了火势。但由于多数帆缆被烧坏，一根桅杆掉下来砸断了哈曼的腿。但这位英勇的将军毫不退缩，仍指挥部下击退了一艘荷兰纵火船的攻击。这时候，荷兰前卫舰队司令艾弗森的旗舰“沃赫伦”号（Walcheren，70门炮）靠近“亨利”号，艾弗森亲自劝降哈曼，但哈曼却严词拒绝道：“不！我还没到那个地步！”这句话后来也被英军誉为经典。

随后，哈曼指挥“亨利”号用全部舷炮攻击“沃赫伦”号。艾弗森竟被一枚炮弹打死。这一堪称戏剧性的结果令群龙无首的荷军舰艇全部撤退了。“亨利”号也因此而避免了被俘获的命运。

威廉·伯克利爵士（William Berkeley，1639—1666）的肖像。在四天海战中，伯克利爵士表现十分英勇，但很遗憾地成为众多牺牲将士中的一员

6月12日，战役进行到第二天。乔治·蒙克决定航行至荷兰舰队的西南面以对其发起攻击。但德鲁伊特尔的旗舰“七省”号却依仗风向的优势指引荷兰舰队顺着东南方向穿过了英国舰队，这严重破坏了蒙克的计划。见英国舰队已被打乱，德鲁伊特尔在旗舰上升起红旗下令开始总攻。然而就在他的中坚舰队开始接近敌人时，却发现小特罗姆普所指挥的后卫舰队没有按照命令行事（小特罗姆普没有执行命令的动机存在争议）。注意到这点的蒙克利用荷兰舰队指挥层的不统一迅速改变作战计划，转而包围歼灭小特罗姆普的荷兰后卫舰队。这一变故导致德鲁伊特尔不得不将原先总攻英舰队的作战方案改为前去营救小特罗姆普的后卫舰队。令荷兰人感到万幸的是，由于兵力不足，蒙克到底还是未能阻止德鲁伊特尔与小特罗姆普的汇合。

当然，英国人也并非一帆风顺。当战役进行到第三天时，蒙克手中仅剩下30余艘船只还具备战斗力。在这种情况下，他被迫指挥舰队向西撤退。荷兰方面，在艾弗森阵亡后，荷兰前卫舰队的指挥权由延斯·范内斯接手。范内斯猛追英国舰队，那些落在舰队最后面移动缓慢的英军巨舰逐渐被拉近了距离。巨舰用42磅重炮驱赶企图靠近的荷兰船只，使得范内斯暂时难以得手。不过摆在蒙克面前的一个棘手难题出现了，那就是暗礁林立的加洛普浅滩（Galloper Shoal）。吃水较深的船只无法通过此处，因此蒙克舰队中两艘最大的成员“皇家王子”与“皇家凯瑟琳”号只能绕路远行。搭载着前卫舰队司令爱司句的“皇家王子”号很快落在了最后面。小特罗姆普瞅准时机指挥自己的战舰一拥而上将其围住。经过一番绝望的抵抗，爱司句还是下令“皇家亲王”号向小特罗姆普降旗投降，而他本人也成为英国皇家海军史上唯一一个向敌人投降的海军上将。后来，这艘曾是詹姆斯一世国王最为尊贵奢华的旗舰被荷兰人付之一炬，令世人颇为惋惜。

约翰·哈曼爵士（Sir John Harman，？—1673）的肖像。他在四天海战中的英勇表现在日后为人们所津津乐道

另一幅从船艏角度描绘“皇家王子”号向荷军投降的油画

当晚，鲁珀特亲王的20艘战舰赶到战场（他在发现法国舰队是子虚乌有之后返回援助乔治·蒙克），暂时缓解了蒙克的压力。得到支援后，蒙克打算回头与荷兰舰队一决雌雄。就这样，战斗进行到了最后一天。

6月14日早上，蒙克的舰队再次得到了一些来自本土船只的额外增援，总兵力上升至60~65艘船；而与此同时，荷兰舰队的总兵力为68艘船（之前战斗的损耗），双方可谓势均力敌。由于第四天刮起了西南风，风向对荷兰舰队有利，德鲁伊特尔也打算与英国舰队进行最后的决战。眼见海上风向对自己不利（处于下风位），蒙克取消了原本与荷兰舰队相向而行的计划，改为由左侧直插向敌人，这样双方都使用左舷火炮进行交战。此次交战长达两小时之久。最后大部分英国战舰都顺利地通过了荷军的战列线。随后混战开始了。但是在交战中，绝大部分英舰仍旧处于下风位，这为他们最终的失败埋下了伏笔。

一位参加过此役的荷兰军人也认为是风向主导了这场经典之战。他在回忆中写道：“我们的舰只与敌军都被分散开了，场面一片混乱。幸运的是围绕着德鲁伊特尔将军的中坚舰队仍然位于上风位。而相对而言，英军的中坚舰队普遍位于下风位，也许这就是我们最终获胜的原因吧。”

尽管风向处于劣势，蒙克的舰队并未放弃抵抗，再加上单舰威力上的优势，德鲁伊特尔的舰队始终无法将其歼灭。夜幕降临时分，海上起了大雾，已经损失惨重的蒙克大喜过望，立即顺势下令撤退。而德鲁伊特尔也因为弹药耗尽和恶劣的天气而未下令追击。这场17世纪规模最大的海战就这样结束了。

据战后统计，英国方面在为期 4 天的海战中损失了 17 艘帆船，其中 9 艘被俘，8 艘被击沉或焚毁。伤亡人数高达 3 000 人（荷兰方面认为是 5 000 人），另有 1 800 人被俘（荷兰方面宣称是 3 000 人）。荷兰方面相对损失就要小得多了，总共只有 4 艘较小的帆船被击沉；1 500 人战死，1 300 人受伤。单单从损失来看，荷兰人无疑取得了完胜。然而从战略角度来看，当初德鲁伊特尔志在全歼英军主力舰队的意图没能达到，再加上英国海军较强的恢复能力，实际上这场战役对英国造成的创伤并没有想象中那么大。因此这显然不是一场具有决定意义的"决战"。

## 圣·詹姆斯节海战与"霍姆斯篝火"

尽管不是一次具有决定性意义的海战，但 4 天海战的胜利还是让德鲁伊特尔暂时获得了对英国港口的封锁权。但此举对英国人来说是祸亦是福：他们利用这段"休战期"抓紧时间抢修在海战中千疮百孔的船只。英国强大的工业基础在这段时间里体现得淋漓尽致，仅仅半个月后，他们就修复了在四天海战中受损的绝大部分船只。得到回血的英国海军很快便向荷兰海军发出了新的挑战。

7 月 1 日，蒙克率领 60 艘战舰与小特罗姆普指挥的约 100 艘船只（其中有 71 艘是战舰）在古德温附近海域遭遇，展开了为期两天的战斗。7 月 3 日，荷兰方面的援军赶到，由于双方战力相差过大，蒙克被迫撤出战斗。不过到了 7 月 4 日，鲁珀特亲王率领着英国增援舰队赶到，蒙克遂回头发动反击，但最终还是被荷兰舰队所击退。这场新"四天海战"通常也被称为"古德温海战"。此役英国舰队损失 10 艘战舰，死伤 1 700 多人，被俘 2 000 余人。荷兰方面相对损失较轻，没有明确记载。

在接连重创英国海军后，信心急剧膨胀的荷兰政府领导人约翰·德威特（Johan de Witt）制订了一个在一年之内彻底消灭英国海军的计划。这个计划的核心内容是凭借着已经到手的制海权，指挥荷军在梅德韦河畔登陆并摧毁在位于查塔姆锚地的英军"老巢"。为了达成这一计划，荷兰海军将使用 10 艘运输船输送 2 700 名海军陆战队士兵参战。如果此计划得以实施，这将是历史上第一次专门的两栖登陆作战。德威特还计划联合法国舰队一同行动，不过法国人似乎并没表现出想要合作的意愿。与此同时，恶劣的天气也使得荷兰人的登陆计划一再推迟，德鲁伊特尔只得继续执行封锁任务。

8 月 1 日，德鲁伊特尔观察到英国舰队比预期要早一步出港行动，但是突如其来的风暴却迫使跃跃欲试的荷兰舰队不得不暂时退回本土海岸。8 月 3 日，当海上风暴结束后，德鲁伊特尔率领舰队返回英国海岸打算顺着泰晤士河而上进攻伦敦，但此时英国人已经做好迎战准备了。8 月 4 日早晨（即儒略历的 7 月 25 日），在北福兰附近，由德鲁伊特尔指挥的 89 艘战舰与鲁珀特亲王和蒙克所指挥的 90 艘战舰相遇，一场激战已不可避免。由于这一天是英国传统节日圣·詹姆斯节，因此这场海战在英国被称为"圣·詹姆斯节海战"。

亚伯拉罕·斯托克所绘的描绘四天海战的油画。画面中，英军旗舰"皇家查理"号正与荷军旗舰"七省"号进行激烈的缠战

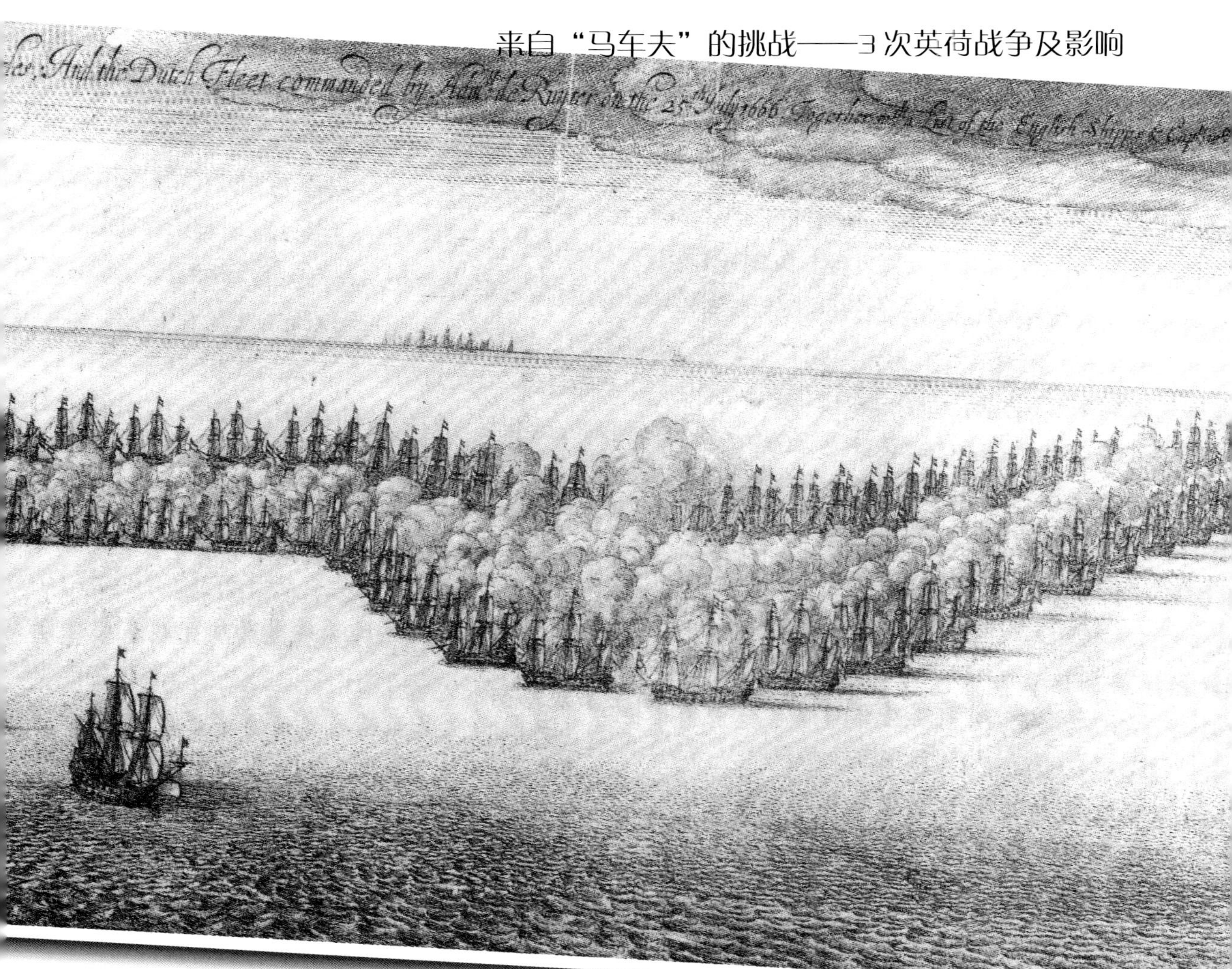


一幅描绘圣·詹姆斯节海战全貌的画作。图中英荷双方舰队排列成紧密阵形进行炮战，这在战列线战术成熟后的风帆时代是常见的景象

一开始，海面上刮着西北风，然而突然间，风向转向东北。注意到风向变化的鲁珀特亲王下令舰队急转向东以获得上风位。见此情形，德鲁伊特尔在后紧追不舍。但这接下来被证明是个“致命的”选择：由于转弯速度太快，船只受洋流影响变得难以控制。

荷兰前卫舰队司令，曾参加过唐斯之战的老将约翰·艾弗森已经失去了对舰队的控制。随后，东北风逐渐变弱，英国前卫舰队在托马斯·厄林爵士的指挥下在荷兰前卫舰队的右边同向而行。而此时，荷兰舰队仍处于混乱之中，英国舰队趁机开始炮击。在英军的炮火下，荷兰船只毫无还手之力。弗里斯兰分舰队的海军中将鲁道夫·科恩德斯（Rudolf Coenders）被当场杀死；另一名将军德弗里斯（Tjerk Hiddes de Vries）则被打断了一条胳膊和一条腿。德鲁伊特尔吃惊地目睹自己的部下遭到“屠杀”。被击垮的弗里斯兰分舰队随洋流飘向南方，船沉之后的幸存者在海上挣扎着，鬼哭狼嚎。

见荷兰舰队阵势已乱，鲁珀特亲王立即将他的前卫和中坚舰队聚集在一起准备攻击荷兰人的中坚舰队。鲁珀特亲王和蒙克预测德鲁伊特尔会下令自己的座舰两舷同时炮击并逃跑，但后者并没有逃跑，而是以猛烈的炮火予以回击。浓浓硝烟中，“七省”号居然顶住了两艘英国巨舰“海上主权”与“皇家查理”号的双重夹击。英舰无法继续前进。这样一来，就为已经溃败的前卫舰队撤退争取到了时间。

与此同时，身处荷兰后卫舰队的小特罗姆普眼睁睁望着自己的同胞被屠戮却因距离太远无法杀敌而愤怒。他决定以自己的实际行动“给英国人一些颜色看看”。这位年轻气盛的天才指挥官随即急转向西穿过了英国后卫舰队。英国后卫舰队的指挥官是耶利米·史密斯爵士。见有荷兰舰队居然胆敢穿过自己的阵形，史密斯自然不会放过，立即指挥舰队对其穷追不舍，双方展开激战。夜幕降临时，英国人被击败并向西逃走。小特罗姆普使用纵火船对史密斯继续进行攻击。到深夜时，史密斯的旗舰“伦敦”号被火烧伤后不得不拖回港口。英军后卫舰队的副指挥官爱德华·斯普拉格爵士目睹了作战经过，认为这样的失败是一种羞辱，遂把小特罗姆普当成自己的私敌（意即仇人）。后来，两人在特克塞尔海战中再次遭遇，斯普拉格在试图杀死小特罗姆普时反而被杀死。

托马斯·厄林爵士（Sir Thomas Allin，1612—1685）的肖像。他曾作为保皇党参加过英国内战，后来还参加过第二和第三次英荷战争

耶利米·史密斯爵士（Sir Jeremiah Smith，？—1675）的肖像。他曾参加过第一次与第二次英荷战争，最终官至海军上将

8月5日早晨，小特罗姆普停止了追击，并为自己前一天所获得的战绩而高兴。然而不知不觉中，他已经与德鲁伊特尔的主力舰队脱离太远了。这令小特罗姆普不由得担心起自己的处境来。他拿起望远镜，发现英国后卫舰队正向东转去，而在它们的身后，肯定还有其他英国分舰队在等着自己。事实上，此时在地平线上似乎只能望见众多的英国旗帜（自己可能被包围了）。面对急转而下的形势，小特罗姆普只能通过大口喝下杜松子酒来稳定情绪。突围是他唯一的出路，而且凶险无比。

同样陷入困境的还有德鲁伊特尔的中坚舰队。上午时分，约翰·艾弗森在失去了一条腿后流血过多而亡。在英军的攻击下，德鲁伊特尔手中的舰船总数已经减少到40艘，而且还包括大量重伤失去战斗力的船只。由于小特罗姆普和他的15艘战舰仍杳无音讯，德鲁伊特尔曾一度绝望并故意在“枪林弹雨”的甲板上“散步”以寻求被击毙的机会，但在部下的鼓舞下很快恢复了理智。最终在他的努力下，荷兰前卫和中坚舰队的残余船只还是安全返回了本土，创造了一个不大不小的奇迹。另一边，小特罗姆普借助浅水海域掩护才侥幸摆脱了吃水较深的英军舰船的追击，同样得以返航。就这样，圣·詹姆斯节海战以英军的大胜画上了句号。

很明显，英国人在圣·詹姆斯节海战中获得了一场酣畅淋漓的胜利。尽管单从后卫舰队来看，小特罗姆普的突袭曾为荷兰人扳回一城，但仍无济于整个战局的战事（他自己也因为违抗命令单独行动致使主力舰队蒙受更大的损失，险些全军覆没）。战后，鲁珀特亲王和蒙克在提交的报告中称荷兰方面损失了20艘战舰，大约7 000人伤亡，其中包括4名将军。尽管荷兰人的船只大多伤痕累累，但其舰队的绝大部分还是被德鲁伊特尔带回了本土。对于当时的荷兰国内经济条件来说，修复这几十艘战舰并非难事，而对于英国来说情况则完全不同了。1666年，在英国爆发的瘟疫（即曾经肆虐欧洲的黑死病）使得英国经济显著倒退，留给查理二世用于战争的资金已是捉襟见肘了。

不过对于英国人来说颇为欣慰的是，在圣·詹姆斯节海战结束仅仅两周后，他们在荷兰本土的弗利兰（Vlieland）获得了一次意外的胜利，从而进一步鼓舞了己方的士气。这就是被后人称为“霍姆斯篝火”（Holmes’s Bonfire）的事件。

一幅描绘荷兰舰队在圣·詹姆斯节海战中惨遭屠戮的画作。整个舰队的阵势显得混乱不堪，右下角有一艘战舰正在沉没

一幅描绘"霍姆斯篝火"事件的画作。图中的英国舰队在劫掠了荷兰商船后一把火将岛上烧得干干净净

"霍姆斯篝火"事件很难被归入海战一类，因为这并非一次正常的交战。然而在此次事件中，英国令荷兰所遭受的损失甚至超过了其在整个战争期间损失的总和。根据英方记载，该事件的大致经过如下：

英国海军上将罗伯特·霍姆斯（Sir Robert Holmes，1622—1692）授命率领一支小规模舰队偷袭荷兰的弗利兰。这支舰队总共只有8艘，并且都是体型较小的护卫舰（Frigate，也可以称为"巡航舰"）。这些船只分别为："虎"号（Tiger，40门火炮）、"忠告"号（Advice，46门火炮）、"汉普郡"号（Hampshire，40门火炮）、"龙"号（Dragon，40门火炮）、"保证"号（Assurance，36门火炮）、"抽奖"号（Sweepstake，36门火炮）、"花环"号（Garland，28门火炮）及"彭布罗克"号（Pembroke，28门火炮）。其中"虎"号为霍姆斯的旗舰。这是一艘著名军舰，1647年由享誉欧洲的造船师彼得·佩特设计建造于伍尔维奇。历经1681、1702和1722年3次重建，从最初的38门火炮护卫舰升级为拥有50门火炮的四级战舰（最小的战列舰），其生命周期一直延续至1742年，也是一艘寿命颇久的战舰。

一幅描绘“虎”号于1674年在西班牙加的斯港外俘虏荷兰帆船“Shackerloo”的油画。位于油画正中偏左位置的就是“虎”号

本想劫掠弗利兰的霍姆斯出乎意料地发现了在这里藏匿着一支规模远远超过自己想象的荷兰商船队，而且只有两艘小型军舰（舰名为“Adelaar”和“Tol”，英国人称其为“护卫舰”）担负护卫。霍姆斯当即下令对这些“待宰羔羊”进行攻击。解决了那两艘护卫船只后，霍姆斯将失去保护的荷兰商船聚集在一起，一把火全部焚毁。之后，上岸的英军又劫掠了弗利兰岛上的居民区，将其放火烧得干干净净后堂而皇之地离去。

在“霍姆斯篝火”事件中，荷兰方面一共损失了两艘军舰和多达140艘商船（在弗利兰一共停泊了150艘商船，只有10艘侥幸逃走，其余140艘均被焚毁）。而抛开船队不谈，荷兰人因此次事件在经济上的损失更是不可估量的。

不过就在形势偏向英国时，上帝似乎跟他们开了个玩笑。1666年9月10日，一场罕见的大火灾降临伦敦。这场大火竟连续烧了4天4夜，将伦敦城的2/3完全毁灭，直接经济损失达到800至1 000万镑（这一损失已经超过了英国两次与荷兰战争的全部费用），再加上国内普遍的反战情绪，英国决定与荷兰和谈。带着复杂的心情，战争进入了最后一年……

## 梅德韦河的灾难

尽管从新年伊始英国便试图与荷兰讲和，但荷兰方面的和谈欲望不仅未如英国那般强烈，恰恰相反，荷兰国内对于“霍尔姆斯篝火”事件的复仇情绪依旧高涨，民众叫嚣着要打到英国去一雪前耻。对于查理二世而言，他所担心的并不单单是荷兰的复仇，而是法国的“趁火打劫”。1667年初，在确认法国无意进攻英国只是想维持和平后，查理二世决定不再继续增加海军装备（事实上也没有财力再去这样做了）。同时也不再理睬荷兰人积极进攻的各种信号。但是很快，这位心高气傲的国王便会为自己的大意付出代价。

德鲁伊特尔早已把复仇英国人视为自己在1667年将执行的一项重要行动了。经验丰富的荷兰海军上将通过在英国本土附近多次作战的经验认识到了夜间偷袭英国港口的可能性，并利用间谍获取了泰晤士河的潮汐、水位、航线等情况，以及伦敦地区的军事、经济情报，并对这些情报进行了周密的分析比对。与此同时，他还对海军官兵进行了夜间战斗的特殊训练。中国有句古话叫“万事俱备，只欠东风”。在这一切准备停当后，德鲁伊特尔制订了一项大胆而罕见的作战计划，即先让舰队在特克塞尔岛外集合待命；而后觅机悄悄驶入泰晤士河口，沿梅德韦河溯流而上，直捣英国人的“心脏”查塔姆锚地，将停泊在这里的战舰全部消灭。

一幅描绘伦敦大火的板画作品。这场大火几乎彻底摧毁了这座当时属于欧洲政治经济文化中心的城市

这项计划在当时听起来简直就像是天方夜谭，甚至连荷兰自己的将领都不愿相信它。之所以说它是“天方夜谭”，是因为这项计划有一个极大的风险：姑且不论沿途有英国数百年来所设置的各种防御设施，仅泰晤士河口和梅德韦河就有多处沙洲浅滩，只有涨潮且顺风时大型军舰才能安全通过。凡是对此地形不熟悉的人，哪怕稍有疏忽，比如错过潮位或是风向不顺、风力不够，则军舰就有搁浅的可能，而先头军舰的搁浅将会直接影响到后续舰队的行进。此外，英国人还在梅德韦河口和查塔姆锚地之间设有一根长达730米、重达14.5吨的横江大铁链（用于拦截敌舰入港的设备），想要越过这样的障碍物绝非易事。

第二次世界大战中日军著名海军将领山本五十六曾说过：“战争是一场豪赌，要么全赢，要么全输。”那么胜利女神大概常常会去眷顾那些敢于在关键时刻掷下巨注的人物。于是，世界海战史上绝无仅有的奇迹便出现了……

荷兰海军名将德鲁伊特尔（Michiel Adriaenszoon de Ruyter，1607—1676）的画像。凭借其在英荷战争中的优异表现，德鲁伊特尔足以跻身最伟大海军将领之列

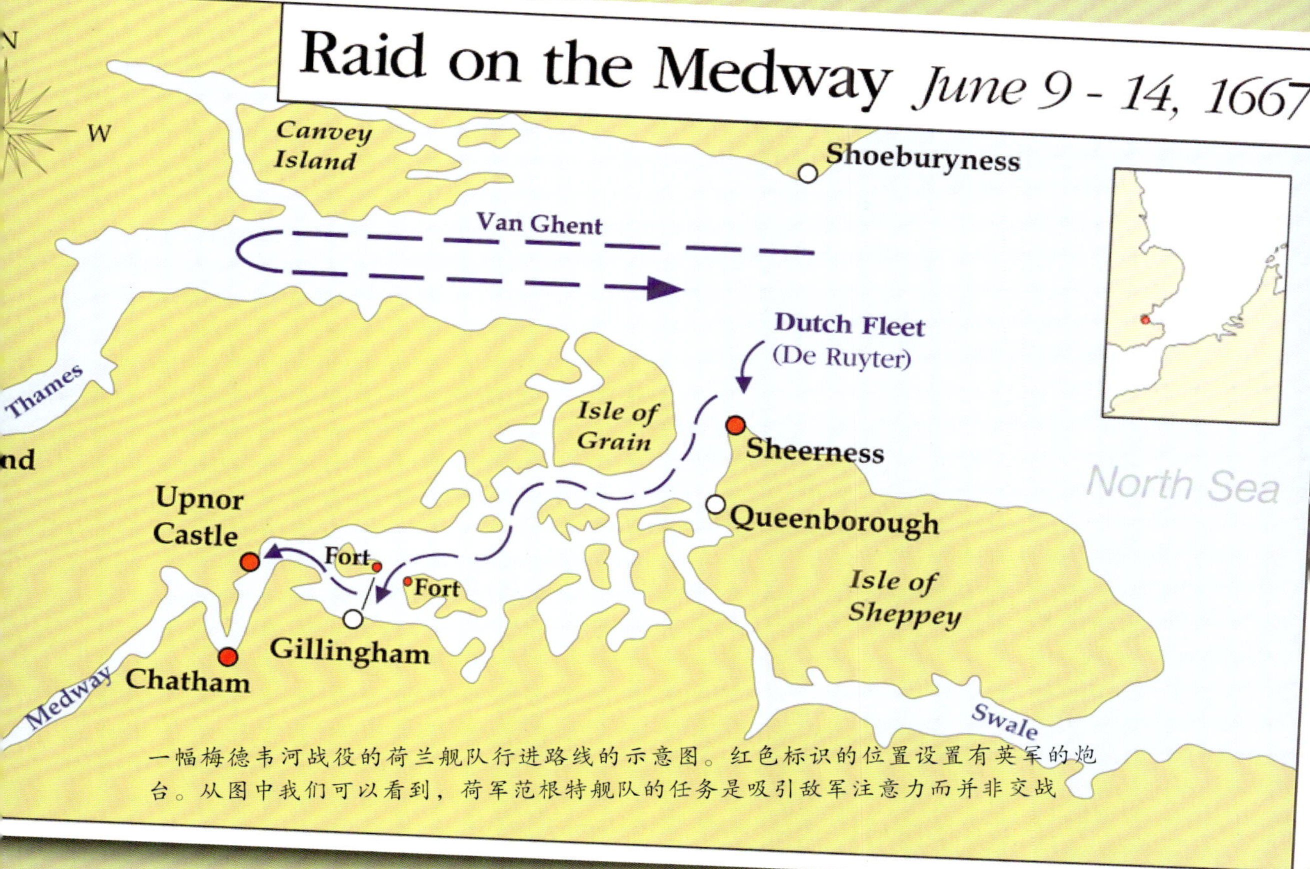


一幅梅德韦河战役的荷兰舰队行进路线的示意图。红色标识的位置设置有英军的炮台。从图中我们可以看到，荷军范根特舰队的任务是吸引敌军注意力而并非交战

1667年5月27日，德鲁伊特尔下令舰队在特克塞尔岛集合，突袭梅德韦河的计划正式开始实施。这支由62艘精锐军舰、15艘小型舰艇和12艘纵火船组成的舰队于6月14日启程驶向英国泰晤士河口。舰队航行在英吉利海峡上，当风向转变后（海上风向由西风转为东风）重组成3支舰队：第一支舰队由德鲁伊特尔亲自指挥，第二支舰队的指挥官是延斯・范内斯；第三支舰队的指挥官则为海军上将范根特，并保持着这样的阵形继续前进。

第三分舰队的指挥官范根特实际上拥有第二舰队的指挥权，担负着指挥荷兰两栖部队登陆泰晤士河口的重任。而此举的意图则是吸引英国人的注意力，好让德鲁伊特尔的舰队更容易驶入梅德韦河袭击英国舰队的锚地。6月16日，海上的大雾被吹散，露出了已经航行至泰晤士河口的荷兰舰队。荷兰人突然出现在眼皮底下似乎使英国人懵了，因为他们根本没有派出舰艇进行拦截。范根特打算袭击位于河口的20艘英国商船，在他的驱赶下，这些英国商船慌不择路地逃往格雷夫森德（Gravesend）。

在这种情况下，英国方面误以为荷兰舰队想要从泰晤士河口进入并攻击格雷夫森德，遂加强了在那一带的防御。英国军方普遍认为荷兰人在格雷弗森德登陆后会沿河而上攻击伦敦，但威廉・考文垂爵士却不这么看。在他看来，荷兰人骚扰泰晤士河口只不过是虚张声势罢了，而且即便荷兰人登陆了，攻击伦敦实在是相当愚蠢的举动，因为他们的海军陆战队还不具备那个实力与英国陆军相抗衡。遗憾的是，查理二世没有听从考文垂爵士的忠言。

在达成了引诱英军的目的后，德鲁伊特尔开始实施他计划的核心部分，那就是向查塔姆锚地进军。6月19日，德鲁伊特尔率领荷军主力舰队（包括24艘战列舰、20艘护卫舰和15艘纵火船）航行至泰晤士河口。趁夜黑涨潮之时，先遣舰队顺潮流溯入泰晤士河，一路炮击，很快便占领了英国希尔内斯炮台（Sheerness），夺取了贮存在此地的大量黄金，以及木材、树脂等物资。由于并未受到有效拦截，德鲁伊特尔的舰队在河道横冲直撞，寻找并击毁任何发现的英国舰船，一些完整被俘获的英国军舰被德鲁伊特尔准备作为战利品带回本土。22日，荷兰舰队经过曲折的摸索终于抵达查塔姆锚地。据说当时英国在此停泊了18艘三层甲板战舰（载炮70~90门），每舰的排水量都在1 000吨以上。荷兰舰队进入锚地后用舰炮打哑了岸上企图抵抗的炮台，海军陆战队士兵及纵火船以最快的速度破坏了横江大铁链，在一片混战中，英国方面在很短的时间里就损失了6艘巨舰（被焚毁）。其中乔治·蒙克的旗舰“皇家查理”号被荷兰人带回国内（此举令查理二世十分愤怒，因为这是一艘以他名字命名的皇家战舰），这也是此役荷兰方面最大的战利品。

威廉·考文垂爵士（Sir William Coventry，1628—1686）的肖像。他曾参加过英国内战，是当时著名的政治家

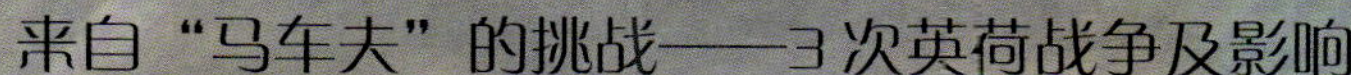


一幅描绘荷兰舰队奇袭查塔姆锚地的油画，遭到荷兰纵火船攻击的英国战舰火光四起，爆炸连天

英军一位目击者在此次奇袭结束后悲愤地写道：“这些威武雄壮、战绩辉煌的战舰的毁灭，是我生平所看见的事情中最令人心痛的。每一个真正的英国人见了这样的场景都会伤心泣血的。”德鲁伊特尔的舰队在英国内河畅通无阻航行了数日后，全部安全回到荷兰本土。之后，德鲁伊特尔便封锁泰晤士河口长达数月之久。

在梅德韦河之战中，荷兰方面的损失几乎可以忽略不计，总计只有50名海军陆战队士兵阵亡和消耗了8艘纵火船（纵火船的损毁通常不计入作战损失，因为该船型本身就是一种“自杀武器”）。而英国方面一共损失了13艘战舰（大多数被焚毁），另外，“联合”号（42门炮）与“皇家查理”号被荷兰人俘获。“皇家查理”号也是继“皇家王子”号之后英国在战时被俘获的第二艘皇家战舰（Ship Royal）。

攻击查塔姆锚地的行动也是第二次英荷战争中的最后一次海战。此次攻击给英国直接造成了近20万英镑的损失，更使英国海军蒙受了奇耻大辱（之后英国海军再也没有经历如此耻辱的事件）。海军遭此大败，加之瘟疫和伦敦大火的双重灾难，英国已无法再支持战争。故而此次行动加速了英荷两国的和平谈判进程。1667年7月31日，两国终于达成一致，签订了《布雷达和约》。在和约中，英国放宽了《航海条例》，放弃了在荷属东印度群岛方面的权益，并归还了在战争期间抢占的荷属苏里南（位于南美洲北部）；荷兰正式割让其在北美哈得逊河流域的领地和新阿姆斯特丹（即后来的纽约市），并承认西印度群岛为英国的势力范围。这个和约实际上意味着英荷两国在殖民角逐中划清了势力范围。第二次英荷战争就这样以荷兰的胜利而落下了帷幕。

由荷兰画家威廉·斯凯林斯（Willem Schellincks，1627—1678）所绘的荷兰舰队火攻查塔姆锚地的画作。这位画家站在南边山坡上目睹了这壮观的、令人永生难忘的一幕

## 英法结盟与索伦湾海战

尽管《布雷达和约》的签署令英荷两国重归和平，但对失败十分不甘的查理二世显然不会满足于在条约中的退让。不过就在他想要向荷兰人复仇的时候，他的表弟，也就是法国国王路易十四却跑到了他的前面。

17世纪60年代，法王路易十四在亲政后大力开展扩军运动。为了能实现在大陆的霸权，路易十四在1667年选择已日趋衰败的西班牙为攻击对象，发动了产权转移战争（War of Devolution，1667—1668）。但当他刚刚占领西班牙的大片领土并打算往东北攻下全部南尼德兰地区时（当时南尼德兰仍在西班牙统治之下），却被“三十年战争”时的旧盟友荷兰联省共和国插手干涉。当时荷兰联省的实际领导人，商人出身的约翰·德威特担忧法国领土扩张太多会威胁到荷兰的国土安全（比利时一直是法荷间的缓冲区），于是以软硬兼施的手法，联合英国和瑞典成为“三角同盟”，要求法国在1668年与西班牙缔和，并归还其大量占领地，否则“三角同盟”就会对法宣战。路易十四因为战争前期准备不足，被迫接受荷兰的要求而应允议和。但这却埋下了路易十四对德威特与荷兰联省共和国的强烈怨恨。

尽管英国与荷兰结成了“三角同盟”，但这实际上是由于第二次英荷战争战败后被迫签署的盟约。路易十四注意到这一点，一面收买瑞典国会使得其放弃三角同盟中保持中立的承诺；另一方面向查理二世建议与法国联手攻击荷兰（代价是法国提供一批资金用来支付英国军队开销），事成之后共同瓜分荷兰的国土。这一极具诱惑的提议令查理二世不假思索地答应下来。于是双方于1670年签署《多佛密约》（Secret Treaty of Dover），英法秘密结盟，计划于两年后联合攻打荷兰。同一时间，法国国王还重金收买了荷兰的邻邦国家（德意志邦的一些小国），使他们答应一旦法国出兵，也会在合适的时机出兵并保证提供法军交通便利与后勤支援。

约翰·德威特（Johan de Witt，1625—1672）的肖像。他是17世纪中叶荷兰最杰出的政治家，被认为是当时欧洲最有权力的人物之一

英国国王查理二世的妹妹，同时也是路易十四的弟弟菲利普妻子的亨利埃塔（Princess Henrietta，1644—1670）的画像。她协助兄长完成了《多佛密约》的谈判和签署。但该密约签署完成后，亨利埃塔旋即死去。因此有人怀疑她死于敌对势力的毒杀

在一切准备停当后，1672 年 4 月，法国首先向荷兰宣战，紧接着英国追随法国之后也向荷兰下了战书，英法联军与荷兰的战争就此爆发。法国和英国分别在陆地和海上与荷兰作战，而在海上的战事也被称为“第三次英荷战争”。

英法联军与荷兰的战争打响后，最初的战事都是在陆地上进行的。法国凭借训练有素的军队一度势不可挡，甚至突破了荷军在埃塞尔河的防线，直逼首都阿姆斯特丹。危难之中，刚出任荷兰国家元首的威廉（即奥兰治的威廉王子）下令掘开穆伊登堤坝，使海水灌入国土，形成一片汪洋大海，阻止住了法军前进的步伐。随着进军道路被毁，法军在陆上的进攻也暂告一个段落。接下来，双方将在海上掀起更大的波澜。

法国向荷兰宣战后，查理二世与路易十四立即派出一支联合舰队（93 艘各型船只）前往索尔湾聚集，打算将荷兰舰队封锁在母港，使其失去从北海至荷兰本土的航运。1672 年 5 月，由德鲁伊特尔率领倾尽全国之力的荷兰舰队（75 艘各型船只）向索尔湾进发，准备突破封锁。5 月 28 日，荷兰一支分舰队突然出现于索尔湾湾口外的地平线上，英法联合舰队猝不及防，一时间陷入了混乱。混战中，荷军以纵火船攻击法国舰队，致使一艘法国战列舰“卓越”号（Superbe，70 门炮）被焚毁，损失 450 余人。

由于法国舰队被牵制住，德鲁伊特尔得以指挥主力舰队专心攻击英国人。在战斗中，英军被荷军凶狠的火力所制压住，约克公爵的旗舰，新锐 100 门炮巨舰“王子”号在两小时内被德鲁伊特尔的旗舰“七省”号打成重伤，不得不退出战场。

另一边，荷兰前卫舰队旗舰“伊恩德拉赫特”号（Eendracht，80门炮）与英国海军中将爱德华·斯普拉格所乘坐的“伦敦”号进行一对一的战斗，而后又遭到英舰“皇家凯瑟琳”号的夹击。后者（“皇家凯瑟琳”号）遭到严重损坏，被迫降旗投降，舰长约翰·希奇里（John Chichely）也被俘虏。但由于荷兰船员的疏忽大意，该舰随后又被英国人夺回。

英国海军上将桑威治伯爵的旗舰，崭新的100门炮巨舰“皇家詹姆斯”号遭到荷兰海军上将范·根特座舰“海豚”号的穷追猛打，然而范·根特却在随后不久被弹片击中身亡。范·根特阵亡后，荷兰舰长延·范·布拉克尔指挥战舰“伟大的荷兰省”号（Groot Hollandia，60门炮）继续追击“皇家詹姆斯”号，使用它相对单薄的船体冲击庞大的“皇家詹姆斯”号长达一个多小时。但由于两艘船战力差距过大，“皇家詹姆斯”号逐渐占据上风，打断了“伟大的荷兰省”号的旗杆，并派出士兵登上了荷舰的甲板。不过就在此时，几艘荷兰纵火船伺机撞向“皇家詹姆斯”号并致使其船身着火。这艘巨舰逐渐失控并沉没，最终连桑威治伯爵也随舰毙命。

一幅描绘索尔湾之战中英国旗舰“王子”号的油画。该舰在开战不久后即被打成重伤而被迫撤出战场

荷兰画家小范·德·维德所画的描绘“皇家詹姆斯”号被纵火船摧毁的油画。这是英国舰队在索尔湾之战中最严重的损失

在接下来的战斗里，风向发生了改变。英国舰队取得了风向上的优势。见形势对自己不利，德鲁伊特尔选择主动撤出了战场。索尔湾之战就此结束。从战略上来看，德鲁伊特尔成功将英法联合舰队阻滞在索尔湾中，达到了最初的部分目的。反观英法联合舰队，不仅没能出港，反而被荷兰舰队所封锁。因此尽管他们也宣称取得了索尔湾之战的胜利（理由是荷兰舰队被击退），但事实上后来的历史学家更偏向于承认荷兰人是胜利的一方。由于索尔湾之战并非决定性战役，双方的舰队在战后重整旗鼓，并于来年在库内维尔（Schooneveld）再动干戈。

## 两次库内维尔海战与特克塞尔海战

当法国正式入侵荷兰本土时，有一个名为“奥伦治党”（Orangist）的党派在荷兰上台，诬告当时的执行官约翰·德威特和他的亲信背叛联省共和国，暗地里投靠法国（直接导致约翰·德威特下台并被活活打死）。事实上，这个党是由英国资助的荷兰卖国团体，目的是希望在法国攻陷荷兰后建立一个傀儡政权。英法计划利用庞大的荷兰商业资产，以使本国获得贸易上的优势。然而英法双方都很明白，陷于绝境中的荷兰人可能会臣服于英法的任一方，因此查理二世和路易十四都担心对方是那个受益者而开始相互猜疑（英国人认为德鲁伊特尔可能会与法国舰队联手打击自己，而法国人则担心身为奥兰治省人的小特罗姆普可能会投降英国）。

1673年5月15日，应法国人要求，一支由6 000人组成的部队在英国东海岸的雅茅斯（Yarmouth）聚集，准备登陆荷兰本土。在得知这一消息后，德鲁伊特尔立即指挥荷兰舰队倾巢出动、航行至斯凯尔德河口（Schelde）的库内维尔设防。库内维尔是一块位于两片浅滩之中的盆地，地势狭长，不利于登陆部队发挥兵力优势，然而这却是登陆荷兰本土的必经之路（其他海岸多浅滩沙洲，不利于登陆行动）。在这里，德鲁伊特尔得到了小特罗姆普的支援。尽管众人皆知二人因私人原因不合，但大敌当前，两人还是摒弃前嫌、同仇敌忾。

在得知荷兰人已有所防备后，英国人开始质疑此次行动的可行性。但在法国方面的坚持下，英法联合舰队还是向以逸待劳的荷兰舰队驶去。这支联合舰队的指挥官为鲁珀特亲王。鲁珀特亲王手中一共有86艘战舰，而他的对手德鲁伊特尔则有64艘。除此之外，英法联合舰队共有船员24 295人（荷兰为14 762人）、火炮4 826门（荷兰为3 157门）均占有明显优势。鲁珀特亲王尝试着去攻击这支荷兰舰队，但突如其来的暴风雨阻止了战斗。6月7日，海上刮起西北风，鲁珀特亲王尝试再次攻击，安排自己的“红色分舰队”（17世纪有时会使用彩色旗帜来区分分舰队）来担当进攻的前卫，法国舰队司令让·德埃斯特雷的“白色分舰队”为中坚，斯普拉格的“蓝色分舰队”为后卫。荷兰方面的前卫舰队指挥官是小特罗姆普，中坚舰队自然是德鲁伊特尔本人，而后卫舰队则是阿德里安·班克特。

鲁珀特亲王乐观地认为，当本方舰队逼近时，势单力薄的荷兰舰队一定会向赫勒富茨劳斯（Hellevoetsluis）撤退。与此同时，他派出一支舰队迂回到北边切断荷兰人的归路，这样就可以将其歼灭。不过亲王显然低估了德鲁伊特尔的能耐。面对强敌，这位老将军丝毫没有表现出退缩的意思，并在那支（派往北边的）英国分舰队赶回之前发动攻击。在发觉情况不对之后，鲁珀特慌忙应战，以至于联合舰队还没有排成合适的作战阵形。战斗于当地时间中午开始，一直持续了9个小时。由于荷舰吃水较浅，可以行驶到更靠近浅滩的地方，德鲁伊特尔可以更加从容灵活地应对联合舰队的攻击。

一幅描绘索尔湾之战中法国舰队旗舰“圣·菲利普”号的油画。这是一艘拥有82个炮眼的三层甲板战舰，但在索尔湾之战中它实际只搭载了78门炮

眼见情况不妙，鲁珀特亲王急忙派人前去与小特罗姆普联系，想要将其策反，但毫无悬念地被拒绝（小特罗姆普虽与德鲁伊特尔不和，但爱国之心还是非常坚定的）。策反小特罗姆普失败的鲁珀特亲王决定先收拾这个“眼中钉”，于是下令联合舰队改变航向来到盆地东北部，占据有利风向对小特罗姆普的分舰队形成包抄之势。但是由于种种原因鲁珀特并没有直接发起进攻（事后判断这可能是由于对地形不熟悉导致的）。小特罗姆普则巧妙利用复杂的地形弥补了己方兵力不足的劣势。

另一边，德鲁伊特尔曾打算紧随小特罗姆普，阻止鲁珀特亲王的进攻，但由于担心班克特同时面对让·德埃斯特雷和斯普拉格压力过大而改变了策略。为了迷惑身后的法国舰队，德鲁伊特尔将原本紧随小特罗姆普的舰队突然转向西南。让·德埃斯特雷目睹自己的敌人从眼前溜走。鲁珀特亲王曾经在这个位置上由于不熟悉地形而无法对荷兰舰队发起攻击，但德鲁伊特尔则完全不同了。现在，荷兰中坚舰队已经出现在联合舰队的背面并反向而行。盟军后卫舰队指挥官斯普拉格最先意识到，如果德鲁伊特尔到达盆地南缘，己方将会陷于非常险恶的境地，遂指挥其下属的船只也跟随德鲁伊特尔向西南方向航行。班克特见此情形，在外围以一个更大的弧形航线追随德鲁伊特尔的舰队而去。就这样，德鲁伊特尔以一个巧妙的方式指挥舰队兜了一个大圈，仍旧前去支援小特罗姆普的舰队。与之相对，联合舰队被敌人的意图搞得晕头转向，阵形也散乱开来。

一幅描绘第一次库内维尔海战的油画。画面中左侧一艘法国战舰正与一艘荷兰战舰进行激烈的炮战

远处，小特罗姆普看见了前来支援他的德鲁伊特尔的舰队，立即高声对手下说：“看！是德鲁伊特尔！他来援助我们了，只要还能呼吸，我就不会放弃和他一起回去！”荷兰前卫舰队在小特罗姆普的指挥下假装想要去与己方中坚舰队汇合，但实际上却阻住了盟军的后卫舰队。斯普拉格与小特罗姆普在经过短暂接战后向北边撤退。在斯普拉格撤退后，鲁珀特亲王和其余联合舰队舰只也撤出战场，双方在库内维尔的首次交战告一段落。

鲁珀特亲王率领的联合舰队撤出库内维尔海域后并未立即离去，而是在荷兰海岸线附近巡航了一周时间。在这段时间内，斯普拉格指责鲁珀特亲王犯了战术上的严重错误。更糟糕的是，联合舰队甚至无意再进入库内维尔重新作战。“皇家凯瑟琳”号的舰长乔治·莱格（George Legge）写信给约克公爵道：“那一带海域的沙洲实在太多了，在这里航行绝对是冒险的行为。”

鲁珀特亲王和诸位盟军将领希望能把荷兰舰队吸引到公海进行战斗。然而出乎意料的是，就在他们还没做好准备之时，荷兰人竟主动送上门来。6月14日，德鲁伊特尔在得到了4艘新战舰和一些人员补给的增援后，借着西北风冲击行驶在海峡中的联合舰队。在双方的第二次交锋中，联合舰队从一开始就处于混乱状态。

很多人也许会对当时联合舰队的状态产生疑问，为何他们会“不战即乱”呢？原来，在荷兰人发起攻击时，斯普拉格鬼使神差地恰好被临时任命为前卫舰队指挥官。当战斗开始时，斯普拉格远远望见鲁珀特亲王的中坚舰队遭到荷兰人围攻，慌忙离开自己的岗位前去营救，而鲁珀特亲王也无法与之汇合，就这样，他们的阵形全乱了。

联合舰队中的法国分舰队指挥让·德埃斯特雷（Jean II d'Estr é es，1624—1707）的画像。他是路易十四手下的海军元帅之一，法国海军早期著名将领

爱德华·斯普拉格爵士（Sir Edward Spragge，1620—1673）的画像。他是一名爱尔兰籍的英国海军将领，曾参加过第二次和第三次英荷战争

斯普拉格后来在自己的日记中抱怨鲁珀特亲王在此战指挥上的严重失误，而鲁珀特亲王也在战后多次抱怨他对各舰队的命令并未得到各分队指挥官们很好的贯彻，从而导致了混乱。甚至就连作为他们敌手的德鲁伊特尔也感叹道："这帮家伙到底发生了什么？难不成是疯了？"

很快，鲁珀特亲王的中坚舰队被德鲁伊特尔的中坚舰队击溃，而让·德埃斯特雷的法国分舰队也因遭到班克特的攻击而分崩离析。当天的战斗在下午时就大局已定了，只有小特罗姆普追逐着他的"私敌"斯普拉格直到夜幕降临。鲁珀特亲王尽可能地使他的舰队免遭被敌人俘虏的厄运。尽管在15日上午他们终于返回泰晤士河并且没有损失一艘船，但舰队内很多船只都已伤痕累累，不得不进行大规模的修补。另一方面，德鲁伊特尔率领荷兰舰队安然返回了库内维尔。他们既挫败了英法联军在这里登陆的计划，也击溃了来袭的英法联合舰队，可谓大获全胜。

两次库内维尔海战是荷兰在第三次英荷战争期间取得的又一次海上的重大胜利。但是这并不是一场决定性的战役，失败一方的联合舰队总共只损失了两艘法国战舰，其他船只尽管受损严重但非永久损失，经过修复仍可投入战斗。不甘心失败的英法联合舰队在3个月后卷土重来，而那将会是双方的最终对决。

由于在库内维尔的失利，英法联合舰队改变战略，打算先攻下特克塞尔岛，而后以此为据点再进攻荷兰本土。为此，在8月中旬，英法聚集了大约20 000名士兵在英国整装待命，打算渡海登陆特克塞尔岛。8月20日，盟军第一梯队共计10 000人登舰，在鲁珀特亲王所指挥舰队的搭载下驶往特克塞尔岛。对于这次行动，联合舰队准备十分充分，集两国之精锐总计派出122艘舰船（其中战舰92艘、纵火船30艘。另一种说法是有90艘战舰、28艘纵火船和23艘辅助船只）参战。鲁珀特亲王将联合舰队分为3个分队，分别为：由他亲自指挥的中坚舰队、由让·德埃斯特雷指挥的前卫舰队和由斯普拉格指挥的后卫舰队。鉴于3个月前在库内维尔的惨败，出航之前，鲁珀特与众将领仔细研究了德鲁伊特尔曾经使用过的战术，并详细制订了相应的对策。

但是联合舰队在启航后不久行踪即被荷兰人所获得。一直对盟军保持戒备的德鲁伊特尔立即率领舰队迎击。他亦将麾下舰队分编为3个分队：除了他本人指挥的中坚舰队外，前卫舰队由班克特指挥，小特罗姆普则负责后卫舰队。在舰队数量上，荷兰方面如同前次库内维尔海战一样处于劣势，共拥有75艘战舰和30纵火船。21日凌晨，德鲁伊特尔指挥舰队利用风向优势出其不意地成功插入联合舰队与海岸之间的缝隙。拂晓时分，荷兰舰队主动向联合舰队发动进攻，特克塞尔海战就此打响。

一幅由荷兰画家范·德·维德所绘制的库内维尔海战全貌图，图中双方舰只交织在一起进行着混战

战斗打响后，交战双方的3个分舰队捉队撕杀，其场面颇为壮观，皆是一边南移一边相互用炮火狂轰。尽管联合舰队的兵力占了优势，但荷兰水兵士气高昂，双方战斗可谓空前激烈。在战斗中，由于座舰受创，德鲁伊特尔曾3次更换旗舰（更换旗舰的做法在风帆时代的海战中并非稀罕事，但具备一定的风险。一些司令官在更换旗舰时因意外身亡，比如下文将会提到的斯普拉格），但仍英勇作战。在他的感染下，荷兰官兵越战越勇。战斗持续了数个小时，首先打破僵局的是双方的前卫分队。在班克特的穷追猛打下，法国人首先撑不住了。

在路易十四统治前期，法国海军正处于崛起阶段，其水兵训练体系落后，实战经验很差。除此之外，法国人一贯的散漫导致作战效能十分低下（据记载，当时的法国海军中还有军舰受创后便将修理放在第一位，而消极怠战的陋习）。法军指挥官让·德埃斯特雷本打算借助数量上的优势包围班克特分队，但由于缺乏经验，反而让班克特分队突破了己方的战列线。这下，法国分舰队全面陷入了混乱。见已经对舰队失去控制，再加上为了保存实力，让·德埃斯特雷索性率领法国分舰队突围后撤出战场。他的这一举动立即改变了战场上原本陷入僵持的局面。

一幅描绘特克塞尔海战的画作。画面中间的荷兰战舰正在攻击左侧的一艘法国战舰

一幅描绘特克塞尔海战全貌的油画。法国舰队的撤离成为此战的转折点

起初班克特并不敢相信法国人就这样走了。为防止让·德埃斯特雷耍把戏，班克特还是小心翼翼地留下部分船只监视法国人才敢率领余下战舰前往援助德鲁伊特尔指挥的中坚舰队。原本鲁珀特亲王打算倾全军之力将适于浅海作战的荷兰舰队向西赶向深海区与之交战，但法国舰队的突然离去显然是这位英国将领所始料未及的。

与此同时，小特罗姆普和斯普拉格这对宿敌也进行了终极对决。斯普拉格曾在查理二世面前发誓要将小特罗姆普擒获或杀死。然而今天运气显然不在他这边。由于旗舰受损严重，斯普拉格被迫更换旗舰。不过倒霉的他却在更换旗舰的小艇上被炮弹击中后死去（小艇随后也被击沉）。在斯普拉格阵亡后，鲁珀特亲王与德鲁伊特尔双双率领中坚舰队赶来支援，而班克特指挥的荷兰前卫舰队也投入了战斗。由于失去了前卫舰队，鲁珀特亲王实际上已经没有多少胜算了。最终，海战在晚上7时左右画上了句号。借着夜幕，单独作战的英国舰队撤出了战场。特克塞尔岛外海战役的结束同时也预示着英法同盟军登陆荷兰本土计划的彻底流产。

一幅描绘斯普拉格在小艇上被击毙的油画。关于其究竟是被炮弹打死的还是落水溺死的，历史上存在争议。但不管真相如何，他的宿敌小特罗姆普笑到了最后

尽管特克塞尔海战无论是英法联合舰队还是荷兰舰队都没有损失任何一艘战舰（纵火船除外），但双方伤亡人员数目却相当大（在风帆时代，由于弹丸是实心的，想要击沉敌舰难度很大）。英法联合舰队一共有 2 000 人阵亡，而荷兰方面的损失大约是他们的一半。对于英法联合舰队来说，特克塞尔海战不仅没能贯彻之前登陆荷兰本土的计划，更使得荷兰再度取得了英吉利海峡海域的制海权，可谓一次完败。

战后，鲁珀特亲王向英王查理二世控诉时称，由于存在临阵脱逃的行为，法国舰队对这次失败应负全责。然而一些英国历史学家则认为联合舰队战败的首要原因是德鲁伊特尔高超的战术素养和临战应变能力。他们高度评价了荷兰在这场海战中的成功："荷兰，因其舰队司令精明能干，使他们在此役中取得了巨大的成就。他们使完全被封锁的港口重新开放并战胜了一次可能的入侵，同时使敌人放弃了之后所有入侵的念头。"

## 英荷战争带来的影响

特克塞尔海战是第三次英荷战争期间英荷双方在海上的最后一次碰撞。无论如何，特克塞尔海战结束了荷兰与英国之间为了控制海洋所进行的长达20年之久的战争，同时也导致了英法两国同盟的破裂（法国此时正加速发展本国海军，不再需要得到英国海军的支持）。海军的失利与法国的日益强大使得英国资产阶级对政府参加法荷战争倍感不满。在议会削减军费后，英国海军无力再封锁海峡或入侵荷兰本土，于是英国国会通过了与荷兰单独媾和的决议。1674年2月，英荷双方签订了《威斯敏斯特和约》，恢复了战前状态。该和约规定1667年两国签订的《布雷达和约》继续有效；荷兰同意给英国80万克伦作为补偿并承认英国在欧洲以外夺取的原荷兰领地的所有权；作为回报，英国则保证在随后依然进行的法荷战争中保持中立。

随着《威斯敏斯特和约》的签署，3次英荷战争就这样落下帷幕。尽管在18世纪下半叶还曾爆发过第四次英荷战争，但由于届时荷兰的衰败（已经完全失去与英国相抗衡的能力）而失去了胜负的悬念。纵观整个风帆时代，英国人在海上胜多败寡，唯独在17世纪中叶的与荷兰的三次争夺中总体落于下风，令人们不得不钦佩此时期荷兰联省共和国的魅力。

一幅由荷兰画家小范·德·维德所绘的特克塞尔海战的油画。油画正中间斯普拉格的旗舰"王子"号已经被折断两根桅杆，失去了战斗力

一幅描绘英荷双方在地中海意大利附近海域冲突的油画，时间是处于第一次英荷战争期间的1653年。此次英荷战争也是3次英荷战争中英国仅有的一次胜利

中国有句古话："鹬蚌相争，渔翁得利。"3次英荷战争令英国与荷兰这对冤家碰得头破血流，但却使法国这个"旁观者"从中收获了丰厚的利益。在英国退出战争后，法荷战争一直持续到1678年才宣告结束。尽管荷兰在海上取得了一系列胜利，但他们弱小的陆军始终无法与法国相抗衡。从1678年8月至1679年12月，荷兰与法国的代表在荷兰城市奈梅亨（Nijmegen）通过漫长的谈判签署和约，史称《奈梅亨和约》。在和约中，尽管荷兰失去的领土被归还，但位于其南部的原西班牙所属的南尼德兰（今比利时）却被割让给法国。荷兰在失去了与法国的缓冲地带后形势变得更加不利，这迫使其日后不得不与英国联合起来对抗路易十四扩张的野心。

同时，由于长期战争带来的经济损失，再加上英、法等列强对其殖民地和商贸航线的侵蚀，本就国土狭小、资源匮乏的荷兰一落千丈，再也没法回到战前的高度，并在18世纪开始逐步沦落为二流甚至三流国家。到第四次英荷战争爆发时，荷兰已经完全堕落为任英国这个"刀俎"宰割的"鱼肉"。

反观英国，则在与荷兰的海上争夺中吸取教训，开始注重高素质海军指挥人才的培养，并依靠强大的经济基础和天然的海峡屏障继续发展，最终在击败不可一世的路易十四后成为风帆时代最具说服力的霸主。

# 不老的传奇——生命周期横跨3个世纪的“王子”号

## “王子”诞生

第一次英荷战争之后，随着战列线战术的广泛应用，拥有2~3层火炮甲板，装备火炮在50~100门（个别国家装备40门炮的小型战舰也具备两层完整的火炮甲板，譬如荷兰，因此也被划为战列舰）的“战列舰”成为一个划时代的名词。而在这一时期，英国俨然已经具备了批量生产新式“战列舰”的能力。尽管“皇家查理”号是英国从17世纪中叶兴起的新式三层甲板战舰的先行者，但该舰设计火炮数量只有80门，与100门炮的“海上主权”号相比显然低了一个档次。从1637年诞生到第二次英荷战争结束的这30年里，“海上主权”号一直是英国海军中唯一一艘火炮数量过百的战舰，颇有些孤芳自赏的意味，但这一局面很快便被英国人新一轮的“巨舰建造狂潮”打破了。

一幅描绘第二次英荷战争的四天海战中英军旗舰“皇家查理”号与荷军旗舰“七省”号交战的画作。此战被誉为风帆时代最经典战例之一，为后人所回味

1667年6月，海军部下达了建造新式100门炮“皇家战舰”的指令。该舰的设计师为伟大的佩特家族第三代“掌门人”小菲尼亚斯·佩特。不过在这一指令被实施之前，从1668至1670年，英国陆续建造了4艘96门炮战舰。这些战舰以80门炮的“皇家查理”号为基础重新设计，甚至连船身尺寸也较为接近。但这些战舰充其量就是超载至96门火炮的“80炮战舰”而已。1670年12月3日，新的“皇家战舰”在迪特福德造船厂下水，被命名为“王子”号。1672年1月15日，该舰终于完工入役，如愿赶上了数月后爆发的第三次英荷战争，可谓“生正逢时”。

新服役的“王子”号排水量达到1403吨，虽然比“老大哥”“海上主权”号还是要略逊一筹，但与其他80门炮级别的三层甲板战舰相比已经拉开了一个小小的档次。“王子”号设计火炮甲板长167尺3寸（约合50.98米）、龙骨长131尺（约合40米）、船宽44尺10寸（约合13.67米）、平均吃水19尺（约合5.8米），船艉最深吃水处可达20尺9寸（约合6.32米）。在和平时期，该舰上分配有560名船员，战时这一数字会上升至670，而当出海作战时，它可以携带最多780名船员（其中包括海军陆战队士兵）。

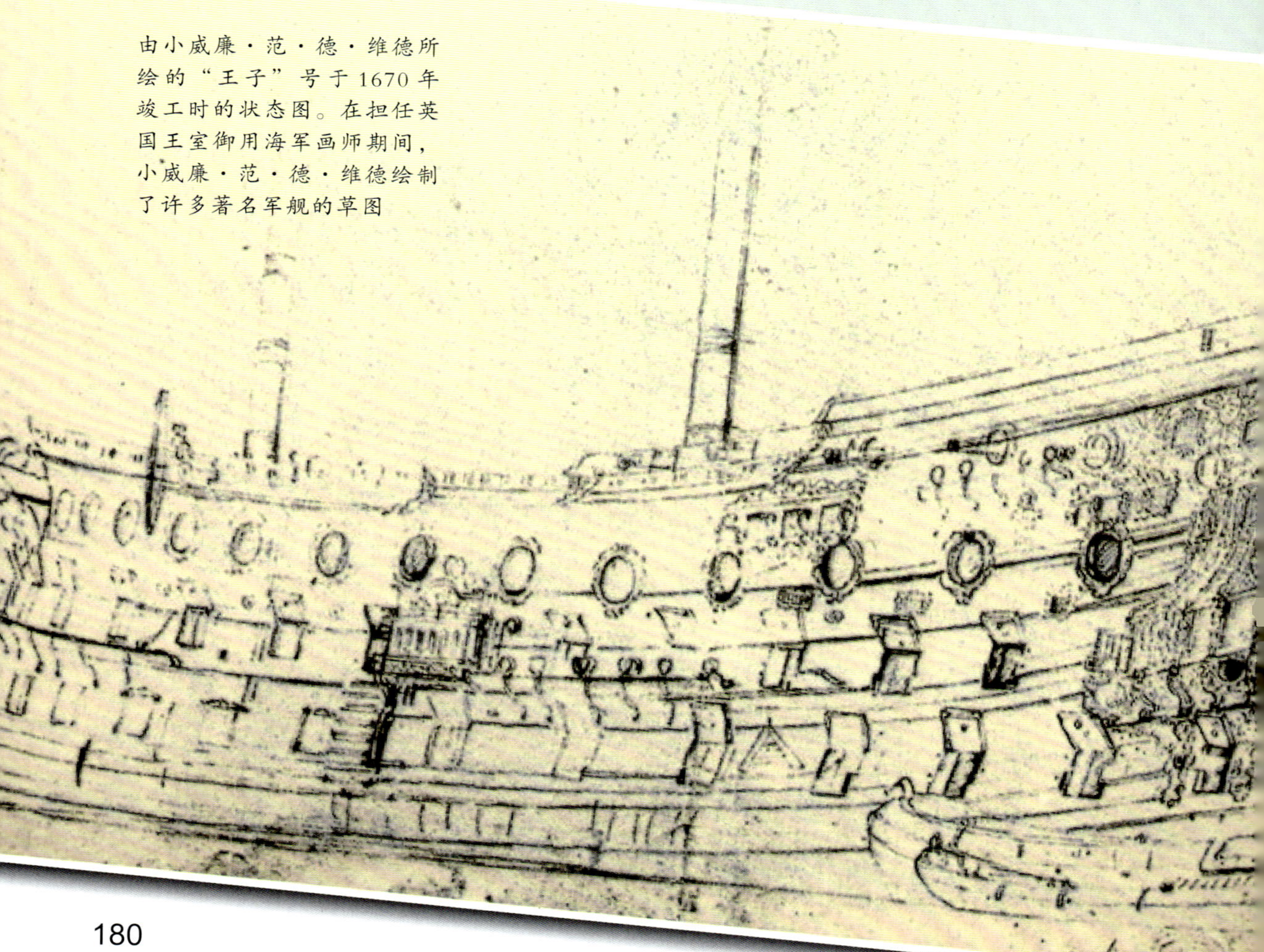

由小威廉·范·德·维德所绘的“王子”号于1670年竣工时的状态图。在担任英国王室御用海军画师期间，小威廉·范·德·维德绘制了许多著名军舰的草图

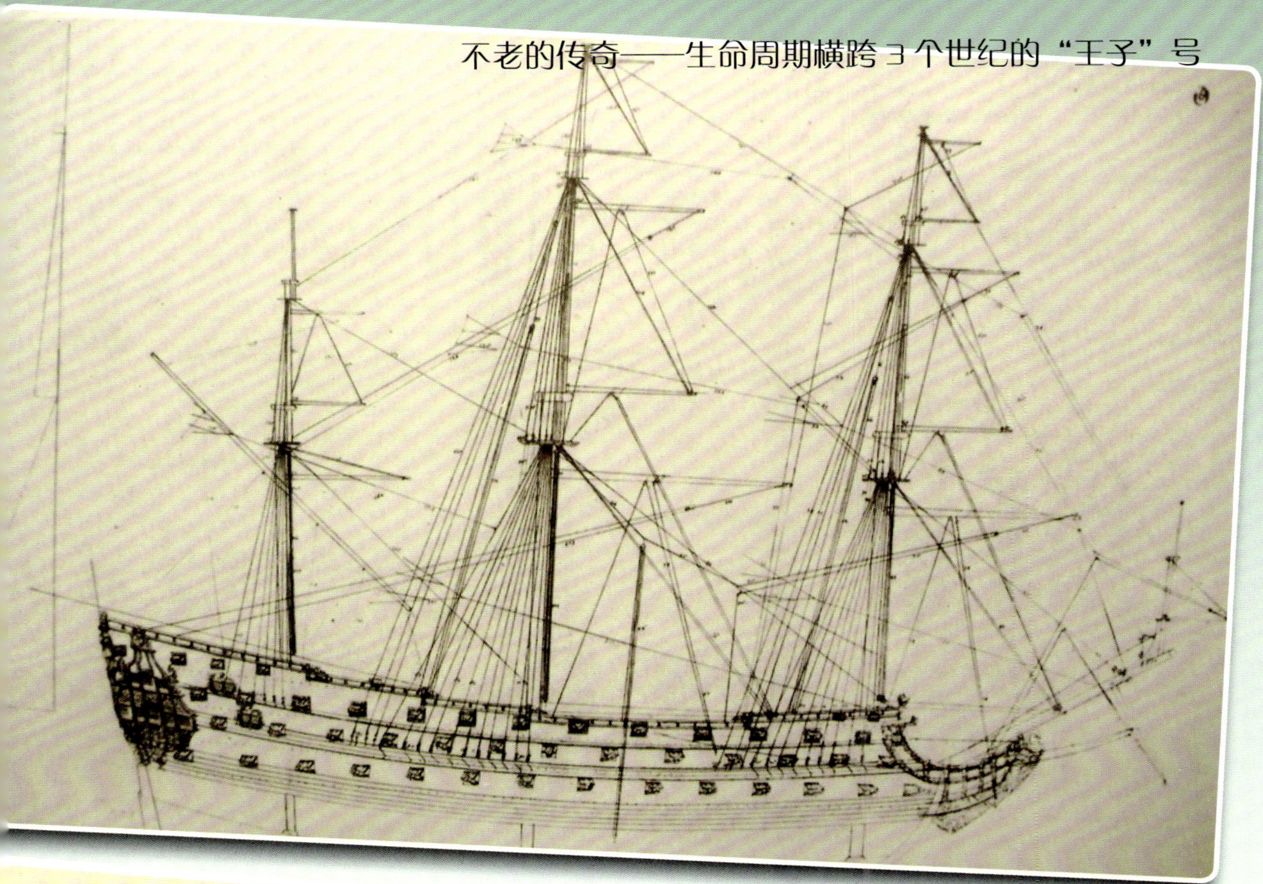

由小菲尼亚斯·佩特设计的“王子”号最初的草图。图中的该舰和实际完工还存在着明显出入。如上层甲板火炮射击孔没有圆形装饰，船艏位置过低等

“王子”号在1672年服役时搭载了100门火炮，并将这一火炮布局持续到1685年，按照一张1677年英国方面保存下来的火炮布局清单我们可以看到其火炮组成如下：

26门42磅炮布置在下层火炮甲板；

28门18磅炮布置在中层火炮甲板；

28门9磅炮布置在上层火炮甲板；

4门隼炮布置在艏楼，10门布置在艉楼；4门3磅速射炮布置在艉楼露天甲板。

1685年，由于处于和平时期再加上船身略显老旧，“王子”号对舰载火炮进行削减。火炮总数降为96门，其中包括24门42磅、32门18磅和40门9磅炮，但具体每一层甲板的火炮数量则没有记载。1688年，由于英国方面已经决意重建“王子”号，因此尽管海军已经为路易十四可能的入侵集结舰队（奥格斯堡同盟战争已经爆发），“王子”号却继续削减武装至94门（减少了两门18磅炮），明显处于“弃用状态”。1691—1692年，这艘在第三次英荷战争中立下功勋的老战舰完成了生涯第一次重建，并更名为“皇家威廉”。

“王子”号的第一次重建并未对舰体尺寸做出太大的调整。其龙骨长度增加为 132 尺 6 寸，而火炮甲板则依然维持 167 尺 3 寸的长度，并且整舰长度没有变动。此外，船体宽度略微增至 47 尺 2 寸（约合 14.38 米），吃水略微减少为 18 尺（约合 5.5 米），在完成这一系列尺寸上的“细微”变动后，“王子”号的排水量也有所增加，达到 1 463 吨。考虑到木质的延展性和风帆时代测量的误差，这样微小的变动可以视为船体并未经历“伤筋动骨”的改造，因此“王子”号的第一次“重建”或许也可以视为是对老旧舰体的“大修”。

1692 年 4 月 21 日，重建完毕的“王子”号（此时已更名为“皇家威廉”，但为保持阅读的连贯性，下文仍称其为“王子”）在查塔姆造船厂重新下水，紧接着便参加了一个月后发生的巴夫勒尔海战。而这场影响奥格斯堡同盟战争海上局势的重要战役竟也是“王子”号在其第二次重建后服役期内参与的唯一一次海上行动。1714 年，该舰在朴茨茅斯造船厂再一次被拆毁重建，而这次的重建无疑比前一次更为彻底。1719 年，“王子”号完成了第二次也是其生涯内最后一次重建，而这一次的生命周期竟长达近百年之久。

## “王子”号的征战历程

“王子”号于 1672 年建成服役后恰好赶上了第三次英荷战争。在索尔湾海战中，“王子”号是英法联合舰队总指挥、英国约克公爵詹姆斯·斯图亚特的旗舰。在海战中，位于舰队中心位置的“王子”号遭到了来自敌对的荷兰舰队中心位置德鲁伊特尔的旗舰“七省”号的攻击。在为时两个多小时的战斗中，“王子”号受损严重，甚至连舰长约翰·考克斯爵士（Sir John Cox，？—1672）也在混战中丧生。据记载，这位战前刚刚获封骑士称号的将领在战斗时就站在约克公爵的身旁，不幸的是他被来自荷兰船上的一枚子弹射杀（这也衬托出了约克公爵的好运气）。考克斯爵士死后，他的副官，32 岁的约翰·纳伯勒（John Narborough，1640？—1688）接替了舰长的职务。战后，纳伯勒因在战斗最困难时的“临危不惧”而得到英王查理二世的特别嘉奖并获封为骑士。

由芬爵士所绘制的 1672 年“王子”号服役时的雄姿。这幅画从侧面和尾部两个视角展现了该舰，这也是当时为军舰作画的一种常用手法

一幅体现索尔湾海战中正在参战的“王子”号的油画。画中这艘巨舰的另一侧被白烟所笼罩，很显然，该舰刚刚经历了一次齐射

由于旗舰“王子”号严重受损，约克公爵不得不临时将指挥场所转移至距离该舰不远的“圣·米歇尔”号(St. Michael，96门炮)上。后来，经历过在索尔湾海战中的“大难不死”，查理二世因担心弟弟在海战中阵亡影响到英国王位的继承，而指派鲁珀特亲王顶替了他海军司令的职务。事实上，约克公爵完全是自愿请战（并非兄长指派）走上战场的。这位王弟始终认为自己在军事上的才华远远大于在国会上与议员们打口水仗的能力。

随后在1673年发生的库内维尔海战中，“王子”号作为斯普拉格的旗舰参加战斗。此役由于配合上的失误，联合舰队表现得极为糟糕，作为后卫舰队指挥官的斯普拉格甚至在战后怒斥舰队总司令鲁珀特亲王在指挥作战时犯下的错误。几个月后的特克塞尔海战中，“王子”号在与荷舰“金狮”号（Gulden Leeuw，80门炮，为小特罗姆普的旗舰）的决斗中被折断两根桅杆遭受重创。为了能够继续作战，斯普拉格决定将旗舰更换为“圣·乔治”号。然而不幸的事发生了：在向新旗舰转移时，一枚炮弹命中了斯普拉格所乘坐的小艇并导致其倾覆。尽管“圣·乔治”号派出人员救援，但斯普拉格还是溺毙于水中。失去骁勇善战的斯普拉格是英国在第三次英荷战争中最大的损失。

尽管在整个第三次英荷战争中表现活跃，但“飞鸟尽良弓藏”——由于在这场战争结束后的15年内都没有新的战事发生，“王子”号逐渐被“遗忘”在查塔姆锚地，任其木质船身被水所侵蚀。1688年，反对路易十四野心的奥格斯堡同盟战争爆发，为了预防法国舰队可能的入侵，海军舰船集结待命准备出击。但是“王子”号因舰况不佳不得不被放弃了。由此英国方面决定对该舰进行重建，以尽可能快地赶上后面的战争。

一张由南美国家巴拉圭所发行的印有“王子”号在 1679 年状态的邮票

1692 年 5 月，刚完成重建仅一个月的“王子”号（此时已更名为“皇家威廉”）加入英荷联合舰队参加了著名的巴夫勒尔海战。在此次行动中，“王子”号上飘扬着中坚舰队里海军少将克劳德斯利·沙维尔的将旗，并且在战斗打响后，该舰是第一艘突破法国方面战列线的先锋战舰。

巴夫勒尔海战以英荷联合舰队在战略上的胜利而告终。随后在瑟堡和拉乌格海滩，英荷联合舰队针对撤退的法国舰队进行了两次火攻，总计摧毁了15艘法国战舰，其中甚至包括象征着路易十四荣耀的“皇家太阳”号（Soleil Royal，104门火炮）。巴夫勒尔海战也是奥格斯堡同盟战争期间最后一次大规模的海上冲突，此役之后的1693年7月，“王子”号成为海军少将卡马森侯爵的旗舰。期间经历了两次“易主”，在西班牙王位继承战争爆发后的1702年9月，“王子”号再度成为卡马森侯爵（此时已经是第一代利兹公爵）的旗舰。在整个西班牙的王位继承战争中，“王子”号碌碌无为，直至1714年7月该舰在朴茨茅斯船坞被拆成零件进行更为彻底的第二次重建。

英国海军著名将领克劳德斯利·沙维尔爵士（Sir Cloudesley Shovell，1650—1707）的肖像。他被认为是17世纪末至18世纪初英国最伟大的舰队司令之一，无论是在早期对抗阿尔及利亚海盗还是后期参加巴夫勒尔、马拉加等海战都证明了他的能力

“王子”号第二次重建的地点在朴茨茅斯，而造船师则是约翰·纳什（John Naish）。此次重建时间长达5年，这几乎相当于是完全新造一艘战舰了。完工后的“王子”号火炮甲板长175尺4寸(约合53.44米)、龙骨长142尺7寸（约合43.46米）、船宽50尺3½寸（约合15.33米）、吃水深20尺1寸（约合6.12米），排水量由1 400多吨的水准激增至1 918吨。从尺寸上可以看出，该舰在当时已经算是一艘相当大的帆船了。其火炮配置依然为100门，定义为一艘一级战舰。

1719年9月3日，焕然一新的“王子”号重新入役（此时舰名仍为“皇家威廉”），但是直到1755年该舰被降级为一艘拥有84门火炮的二级战舰（去除了该舰的艏楼和艉楼）之前都未见其执行过任何行动（另一个说法是该舰根本没有服役，重建完成后一直处于封存状态）。1756年，七年战争爆发。“降级”后的“王子”号终于得到了一展身手的机会。

第一代利兹公爵托马斯·奥斯本（Thomas Osborne，1632—1712）的肖像。他是一名成功的政客，不过尽管被授予海军少将头衔，但其在皇家海军里并没有什么作为

第二次重建完成后停泊在朴茨茅斯港内的“皇家威廉”号。时间可能是18世纪20年代，从油画中该舰的外貌来看应该还未被削减武备

1757年，“王子”号加入由海军上将爱德华·豪克所指挥的远征法国罗什福尔的一次并不成功的行动。在豪克的船队中，“王子”号为海军中将查尔斯·诺尔斯的旗舰。尽管舰队未能达成目标，但“王子”号在诺尔斯的指挥下成功攻克了位于法国西海岸伊尔代岛（Île-d'Aix，法国海滨地名，位于罗什福尔大区）的法军壁垒，并迫使那里的驻军投降。次年，“王子”号还参加了博斯科恩（海军指挥官）和沃尔夫（陆军指挥官）围攻法国在北美殖民地路易斯堡的行动。博斯科恩的舰队拥有24艘战列舰，主要担负着运送军队的任务。在路易斯堡驻扎有一支小规模法国分舰队，但由于其优柔寡断，未能对登陆部队造成干扰。

1759年夏，“王子”号在舰长休·皮吉特（Hugh Pigot，1722—1792）的指挥下返回加拿大准备参与英军进攻魁北克的作战行动。9月13日，英军在亚伯拉罕平原战役中大败法军，一举奠定了将法国人逐出北美殖民地的基础。但不幸的是英军指挥官沃尔夫将军在战役中牺牲，他后来被追认为“魁北克英雄”“魁北克征服者”与“加拿大征服者”。

据记载，沃尔夫在与法军的交战中3次中弹，位置分别为手臂、肩膀和胸口，而最后在胸口所受的枪伤为致命伤。据说沃尔夫在死前曾听到一位军官说：“看吧，他们逃跑的样子。”将军忍着剧痛问道：“谁在逃跑？”“将军阁下，敌人逃跑了，他们向四方八面逃跑了。”军官这样答道。沃尔夫微微点点头道：“那么，请告诉瑞弗上校，从桥那处切断他们的退路。现在，感谢上帝，我可以安息了。”说完这句话后，这位年仅32岁的将军咽下了最后一口气。战后，“王子”号担负了将沃尔夫遗体运送回英国本土的使命。

从1760年开始，“王子”号成为驻扎在基伯龙湾（Quiberon Bay）的博斯科恩舰队的旗舰。但是在经历过一次严重风暴的侵袭后，“王子”号受损严重，不得不返厂维修，而舰队旗舰则由“那慕尔”号（Namur，90门炮）继承。在1761年英国舰队执行对法国贝勒岛（Belle Île，位于法国莫尔比昂省，距离大陆14公里）远征计划时期，“王子”号和几艘其他战舰在布雷斯特外海巡航，防止法国人反击位于那里的英国登陆部队。在战争的最后一年，“王子”号还参与执行了对“巴斯克路”海域（Basque Roads，英国人对伊尔代岛附近海域的称谓）的封锁。

战争结束后，“王子”号于1763年被封存，次年在朴茨茅斯进行小规模维修，随后被封存。1771年1月，该舰重新服役，但4个月后便再度被封存。1775年，美国独立战争爆发，英国舰队在大西洋上承受着很大压力，因此很多被封存的老舰纷纷被重新启用。1782年2月，“王子”号作为理查德·豪麾下英国舰队的一员重新服役。在斯帕塔尔角海战中，“王子”号隶属于萨缪尔·巴林顿（Samuel Barrington，1729—1800）的前卫舰队，这也是该舰在其生涯内切实参加过的最后一次海军行动。

1813年，生命周期横跨达3个世纪的超级老舰“王子”号终于在朴茨茅斯被拆毁，“享年”143岁。

由英国籍美国画家本杰明·威斯特于1770年所绘的詹姆斯·沃尔夫（James Peter Wolfe，1727—1759）在亚伯拉罕平原战役获胜前处于弥留之际的油画。这幅名作又名《沃尔夫将军之死》

一幅“王子”号近距离特写油画。即便放眼历史上任何一个时期，生命周期如此之长的军舰也是不多见的

## 不老的传奇

历经两次重建（实际上大规模重建只有1714年的那次），“王子”号从17世纪下半叶的第三次英荷战争开始书写属于自己的传奇。尽管其“后半生”的“生活质量”欠佳（进入18世纪后仅仅在七年战争期间活跃过），但作为一艘军舰，能够长久存活本身就已不是一件易事了。

纵观“王子”号的服役生涯，其最出彩的时期还是在17世纪下半叶的那段荣光岁月，尤其是该舰在第三次英荷战争中的无畏表现。现存关于“王子”号的画作几乎都源自那场战争中该舰的外观。值得一提的是，“王子”号是古典帆船模型中最早的17世纪的船模代表之一，一直都是模型制作者们所津津乐道的题材。

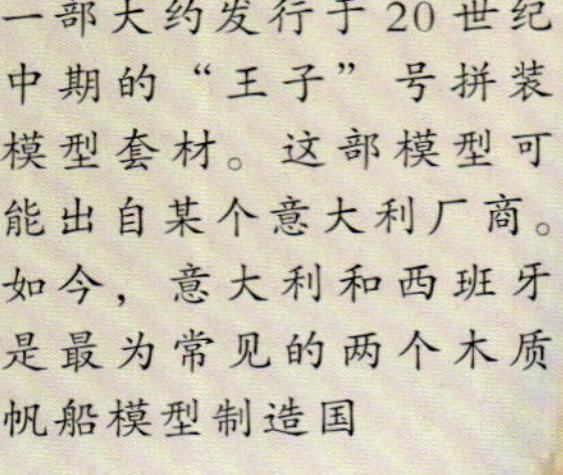

一部大约发行于20世纪中期的“王子”号拼装模型套材。这部模型可能出自某个意大利厂商。如今，意大利和西班牙是最为常见的两个木质帆船模型制造国

众所周知，一艘军舰的“长寿”与否与其自身“运气”也有很大的关联。“王子”号在第三次英荷战争中不仅参与了全部4次海战，而且在索尔湾海战和特克塞尔海战中遭受重创，但都幸运地存活下来。反观与它同时出战、规格相同的另一艘100门炮巨舰“皇家詹姆斯”号，则在索尔湾海战中被荷兰纵火船烧毁，此时距离这艘倒霉战舰开始服役才不过数月而已（“皇家詹姆斯”号于1月18日服役，比“王子”号晚三天）。

除此之外，在更名为“皇家威廉”后，“王子”号还成为英国皇家海军中封存次数最多、时间最长的战舰之一。该舰在1719年完成第二次重建后即处于封存状态，直到1756年爆发七年战争才被启用。在战争结束后的1763年2月，该舰再次被封存，直至1771年1月“复出”；同年5月被第三次封存，直到1782年2月才因为战事吃紧而再次“复出”；一年之后因为美国独立战争的结束，“王子”号第四次被封存，从此与海军行动无缘。1790年5月，该舰曾被作为仓库船（Hulk）而再度服役，但很快便于1791年9月被第五次封存。在这之后，“王子”号于1792年12月和1803年9月还有两次“重新服役”的记录，甚至在1803年11月还接受了一次（内饰）重新装修（花费了14 323英镑）——由于缺乏记载，所以后人们并不知道这次装修（一艘垂垂老矣被废弃的军舰）的意义是什么。

无论如何，“王子”号都书写了属于自己的传奇。1813年8月，这艘曾经满载荣誉的老战舰在朴茨茅斯船厂被拆解回炉，为自己“传奇”的一生画上了句号。

# 国之象征——“不列颠尼亚”

## 以国家之名命名的战舰

When Britain first, at Heaven's command（当大不列颠奉天承运，率先从蔚蓝色的海洋中崛起），Arose from out the azure main（崛起，崛起，崛起，从蔚蓝色的海洋中崛起），This was the charter of the land（此乃上苍的垂爱、大地的眷顾和专宠），And guardian angels sang this strain（护佑天使齐声歌唱）：

“Rule, Britannia! rule the waves（统治吧，不列颠尼亚！统辖海洋）！”

“Britons never will be slaves（不列颠人永不为奴）！”……

这首由苏格兰诗人詹姆斯·托马森（James Thomason，1700—1748）创作于1740年的《Rule, Britaania!》（统治吧，不列颠尼亚！）是英国著名军歌，由于以歌颂制海权为主题，其与皇家海军有着密切的联系，同时也被列为英国的第二国歌。而这首歌曲诞生之时正是英国海军一步步走向巅峰的时刻。

一幅描绘“王子”号追击荷兰战舰的画作，时间应该还是在第三次英荷战争期间。这场战争也算得上是该舰服役生涯中最为荣耀的时刻

“不列颠尼亚”被英国人视为“国的象征”，当这一荣耀称号开始出现在舰名上时，则说明英国人开始憧憬上述那首歌曲中所描绘的情景，这就是本章的主角——第一艘被冠以“不列颠尼亚”舰名的皇家战舰。

1678 年 3 月 5 日，英国海军部下令建造一艘比前一批 100 门炮战舰（指建造于 1670—1675 年的“王子”号等 4 艘 100 门炮战舰）更为先进的主力舰，这也是在 1677 年英国海军部首席秘书佩皮斯明确提出“Ship of the Line”（即战列舰）和战舰分级（风帆战舰共被分为 6 个等级，其中前 4 级均为战列舰）概念后由海军部计划建造的第一艘“一级战舰”。新舰在火炮甲板长度基本维持不变的情况下比旧式主力舰明显增加了龙骨长度，同时也扩大了船体宽度和吃水深度，从而使整舰排水量有了显著提升。

一幅描绘“大不列颠统治海洋”的板画，大约于 1793—1794 年制作于利物浦

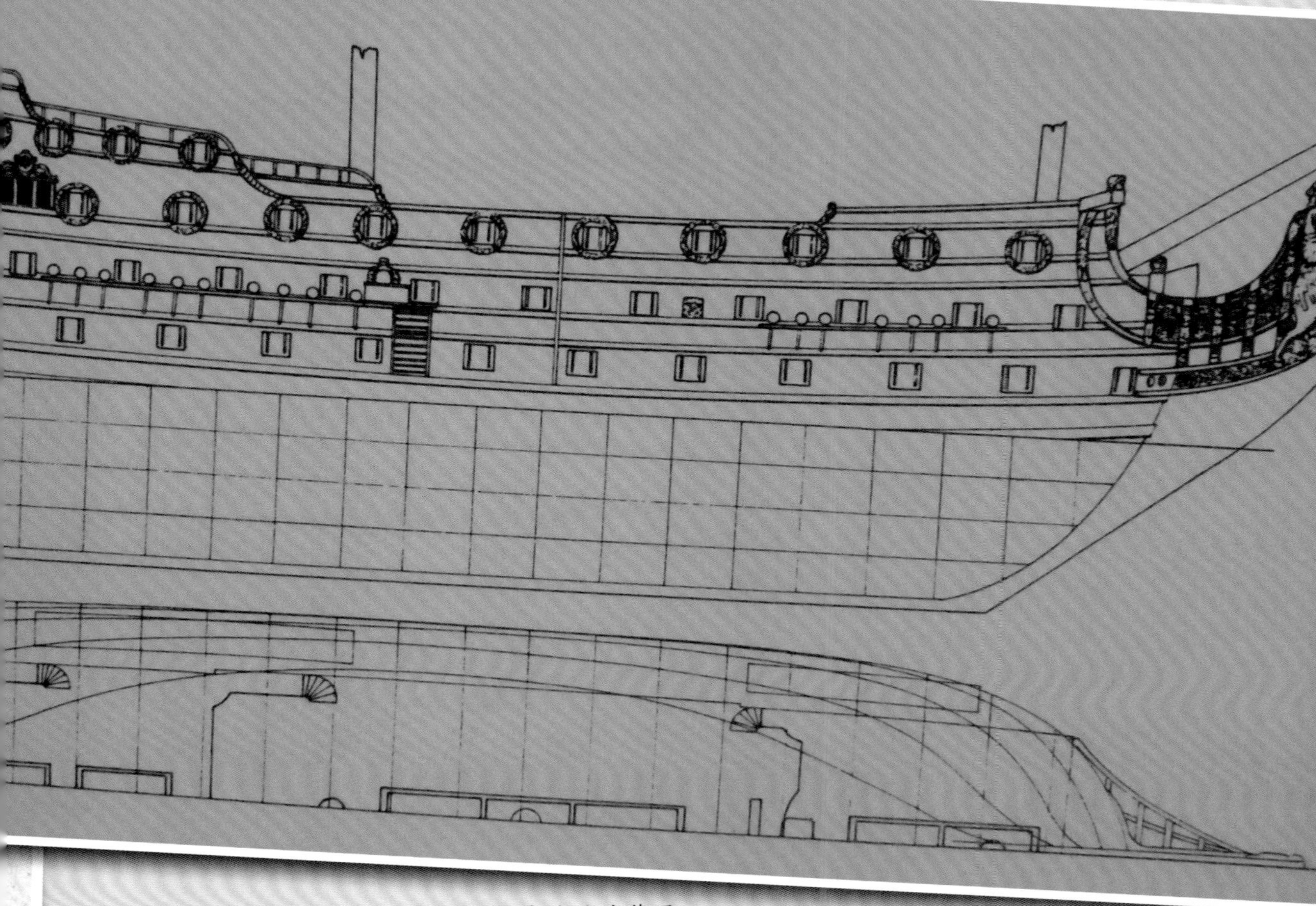

英国海军部计划新舰“不列颠尼亚”号的设计草图。该舰是英国首批“长龙骨”主力舰之一，拥有更合理的外形和更好的适航能力

新舰的舰名被定为“不列颠尼亚”，这艘承载着国家之名的军舰必定不会是泛泛之辈。“不列颠尼亚”号最初由小菲尼亚斯·佩特设计并在查塔姆造船厂开工建造，但到1680年底时该舰由另一名造船师罗伯特·李接手并最终完成。1682年6月28日，“不列颠尼亚”号完成下水仪式，而后于1684—1688年接受舰上装修（包括船艉雕刻和上层火炮射击孔的圆形装饰圈等），这些烦琐的工序导致该舰直到1691年才正式入役。

完工入役的“不列颠尼亚”号火炮甲板长167尺5寸（约合51.03米）、龙骨长146尺（约合44.5米）、船宽47尺4寸（约合14.43米）、平均吃水19尺7½寸（约合5.98米），船艉最深吃水处可达20尺（约合6.1米）；排水量达到1 739吨，这可比“王子”号的1 463吨（1692年完成第一次重建后）要高出不少。在人员配备上，该舰与1672年服役的“王子”号保持完全一致（和平时期560/战时670/最多780）。

1691 年服役后的“不列颠尼亚”号的状态图。从外形上来看该舰算得上是当时最为“优美”的军舰之一

根据 1685 年的编制，“不列颠尼亚”号全舰共配备火炮 100 门，其每层火炮甲板的详细配置如下所列：

22 门 42 磅和 4 门 18 磅炮布置在下层火炮甲板；

28 门 18 磅炮布置在中层火炮甲板；

28 门隼炮布置在上层火炮甲板；

16 门隼炮布置在艏楼或艉楼，另有两门 3 磅速射炮布置在艉楼露天甲板。

而到 1696 年时，该舰的武装进行重大变更。下层火炮甲板装备 26 门 42 磅和两门 32 磅炮（32 磅炮放置在船艏第一对火炮射击孔，与侧舷不平行）；中层火炮甲板装备 24 门 24 磅和两门 18 磅炮；上层甲板装备 28 门 12 磅炮，艏、艉楼和露天甲板累计携带 20 门隼炮，全舰火炮总数升至 102 门。1703 年，“不列颠尼亚”号将下层火炮甲板的 42 磅炮全部替换为 32 磅，同时用新式 6 磅炮替换了艏、艉楼和露天甲板的隼炮，使得该舰变得更为现代化。

1714年，西班牙王位继承战争结束，英国着手对一批17世纪下半叶服役的主力舰进行翻修，这其中就包括“不列颠尼亚”号与前文提到的“王子”号。“不列颠尼亚”号的重建工作从1715年开始直至1719年结束（与“王子”号的二次重建周期接近），完成重建后的尺寸为：火炮甲板长174尺6寸（约合53.19米）、龙骨长141尺6½寸（约合43.14米）、船宽50尺2寸（约合15.29米）、吃水深19尺10寸（约合6.05米），排水量增至1 894吨。火炮配置变更如下：

28门42磅炮布置在下层火炮甲板；

28门24磅炮布置在中层火炮甲板；

28门12磅炮布置在上层火炮甲板；

4门6磅炮布置在艏楼，另有12门布置在艉楼。

由后人制作的“不列颠尼亚”号初次建成状态下的全肋骨模型。上层火炮射击孔使用圆形装饰圈是17世纪下半叶至18世纪初期英国主力舰的一大特征

“不列颠尼亚”号在其服役期内仅进行过一次重建。1745 年，由于舰况不佳，该舰沦为一艘医院船并接受了相应改造。1748 年 6 月，该舰正式退役并于 1750 年 1 月 16 日被拆解完毕，整个过程耗时 33 天。

## “不列颠尼亚”号的服役历程

当1691 年 2 月“不列颠尼亚”号加入英国舰队服役时，海军正面临着一个艰难的处境。一年之前，英国舰队在托林顿伯爵的指挥下刚刚在比奇角被法国舰队打得落花流水，全国笼罩在路易十四野心膨胀的阴影之下。在这样一种不利的局面下，英国方面急需一场胜利来重振雄风，而作为最新式的 100 门火炮级别战列舰，“不列颠尼亚”号被寄予厚望。

1692 年，在获悉法国派出图尔维尔指挥的舰队执行前往爱尔兰护航任务后，早已集结待命的英荷联合舰队立即出动。这次联合舰队的指挥官是爱德华·拉塞尔（先前因犯下错误导致海战失利的托林顿伯爵已经锒铛入狱），而他则把自己的将旗从“海上主权”号（曾担任托林顿伯爵的旗舰）转移到了“不列颠尼亚”号上。

由后人制作的“不列颠尼亚”号于 1719 年完成重建后的模型。借此可以看出圆形装饰圈已经简化为只在艉楼火炮射击孔上出现，而艉楼雕饰也得到大幅简化

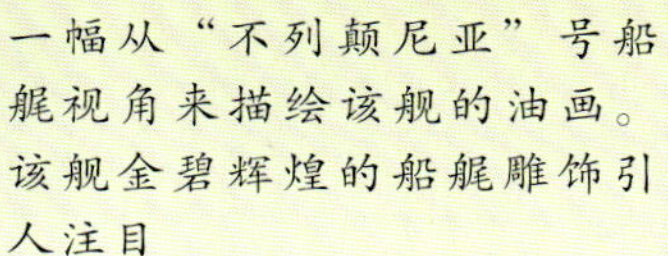

一幅从“不列颠尼亚”号船艉视角来描绘该舰的油画。该舰金碧辉煌的船艉雕饰引人注目

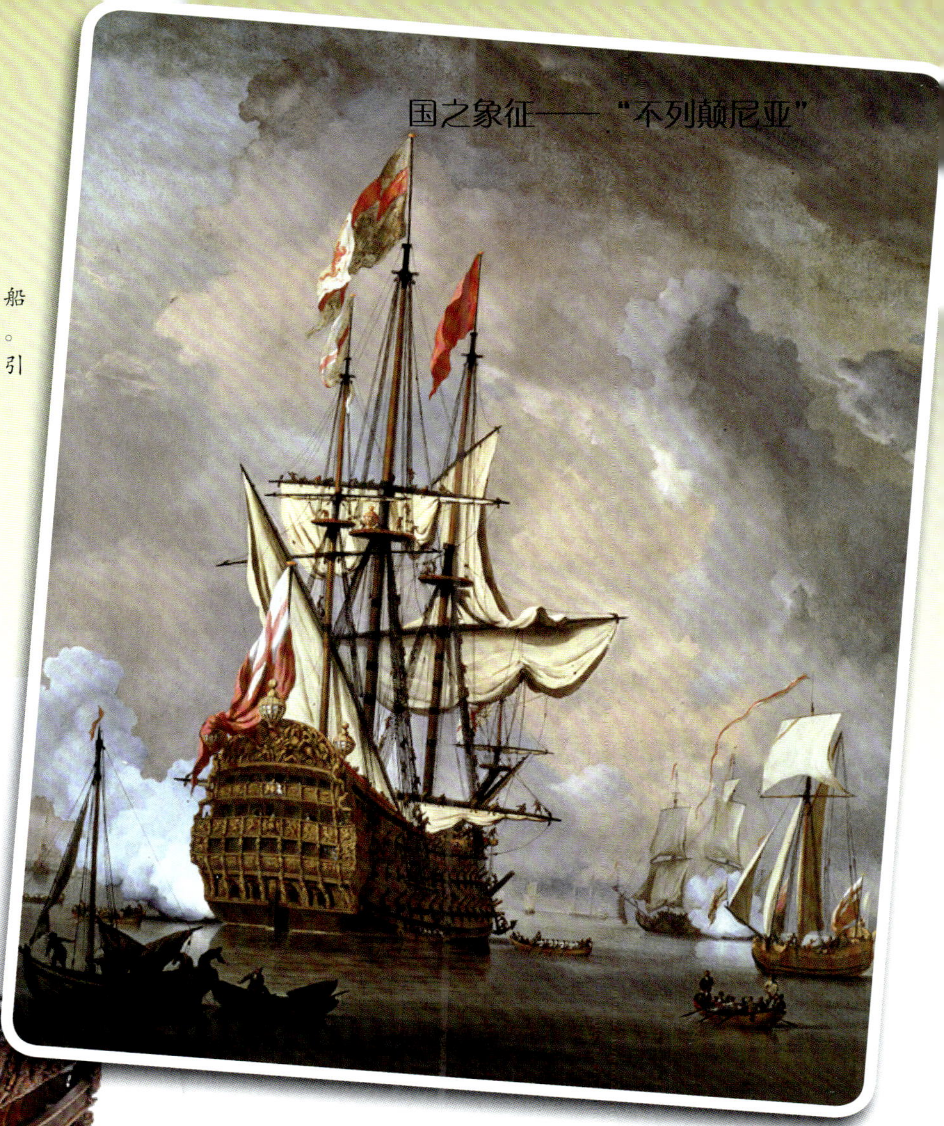

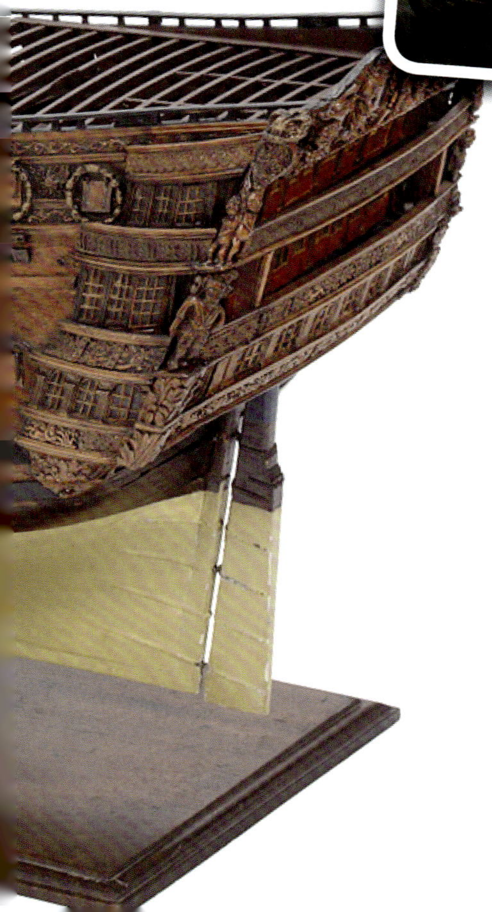

5 月 29 日，英荷联合舰队与法国舰队在法国北部海岸的巴夫勒尔角附近遭遇，著名的巴夫勒尔海战就此拉开序幕。战斗打响后，交战双方的核心很快便演变为两艘旗舰“不列颠尼亚”号与“皇家太阳”号（图尔维尔的旗舰）之间的对决。

由于“皇家太阳”号的体型和武备均超过自己，“不列颠尼亚”号的战斗打得并不轻松，不过它很快就不再“孤军奋战”。两艘英国战列舰前来助阵，将“皇家太阳”号夹在中间。一小时后，又有 5 艘纵火船参与攻击，致使这艘法国巨舰遭到重创。形势朝着对英荷联军有利的方向发展。不过就在此时，海上突起大雾，狼狈不堪的图尔维尔借助这天然的屏障撤出战场。根据英国方面的记载，“不列颠尼亚”号在这场经典的“男人与男人”的战斗中表现出色，为其舰名赢得了荣誉。

由荷兰画家伊萨克·塞尔马克（Isaac Sailmaker，1633—1721）所绘的“不列颠尼亚”号的“标准照”。此画以当时惯用的手法从侧面和尾部两个视角展现了该舰

由于随后在拉乌格和瑟堡火烧法军13艘战列舰，巴夫勒尔海战最终以英荷联合舰队的大获全胜而告终，而这也是奥格斯堡同盟战争中的最后一次大规模海战。战后，“不列颠尼亚”号得到修复并于1694—1695年被派至地中海执行巡航任务，归国后即被封存。1700年—1701年，该舰完成了一次大修，于1702年1月重新服役后被爱德华·拉塞尔选为自己的旗舰。但“好景不长”，仅仅5个月后，该舰就再一次被封存（原因不明）。

1705年2月，“不列颠尼亚”号重新入役。5月15日，该舰被克劳德斯利·沙维尔选为旗舰，参加了9月14日—10月19日在地中海对巴塞罗那的围城行动。这也是该舰在西班牙王位继承战争期间记载过参加的唯一一次海上作战任务。1707年8月，“不列颠尼亚”号第三次被封存，之后便再也没能出海。1715年，该舰被执行重建计划。这次重建无疑是“彻底”的，“不列颠尼亚”号几乎被拆回了零件状态。

1719年，“不列颠尼亚”号与“王子”号一同完成了重建任务。尽管成为一艘“焕然一新”的军舰，但这并不意味着“不列颠尼亚”号就能得到为国而战的机会了。事实与之相反，从现有资料来看，该舰在重建之后再也没有参加过任何一场海战。其仅仅是在1735年前往葡萄牙的塔霍河口（Tagus）执行了一项没有记载的任务，随后于1736年返回国内。在此期间，它的舰长是罗宾逊爵士（Sir Tancred Robinson，1685—1754）。

在经历了5个月的医院船生涯后，“不列颠尼亚”号的生命于1750年彻底走到了尽头。

## 技术性能评价

可以毫不夸张地说，“不列颠尼亚”号是英国皇家海军在17世纪晚期最具代表性的被定义为“一级战舰”的一艘三层甲板战列舰。也许它还算不上是当时欧洲火力最强劲的“海上王者”，但却绝对不容我们忽视。

众所周知，17世纪晚期是路易十四的法国海军高速崛起的时代。同一时期，北欧双雄瑞典和丹麦也达到了自身海军实力的最高点。除此之外，虽在制海权上已开始走下坡路，但在造舰上却达到巅峰的荷兰也造出来本国历史上唯一一批三层甲板战舰。甚至包括已经极度衰败的西班牙在哈布斯堡王朝覆亡前夕也造出了两艘具有特色的96门炮主力舰。那么在这些国家代表最高水平的战舰中，“不列颠尼亚”号究竟处于一个什么样的水平呢？这里挑选了英国、法国、瑞典、丹麦、荷兰和西班牙在17世纪晚期具有代表性的主力舰，将其技术参数以表格的形式罗列出来供读者参考。

| 舰名 | 不列颠尼亚（Britannia） | 皇家路易（Royal Luis） | 卡尔国王（Konung Karl） | 弗雷德里克四世（Fredericus Quartus） | 保卫者（Beschermer） | 圣母康塞普西翁（N.S de la Concepción y de las Animas） |
|---|---|---|---|---|---|---|
| 国籍 | 英国 | 法国 | 瑞典 | 丹麦 | 荷兰 | 西班牙 |
| 服役时间 | 1691 | 1692 | 1694 | 1699 | 1691 | 1690 |
| 除籍时间 | 1748 | 1727 | 1771 | 1732 | 1715 | 1705？ |
| 排水量 | 1 739 | ？ | ？ | ？ | ？ | 1 665 |
| 设计炮门数 | 100 | 112 | 104 | 110？ | 100？ | 96 |
| 实际载炮数 | 100~102 | 110~118 | 90~120 | 100~110 | 90~100 | 90~94 |
| 甲板长 (m) | 51.02 | 57.16 | 53.44 | 58.06 | 49.26 | 46.68 |
| 龙骨长 (m) | 44.5 | 47.74 | ？ | ？ | ？ | 40 |
| 船宽 (m) | 14.43 | 15.59 | 13.95 | 15.69 | 13.02 | 12.93 |
| 最大吃水 | 5.98 | 7.47 | 6.83 | 6.59 | 4.81 | 6.71 |
| 船员 | 780 | 1050+ | 850 | 950 | ？ | 998 |

法国于1692年建成服役的"皇家路易"号的设计草图。该舰是最早在下层火炮甲板安置15个炮位的巨舰，其船体尺寸甚至比18世纪的主力舰还要庞大

从上表中可以看到，"不列颠尼亚"号的尺寸和技术参数在各国主力舰中并不算突出。但事实上直到风帆时代结束，英国战舰在单舰性能上从来没有赶上或超越过他的死敌法国，甚至在18世纪西班牙得到复苏后也逊于后者。然而这却不妨碍其一步步迈向海洋霸主的宝座。三次英荷战争结束后，英国积极吸取在战争中失败的教训，开始重视基层军官的培养，并从中挑选出精英成为海军的栋梁。到17世纪末时，诸如沙维尔、拉塞尔等优秀舰队指挥官的崛起为日后英国的海洋霸业奠定了基础。

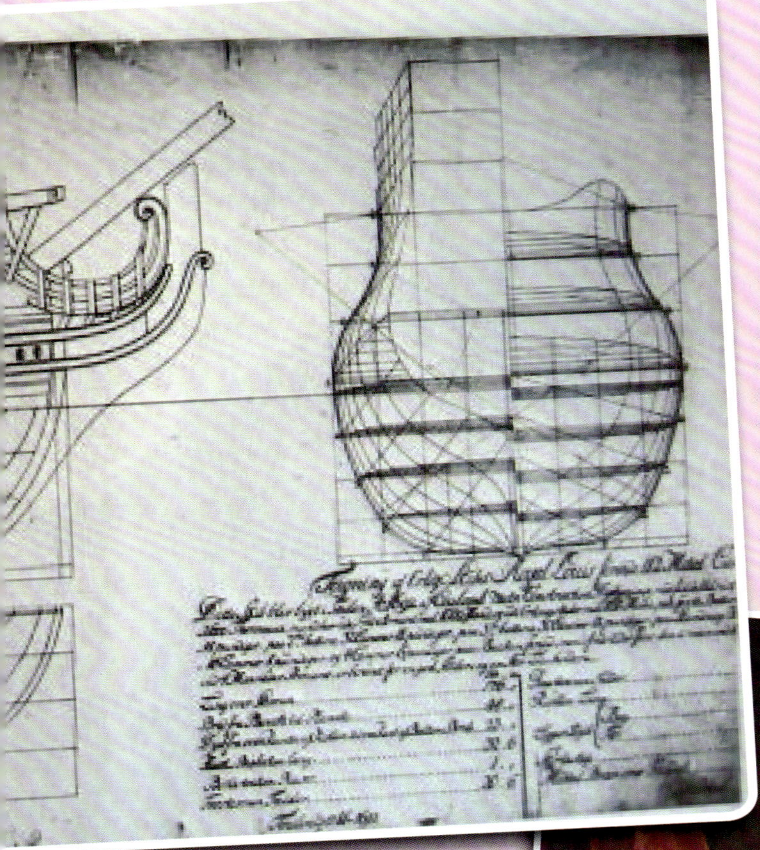

奥福德第一代伯爵拉塞尔(Edward Russell,1st Earl of Orford,1653—1727)的画像。他是其所处时代最优秀的舰队司令之一,在奥格斯堡同盟战争和西班牙王位继承战争中均有出色的表现

至于“不列颠尼亚”号,尽管这艘承载着国之威望的战舰于1750年被拆成碎片,但事实上早在其正式退役之前的1745年英国海军部便已经批准了它的“继任者”的建造计划了——两艘全新的100门火炮一级战舰中的2号舰被赐予了“不列颠尼亚”的舰名。而在1752年7月1日,新舰被安放了第一根龙骨,正式开始建造。这艘全新的“不列颠尼亚”号将在举世瞩目的特拉法尔加海战中续写这个“国之象征”的传奇……

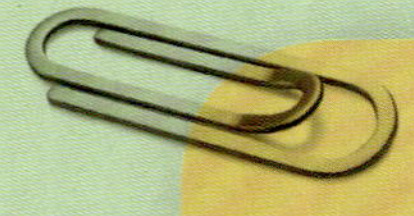

# 奥格斯堡同盟战争时期的英国海军与著名战役

一幅描绘重建于 1719 年的“不列颠尼亚”号模型船艉布局特写图。其外形已经颇具 18 世纪主流一级舰的特征——实用和简约

## 全欧结盟对抗“太阳王”

第三次英荷战争（1672—1674）结束时，坐收渔翁之利的法国一跃成为欧洲头号海上强国。当时，路易十四统治下的法国拥有两倍于英国、10 倍于荷兰的人口，这为其征募税收和海员提供了极为有利的条件。但是扩张心切的路易十四过早暴露了他的野心。1681 年，路易十四派兵悍然占领神圣罗马帝国的领土斯特拉斯堡。同时还购买帝国在意大利的领土卡萨莱，这两件事引起了全欧洲对他的警惕。而 1685 年，詹姆斯二世（詹姆斯所属的斯图亚特王朝与波旁王朝有着亲密的血缘关系）成为英国国王，更直接促使所有国家联合一致反对他。1686 年 7 月 9 日，奥地利国王、神圣罗马帝国皇帝、西班牙国王、瑞典国王和一些德意志诸邦的君主在奥格斯堡秘密签署了一项协议。起初，它的目的只是防御法国，但是很快它便演变成一种攻势同盟，其名称为“奥格斯堡联盟”。两年之后爆发的长达 9 年的席卷欧洲的大战由此联盟得名而被称为“奥格斯堡联盟战争”。

一幅由法国画家René-Antoine Houasse所画的“太阳王”路易十四。法国的迅速崛起和君主路易十四的野心使这个国家在17世纪晚期成为全欧的“公敌”

1688年，趁着詹姆斯二世不得民心并为了防范英法再度结盟，曾在第三次英荷战争中领导荷兰人民取得胜利的奥伦治亲王威廉率领20 000官兵渡过英吉利海峡登陆英国，发动光荣革命，获得了英国王位。由此一来，荷兰与英国由同一君主统治，彻底杜绝了路易十四想要联合英国力量称霸欧洲的企图。至此，路易十四也失去了他在欧洲主流国家中的最后一个盟友，一场阻止路易十四的“反法大战”势在必行。

由于奥伦治亲王取得了英国王位，英国与荷兰这对“世仇”几乎一夜之间成为盟友，而这两国海军所拥有的庞大舰队则是路易十四称霸欧洲所最忌惮的对手。而在陆地上，出于对路易十四所展现野心的震惊，欧洲列强们不得不为自己的“后路”着想。由于单个国家势单力孤、难成气候，欧陆国家们暗中筹划联合在一起对抗法国。1689年5月12日，在奥伦治亲王（即日后的英王威廉三世）的推动下，荷兰与哈布斯堡家族缔结了《维也纳条约》，宣布共同抵制法国的扩张，并以恢复欧洲旧秩序为目的拉拢其他国家。随后在一年半的时间里，英国、西班牙与德意志3个诸邦（勃兰登堡、萨克森和巴伐利亚）相继加入哈布斯堡家族的阵营，反法大同盟就此成立。

由于欧洲列强的结盟，路易十四“速战速决”的企图落空了。他不得不将称霸欧洲的战争演变为一场持久战。而在海上，路易十四治下刚刚崛起的法国海军将迎来英国与荷兰强有力的挑战。由于当时西班牙的衰落和北欧双雄无意参战的冷冷态度，奥格斯堡同盟战争时期的主要海战实际上便在英荷与法国之间展开。而这其中最著名的舰队作战行动便是发生在1690年的比奇角海战和1692年的巴夫勒尔海战了。

## 比奇角海战

1688年6月20日，英王詹姆斯二世“喜得贵子”，这使得原本有权继承他王位的新教徒女儿玛丽从此与宝座绝缘。当时支持新教和议会的各路党人眼见和平手段已经没法再“等”到一位新教徒国王，便采取极端手段将詹姆斯二世罢黜，邀请玛丽女王和她的丈夫奥伦治的威廉亲王入主英国。恐怕詹姆斯二世连做梦都没有想到，自己喜得的贵子竟成为导致自己下台的导火索……

不过刚刚经历了光荣革命的英国国内局势并不平稳，詹姆斯二世也利用这个机会试图复辟。1689年3月18日，得到路易十四支持的詹姆斯在法国舰队的护送下登陆爱尔兰，受到了当地广大天主教徒的欢迎和支持（当时爱尔兰地区仍以天主教为主）。与詹姆斯一起到达的还有路易十四的6 000名法国陆军士兵。詹姆斯与法军登陆的消息引起了英国国内对爱尔兰局势的进一步忧虑，因为在此之前，爱尔兰的天主教徒已将英国派遣的新教驻军围困于伦敦德里（Londonderry，今天为北爱尔兰西北部城市）。出于对法国继续向爱尔兰增兵的担心，英国海军部立即命海军上将亚瑟·赫伯特于4月4日率领19艘战列舰和部分小型船只启航，沿爱尔兰南部海岸线自东向西巡航，拦截沿途可能遭遇的一切法国船只。

5月6日，路易十四派遣海军中将雷诺堡侯爵（Marquis de Châteaurenault，1637—1716）指挥一支护航舰队再次从布雷斯特出发，护送另一支约1 500人的法国陆军前往爱尔兰西南班特里湾登陆。5月11日，护航舰队到达目的地，进入湾内开始卸载物资。然而就在这时，赫伯特的英国舰队突然出现，双方开始交战。这也是奥格斯堡同盟战争期间的第一场海上角逐，被称为“班特里湾海战”。

由彼得·莱利爵士所绘的奥伦治亲王威廉（Prince of Orange，1650—1702）的肖像。奥伦治的威廉亲王在第三次英荷战争时便避免了法国对荷兰的吞并，无论在统军还是政治上均有一定建树

英国海军上将亚瑟·赫伯特（Arthur Herbert，1648—1716）的肖像。尽管在班特里湾海战中没能为英国带来一场胜利，但战后他还是被英王威廉封为托林顿伯爵

由于雷诺堡的主要任务是护送运输船队，因此他必须阻止英国人虏获运输船只。在交战过程中，雷诺堡利用有利的上风位置和数量优势将英国舰队逐渐驱散。经过4个小时的炮战，英国舰队因损失较重率先撤离战场。此役英国方面有将近400人伤亡，法国只有40死93伤。双方第一次海上交锋以法国胜利而告终。

班特里湾的战斗可以看成是英国人在面对路易十四的新式海军时初试牛刀的较量。事实证明，此时的法国海军已经获得脱胎换骨的变化，一跃成为欧洲海域不可小视的力量。至于英国方面，尽管在战斗中未能获胜，但新继任英国王位的威廉三世为了拉拢人心（当时英国海军对于威廉三世的信任度普遍不太高），还是赐予赫伯特托林顿伯爵（Earl of Torrington）的头衔以资鼓励。

在班特里湾海战结束后，法国陆军在爱尔兰岛进攻英国人的据点，起初占据了一定优势，但奥伦治亲自带领 15 000 人及时地在北爱尔兰卡里克弗格斯（Carrickfergus）登陆，使得法军行动受阻。在这种情况下，路易十四决定对爱尔兰进行增援。一支庞大的舰队在布雷斯特得到集结，指挥官为法国历史上最著名的海军将领之一——图尔维尔伯爵（后来被封为法国元帅）。

一幅描绘班特里湾海战的画作。赫伯特在此役中已经证明自己是个“平庸之辈”，然而出于政治上的需要，威廉三世不得不继续任用他。这也为接下来更为严重的失败埋下伏笔

1690年6月21日，在雷诺堡所指挥的土伦舰队加入后，图尔维尔手中的实力上升至75艘战列舰（一说共有78艘战舰，其中70艘是战列舰）和23艘纵火船。这支“倾全法国之力”的舰队于23日离开布雷斯特港，进入英吉利海峡。这时候，早已做好应战准备的英国舰队也出发了。舰队指挥官为托林顿伯爵赫伯特，而在英国舰队驶抵怀特岛时，一支荷兰分舰队也加入赫伯特的队伍。迎击图尔维尔的英国舰队也就此摇身一变成为“英荷联合舰队”。不过尽管舰队实力得到加强，赫伯特手中舰队的实力依然弱于图尔维尔。据统计，英荷联合舰队一共拥有55艘战列舰，共搭载4 153门火炮；而法国舰队的相应数值则为75艘战列舰和4 600门火炮。

7月5日，赫伯特首先观察到了出现在地平线上的法国舰队。根据目测，赫伯特推测法国舰队至少有80艘战列舰，实力明显强过自己，于是改变航向远而避之。随后，他向威廉三世报告了这一消息。威廉三世和玛丽二世在召开会议后决定采取紧急措施，向爱尔兰方面增兵。朝廷重臣利兹公爵（即前文提到的曾以“王子”号为旗舰的那位海军将领）认为最明智的举动并不是往爱尔兰增派陆军，而是在海上击败这支法国舰队。但以海军上将爱德华·拉塞尔为首的一批海军高官则认为以目前的境况（赫伯特夸大了法国舰队的规模）根本无法拦截这支舰队，这些军官（也包括赫伯特）后来被英国史学家认为是失败主义者。

不过由于威廉三世的命令，赫伯特并不敢就这样逃走，而是率领英荷联合舰队远远地跟在法国舰队后面。这时候，海军上将拉塞尔起草了关于攻击法国舰队的作战指令（尽管他自己也很不情愿），并在7月9日英荷联合舰队驶抵比奇角附近时将这封书信交到了赫伯特的手上。接到指令的赫伯特意识到这已经是一场必须要打的战斗了（如果违抗命令，后果将会是很严重的），比奇角注定将被写入历史。

Tous les Portraits de la Cour se vendent Paris chez A.Trouvain rue St. Jacques au grand Monarque avec Privilege du Roy 1696

Monsieur Le Comte de Tourville Vice-Amiral et Marechal de France

由不知名画家绘于1696年的图尔维尔伯爵阿内·希拉里翁·德康斯坦丁（Anne Hilarion de Costentin de Tourville，1642—1701）的画像，背景为正在比奇角交战的法国与英荷联合舰队

比奇角之战地理位置示意图。其位于英吉利海峡的咽喉地带

7月10日，在比奇角以南海域，赫伯特将舰队排成战列线向法国舰队推进。整支舰队被分为3部分，其中由赫伯特本人指挥的舰队为中坚舰队（代号为红色分队），前卫舰队（代号为白色分队）由荷兰将领科内利斯·艾弗森（Cornelis Evertsen the Youngest，1642—1706）指挥，而后卫舰队（代号为蓝色分队）则由英国海军中将拉尔夫·德拉瓦尔指挥。关于此次行动英荷联合舰队（总计55艘战列舰）的详细组成如下表所列（战舰名称的排序以该舰在战列线中的位置为准）。

| 前卫舰队 | 舰名 | 载炮数量 | 舰长 / 随舰指挥官 |
|---|---|---|---|
| 战列舰21艘，指挥官为科内利斯·艾弗森 | 乌得勒支利器 (Wapen von Utrecht) | 64 | 德克 |
| | 阿尔克马尔利器 (Wapen von Alkmaar) | 50 | 卡尔夫 |
| | 托伦 (Tholen) | 60 | 卡里斯 |
| | 西弗里斯兰 (Westfriesland) | 82 | 海军中将范卡伦布 |
| | 玛丽娅公主 (Prinses Maria) | 92 | 海军少将吉尔斯·斯盖尔 |
| | 卡斯特里克姆 (Castricum) | 50 | 库伊佩尔 |
| | 阿加莎 (Agatha) | 50 | 范德扎恩 |
| | 城镇 (Stad en Lande) | 52 | 亚伯拉罕·特尔曼 |
| | 恩克赫伊曾的少女 (Maagd van Enkhuizen) | 72 | 范德珀尔 |
| | 北荷兰 (Noord Holland) | 48 | 斯旺 |
| | 多德雷赫特的少女 (Maagd van Dordrecht) | 68 | 安东尼·彼得森 |

（续表）

| | | | |
|---|---|---|---|
| 战列舰21艘，指挥官为科内列斯·艾弗森 | 荷兰省 (Hollandia) | 74 | 海军上将科内利斯·艾弗森 |
| | 陆威 (Veluwe) | 68 | 海军少将延·范布拉克尔 |
| | 乌德勒支省 (Provinciën van Utrecht) | 50 | 延·范康沃特 |
| | 马斯 (Maas) | 64 | 延·斯内伦 |
| | 弗里斯兰 (Friesland) | 64 | 菲利普·范德格斯 |
| | 埃尔斯伍德 (Elswoud) | 50 | 诺德伊 |
| | 莱格斯伯格 (Reigersberge) | 74 | 海军上将亚伯拉罕·费迪南德·范塞尔 |
| | 北荷兰 (Noorde Holland) | 72 | 海军少将延·迪克 |
| | 费勒 (Veere) | 60 | 莫塞尔曼 |
| | 科尔蒂纳 (Cortienne) | 50 | 登博尔 |
| 中坚舰队 | 舰名 | 载炮数量 | 舰长/随舰指挥官 |
| 战列舰21艘，指挥官为托灵顿伯爵赫伯特 | 普利茅斯 (Plymouth) | 60 | 理查德·卡特尔 |
| | 迪特福德 (Deptford) | 50 | 威廉·凯尔 |
| | 伊丽莎白 (Elizabeth) | 70 | 大卫·米歇尔 |
| | 桑威治 (Sandwich) | 90 | 约翰·阿什比爵士 |
| | 远征 (Expedition) | 70 | 约翰·克莱门斯 |
| | 沃斯派特 (Warspite) | 70 | 斯坦福·法尔伯恩 |
| | 伍尔维奇 (Woolwich) | 54 | 詹姆斯·格塞尔 |
| | 狮 (Lion) | 60 | 约翰·托普利 |
| | 鲁珀特 (Rupert) | 66 | 乔治·波默雷 |
| | 阿尔博马尔 (Albemarle) | 90 | 弗朗西斯·维勒爵士 |
| | 皇家主权 (Royal Sovereign) | 100 | 海军上将托灵顿伯爵赫伯特 |
| | 格拉夫顿 (Grafton) | 70 | 格拉夫顿公爵 |
| | 温莎城堡 (Windsor Castle) | 90 | 乔治·丘吉尔 |
| | 伦诺克斯 (Lennox) | 70 | 约翰·格伦威尔 |
| | 斯特林城堡 (Stirling Castle) | 70 | 安东尼·黑斯廷斯 |
| | 约克 (York) | 60 | 托马斯·霍普森 |
| | 萨福克 (Suffolk) | 70 | 沃尔夫兰·科内沃尔 |
| | 汉普顿法庭 (Hampton Court) | 70 | 约翰·莱顿 |
| | 公爵夫人 (Duchess) | 90 | 乔治·鲁克 |
| | 希望 (Hope) | 70 | 乔治·宾 |
| | 复辟 (Restoration) | 70 | 威廉·博萨姆 |
| 后卫舰队 | 舰名 | 载炮数量 | 舰长/随舰指挥官 |
| 战列舰13艘，指挥官为德拉瓦尔爵士 | 安妮 (Anne) | 70 | 约翰·泰勒尔 |
| | 圣文德 (Bonaventure) | 48 | 约翰·赫伯特 |
| | 埃德加尔 (Edgar) | 64 | 约翰·珍尼弗 |
| | 埃克赛特 (Exeter) | 70 | 乔治·梅斯 |
| | 布雷达 (Breda) | 70 | 马修·腾安特 |
| | 圣·安德鲁 (Saint Andrew) | 100 | 海军中将德拉瓦尔爵士 |
| | 加冕 (Coronation) | 90 | 约翰·蒙登 |
| | 皇家凯瑟琳 (Royal Katherine) | 84 | 马修·艾尔默 |
| | 剑桥 (Cambridge) | 70 | 西蒙斯·福克斯 |
| | 贝维克 (Berwick) | 70 | 亨利·马丁 |
| | 燕 (Swallow) | 48 | 本杰明·沃特尔斯 |
| | 蔑视 (Defiance) | 74 | 约翰·格莱顿 |
| | 船长 (Captain) | 70 | 达尼尔·詹姆斯 |

一幅名为“三位海军上将”的油画。德拉瓦尔爵士（Sir Ralph Delaval, 1641—1701）位于画面右侧。中间为本鲍，左侧为托马斯·菲利普斯

赫伯特的旗舰“皇家主权”号即前文为大家介绍的大名鼎鼎的第一艘火炮过百的战舰“海上主权”号，此时它已经历过第二次重建，焕发了新的生机。德拉瓦尔爵士的旗舰“圣安德鲁”号是英荷联合舰队中的第二大军舰，该舰原本设计为拥有96门火炮的“一级舰”，在执行拦截法国舰队行动中载炮数量达到100门。“皇家主权”号与“圣·安德鲁”号也是英荷联合舰队中仅有的两艘拥有100门火炮的战列舰。荷兰方面则派出了两艘90门炮级别的三层甲板战舰“西弗里斯兰”号与“玛丽娅公主”号。17世纪末期荷兰曾兴建了一批设计拥有90门火炮的三层甲板战舰，尽管这些战舰相对于英法等国的同级别战舰来说仍然相对较小，但已经是荷兰在风帆时代建造过的最大军舰了。

图尔维尔一直紧张地观察着海面上的形势（他知道英荷联合舰队绝不会轻易放他过去），当注意到敌方在不断靠近自己后，遂率领法国舰队由南面迂回迎击（此时联合舰队则是从东面接近目标）。赫伯特指挥联合舰队航行至法国舰队上风一侧，保持双方舰队靠近且平行同向航行。赫伯特本想仅以舰队威慑作用探探法国人的底线，却不料艾弗森的前卫舰队无视主帅命令在近距离向法国前卫舰队（由雷诺堡侯爵指挥）首先开火；随后德拉瓦尔的后卫舰队也向法国后卫舰队（由维克托·马利·德埃斯特雷指挥）的后卫舰队炮击，战斗就此全面打响。

尽管一头一尾两支分舰队打得不可开交，但由赫伯特坐镇的中坚舰队却只发动了牵制行动，有意偏离了战列线。精明的图尔维尔自然不会放过这千载难逢的好机会，立即将自己所指挥的中坚舰队转移至艾弗森分队左右两侧对其实施两面夹击。由于图尔维尔的中坚分队拥有包括“皇家太阳”号在内的为数众多的三层甲板战舰，相较之下，普遍形体较小的荷兰双层甲板战舰（仅有的两艘三层甲板战舰“西弗里斯兰”号和“玛丽娅公主”号对于法国同类舰来说也是小巫见大巫）根本不是对手，于是很快便被打乱了阵型。令人疑惑不解的是，在这生死存亡的关头，作为舰队总司令的赫伯特却并未设法去帮助自己的盟友（或许他是因为艾弗森违抗自己的命令而故意为之）。

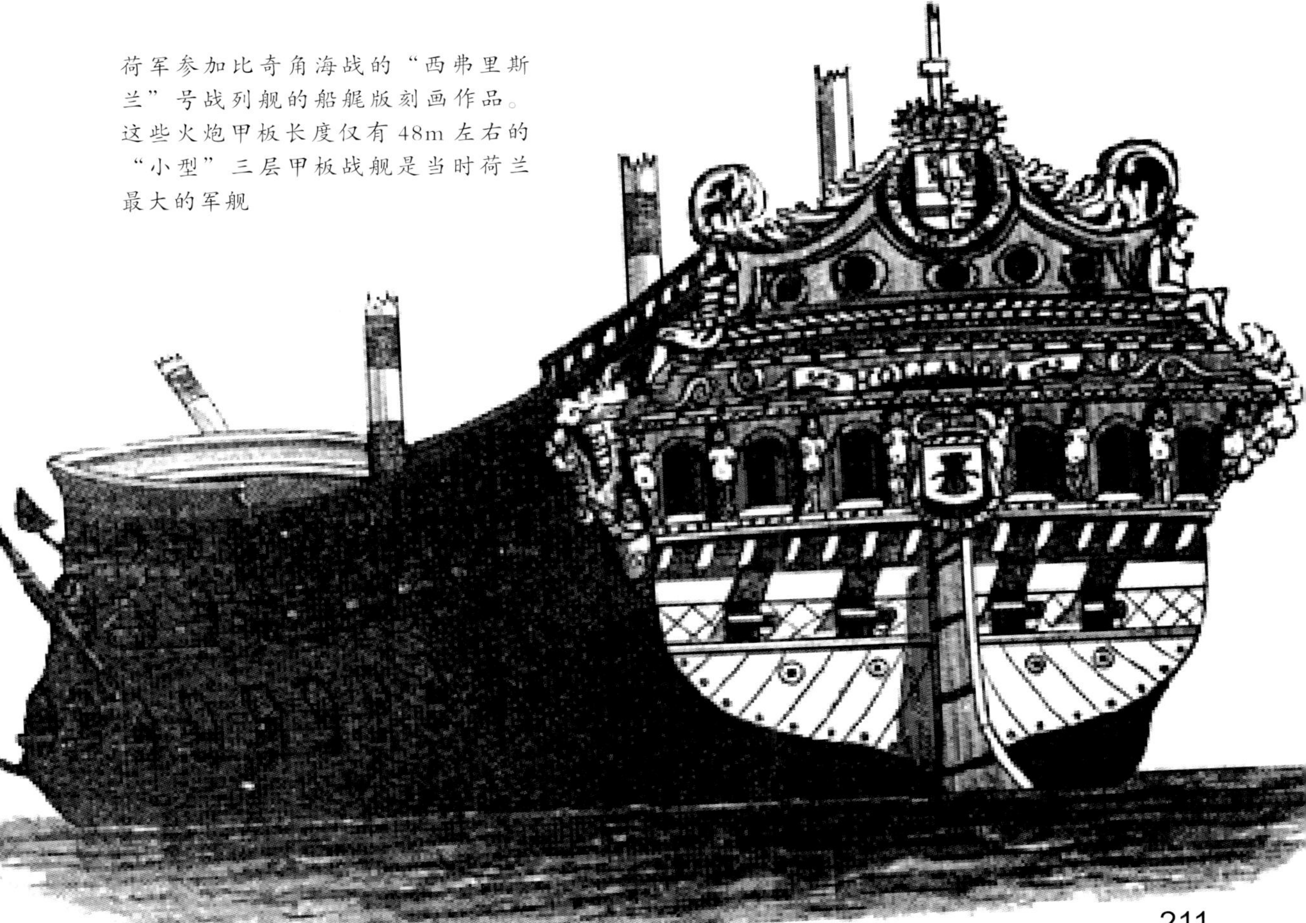

荷军参加比奇角海战的“西弗里斯兰”号战列舰的船艉版刻画作品。这些火炮甲板长度仅有48m左右的“小型”三层甲板战舰是当时荷兰最大的军舰

随着战斗的深入，艾弗森的前卫分队遭受沉重打击：“埃尔斯伍德”号船身被点燃，于战斗临近结束时沉没；“阿加莎”号被法舰击沉；“弗里斯兰”号被法国人俘获后遭到焚毁。除此之外，还有几艘荷舰被折断桅杆，失去了战斗力。身处如此不利境地，艾弗森自然向身后的英国人发出求救信号，但却无济于事。谢天谢地的是，在艾弗森高超航行技术的引导下，残存的前卫分队还是凭借自己的力量从法国人收紧的口袋里逃了出来。

见前卫舰队已经被击溃，赫伯特更无心迎战，指挥其余船只全线撤退。法国舰队在后追击，艾弗森分队有很多遭到严重损毁的战舰都落在了舰队的后面，倘若图尔维尔在此时紧追不舍的话，整个分舰队将很有可能会全军覆灭。但法国海军上将并没有这样做，而是仍旧使本队保持战列线阵形并为了照顾受损的舰只而放慢速度，从而丧失了扩大战果的良机。

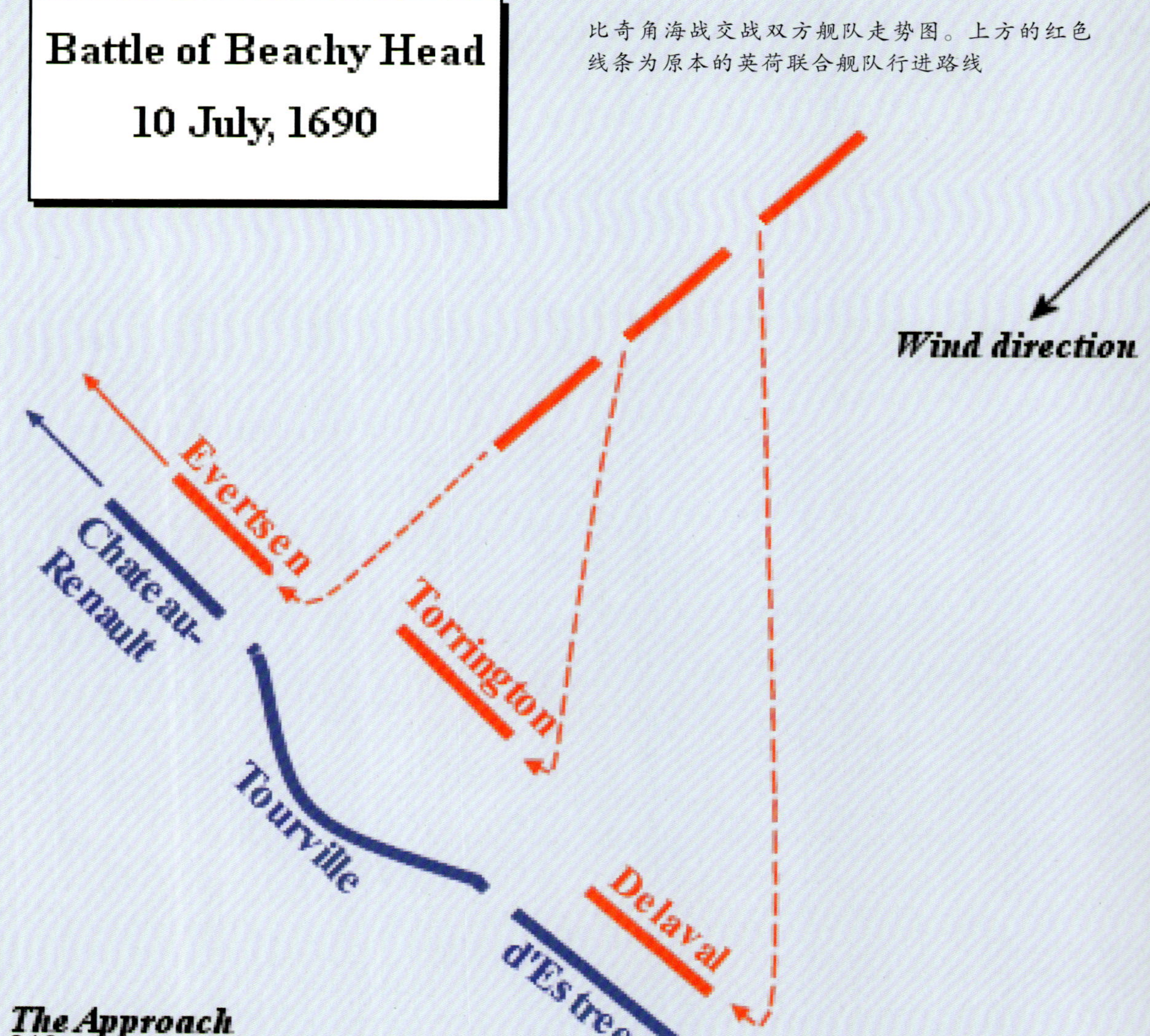


比奇角海战交战双方舰队走势图。上方的红色线条为原本的英荷联合舰队行进路线

一幅由法国人描绘的比奇角海战的油画。画面中图尔维尔的旗舰“皇家太阳”号正进行炮击，此役英荷联合舰队中的荷兰分舰队遭受严重损失

随着撤退中的英荷联合舰队逐渐远离法国舰队，比奇角海战落下帷幕。此役英荷联合舰队一共损失了11艘军舰，其中担任舰队前卫的荷兰分舰队蒙受了巨大损失（11艘军舰多半都是荷兰船只）。相比之下，法国舰队则出奇地完好无损，甚至连一艘纵火船都没有损失。从双方损失对比和战场态势来看，毫无疑问法国舰队大获全胜。这也是法国舰队在风帆时代所取得的战果最辉煌的胜利之一。

然而图尔维尔在战斗临近尾声时对联合舰队漫不经心的追击却使得他失去了全歼联合舰队的良机。在敌方舰队已经溃散的情况下，不遗余力地追击往往能获得更好的战果，从这点来看，图尔维尔的临战经验还略显不足；另一方面，由于法国舰队未能全歼英荷联合舰队，比奇角海战显然不是一次具有决定性意义的战役。比奇角海战后，图尔维尔似乎对自己的表现十分满意，但事实上被击溃的英荷联合舰队在逃回港口后只花了很短的时间便又重新武装起来了。正如100年后纳尔逊曾说的那句话：“如果我已经把敌方11艘战舰击沉了10艘，却让最后那艘原本能够俘获的敌舰逃走了，那么我绝不能称这是成功的一战。”

战后，作为导致英荷联合舰队失败的“罪魁祸首”，赫伯特理所当然地受到了军事法庭的审判并被宣判有罪。尽管后来经过4个月的监禁和审判后被无罪释放，赫伯特还是被迫终结了在英国海军的仕途，以惨淡收场。

## 巴夫勒尔海战

由于比奇角海战不具有决定性，英荷联盟与法国之间在欧洲海域注定将会继续进行对决。另一方面，尽管图尔维尔的舰队在海上取得了胜利，但法国陆军在爱尔兰的进展却陷入了僵局。1692年春，路易十四不得不再次往爱尔兰运送军队。由于担心英荷两国舰队再度汇合产生数量上的优势，路易十四计划法国舰队在4月份抢在英荷联合舰队组建之前出航，但由于土伦舰队在直布罗陀海峡被击败，导致布雷斯特舰队兵力不足，就这样，一直拖到4月29日，前往爱尔兰的舰队都无法启航。5月2日，无法再等待的图尔维尔只得率领现有舰队（37艘战列舰和7艘纵火船）护送陆军前往爱尔兰岛。

在赫伯特因为比奇角海战而被免职后，威廉三世任命拉塞尔接替前者成为英荷联合舰队的总司令。很快，拉塞尔得到了图尔维尔出海的消息。5月8日，在德拉瓦尔分舰队的加入后，联合舰队启航从圣海伦斯出发。途中，另一支英国分舰队由约翰·阿什比爵士率领（Sir John Ashby，1646—1693）也与拉塞尔的舰队合并。值得一提的是，阿什比爵士的旗舰是100门炮的“胜利”号，这也是这个光荣船名所继承的第一艘100门炮级别战列舰。

另一幅描绘比奇角海战的油画。尽管在战前便不被看好，但赫伯特糟糕的临场应变能力使英荷联合舰队蒙受了更大的损失

奥格斯堡同盟战争中的“胜利”号。该舰原名“皇家詹姆斯”，建造于1675年，1691年时因为老“胜利”号被拆毁而继承了这个船名。至于老“胜利”号则在前文中介绍过

随着接下来几天陆续有船只加入，到5月14日时，拉塞尔已经有85艘战列舰（一说82艘），几乎是图尔维尔舰队（最后集结到44艘战列舰）的一倍。此时此刻，一道类似两年前赫伯特所面临的难题摆在了图尔维尔的面前，那就是路易十四也给这位法国元帅下达了务必“要在海上将英荷联合舰队歼灭”的命令，而图尔维尔在出航时便一直把这张“圣旨”揣在兜里。5月29日早上6时，在法国北部的巴夫勒尔角（Cap Barfleur）附近，图尔维尔首先发现了庞大的英荷联合舰队。当时，他对联合舰队的估算为大约有100艘船只（事实上算上纵火船等辅助船只，联合舰队的实力比这个数量还多，大约为120艘），于是他把高级军官们召集在他的旗舰“皇家太阳”号上向他们提出“是否应当向敌舰队发起主动攻击”的问题，几乎所有人都认为“不应该主动攻击”。这时图尔维尔兜里掏出路易十四的亲笔信，要求所有军官服从他的命令向联合舰队发起攻击。

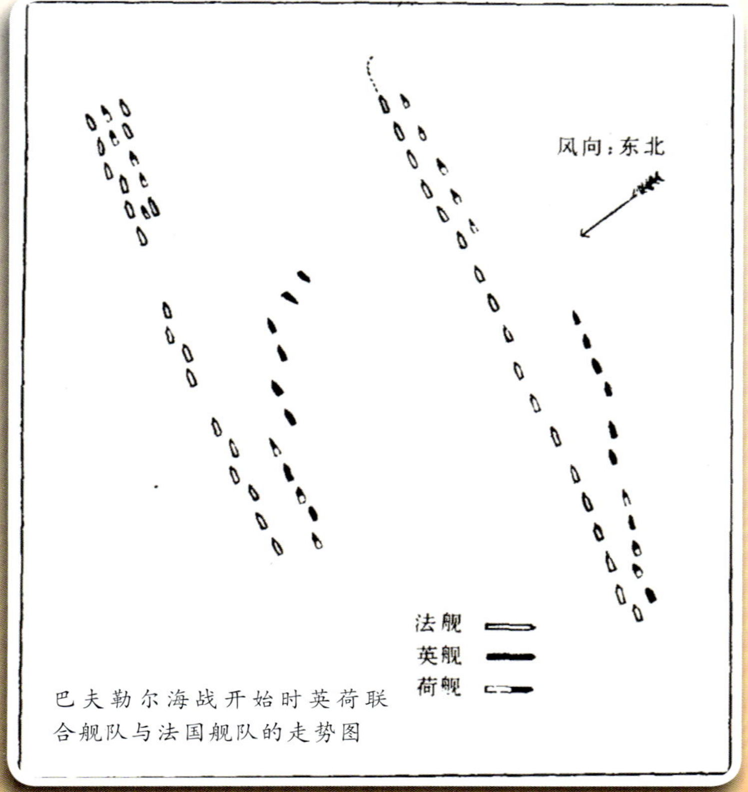

巴夫勒尔海战开始时英荷联合舰队与法国舰队的走势图

与比奇角海战一样，英荷联合舰队也被分为白色、红色和蓝色3个分队。其中，前卫舰队由荷兰将领范·阿尔蒙德指挥，总共有26艘战列舰。其间包括多达8艘90门炮级别的三层甲板战舰，几乎相当于当时荷兰主力舰倾巢出动，由此可见荷兰人对此次行动的重视程度。英国方面一如既往地担任联合舰队的中坚和后卫两个分队，其中坚舰队由拉塞尔亲自坐镇，总计拥有29艘战列舰；后卫舰队则由约翰·阿什比爵士指挥，总计30艘战列舰。由于联合舰队规模过大，这里只将属于英国的中坚舰队和后卫舰队以表格的形式列出来。

| 中坚舰队 | 舰名 | 载炮数量 | 舰长 / 随舰指挥官 |
| --- | --- | --- | --- |
| 战列舰29艘，指挥官为托林顿伯爵赫伯特 | 圣·米歇尔 (Saint Michael) | 90 | 托马斯·亨桑姆 |
| | 伦诺克斯 (Lennox) | 70 | 约翰·莫顿 |
| | 约克 (York) | 60 | 罗伯特·迪恩 |
| | 圣文德 (Bonaventure) | 50 | 约翰·赫伯特 |
| | 皇家凯瑟琳 (Royal Katherine) | 82 | 沃尔夫兰·科内沃尔 |
| | 皇家主权 (Royal Sovereign) | 100 | 汉弗莱·桑德斯 / 海军中将德拉瓦尔爵士 |
| | 船长 (Captain) | 70 | 达尼尔·詹姆斯 |
| | 百夫长 (Centurion) | 50 | 弗朗西斯·怀韦尔 |
| | 贝福德 (Burford) | 70 | 托马斯·哈洛 |
| | 伊丽莎白 (Elizabeth) | 70 | 斯坦福·法尔伯恩 |
| | 鲁珀特 (Rupert) | 66 | 巴塞尔·贝蒙特 |
| | 鹰 (Eagle) | 70 | 约翰·雷克 |
| | 切斯特 (Chester) | 50 | 托马斯·吉拉姆 |
| | 圣·安德鲁 (Saint Andrew) | 96 | 乔治·丘吉尔 |
| | 不列颠尼亚 (Britannia) | 100 | 约翰·弗莱彻 / 海军上将爱德华·拉塞尔 |
| | 伦敦 (London) | 96 | 马修·艾尔默 |

（续表）

| | | | |
|---|---|---|---|
| | 格林威治 (Greenwich) | 54 | 理查德·爱德华兹 |
| | 复辟 (Restoration) | 70 | 詹姆斯·戈特博 |
| | 格拉夫顿 (Grafton) | 70 | 威廉·贝肯汉姆 |
| | 汉普顿法庭 (Hampton Court) | 70 | 约翰·格雷顿 |
| | 迅敏 (Swiftsure) | 70 | 理查德·克拉克 |
| | 圣·奥尔本斯 Saint Albans) | 50 | 理查德·费茨帕特里克 |
| | 肯特 (Kent) | 70 | 约翰·内维尔 |
| | 皇家威廉 (Royal William) | 100 | 托马斯·詹宁斯 / 海军少将克劳德斯利·沙维尔 |
| | 桑威治 (Sandwich) | 90 | 安东尼·黑斯廷斯 |
| | 牛津 (Oxford) | 54 | 詹姆斯·维斯哈特 |
| | 剑桥 (Cambridge) | 70 | 理查德·雷斯托克 |
| | 红宝石 (Ruby) | 50 | 乔治·梅斯 |
| | 普利茅斯 (Plymouth) | 60 | 约翰·梅因 |
| 后卫舰队 | 舰名 | 载炮数量 | 舰长 / 随舰指挥官 |
| 战列舰 30 艘，指挥官为约翰·阿什比爵士 | 希望 (Hope) | 70 | 亨利·罗宾逊 |
| | 迪特福德 (Deptford) | 50 | 威廉·凯尔 |
| | 埃塞克斯 (Essex) | 70 | 约翰·布里奇斯 |
| | 公爵 (Duke) | 90 | 威廉·怀特 / 海军少将理查德·卡特 |
| | 奥索里 (Ossory) | 90 | 约翰·泰勒尔 |
| | 伍尔维奇 (Woolwich) | 54 | 克里斯托弗·闵斯 |
| | 萨福克 (Suffolk) | 70 | 克里斯托弗·比龙 |
| | 皇冠 (Crown) | 50 | 托马斯·瓦伦 |
| | 无畏 (Dreadnought) | 64 | 托马斯·考尔 |
| | 斯特林城堡 (Stirling Castle) | 70 | 本杰明·沃尔特斯 |
| | 埃德加尔 (Edgar) | 72 | 约翰·特普利 |
| | 蒙默思郡 (Monmouth) | 66 | 罗伯特·罗宾逊 |
| | 公爵夫人 (Duchess) | 90 | 约翰·克莱门斯 |
| | 胜利 (Victory) | 100 | 爱德华·斯坦利 / 海军上将约翰·阿什比爵士 |
| | 前卫 (Vanguard) | 90 | 克里斯托弗·麦森 |
| | 冒险 (Adventure) | 50 | 托马斯·迪克斯 |
| | 沃斯派特 (Warspite) | 70 | 卡勒布·格兰汉姆 |
| | 蒙塔古 (Montagu) | 62 | 西蒙·福克斯 |
| | 蔑视 (Defiance) | 60 | 爱德华·格尼 |
| | 贝维克 (Berwick) | 70 | 亨利·马丁 |
| | 狮 (Lion) | 60 | 罗伯特·威斯曼 |
| | 诺森伯兰 (Northumberland) | 70 | 安德鲁·卡庭 |
| | 议案 (Advice) | 50 | 查理·霍金斯 |
| | 尼普顿 (Neptune) | 96 | 托马斯·加德纳 / 海军中将乔治·鲁克 |
| | 温莎城堡 (Windsor Castle) | 90 | 丹比伯爵 |
| | 查塔姆 (Chatham) | 50 | 约翰·里德尔 |
| | 远征 (Expedition) | 70 | 爱德华·多佛 |
| | 蒙克 (Monck) | 60 | 本杰明·霍斯金斯 |
| | 革命 (Resolution) | 70 | 爱德华·瓜德 |
| | 阿尔博马尔 (Albemarle) | 90 | 弗朗西斯·维勒爵士 |

从表中可以注意到英国舰队中一共拥有16艘三层甲板战舰（载炮在80门以上），因此不仅仅是荷兰，英国方面也使出了浑身解数（联合舰队合计24艘三层甲板战舰同时参战，这在风帆时代是绝无仅有的）。对于眼前这支规模明显弱于自己的法国舰队，英荷联合舰队可谓志在必得。

由于交战伊始海上风平浪静，直到两支舰队接触5小时后的中午11时许，双方才尝试第一次瞄准对方（准备开火）。法国舰队将战列线拉得很长并占据了上风位置，图尔维尔试图以此举来弥补己方战舰在数量上的不足。但是在将战列线拉长后，法国舰队单舰战斗力显著被削弱。也许是注意到这一隐患，图尔维尔又下了一道令其前卫分队后撤的命令（避免被密度更大的联合舰队阻断己方战列线），随后战斗开始。交战以双方的旗舰“不列颠尼亚”号和“皇家太阳”号为核心展开，两艘巨舰在硝烟弥漫的海上互相炮击的场面蔚为壮观。

一幅描绘1750年时的“公爵”号战列舰的油画，该舰一直服役到1758年。在巴夫勒尔海战中，“公爵”号是海军少将理查德·卡特的旗舰

由英国画家理查德·帕顿所绘的巴夫勒尔海战的全景油画。油画位于中央的英国旗舰“不列颠尼亚”号正与法国旗舰“皇家太阳”号进行激烈炮战

尽管数量占据着绝对优势，英荷联合舰队却未能把这种优势体现出来。法国舰队的战列线始终没有被破坏，而荷兰分舰队的运气显然也比先前比奇角惨败时要好得多。由于图尔维尔将前卫舰队后撤，交战双方的重心转移到中坚和后卫舰队，因此他们并未受到太多的攻击。战斗从午后一直持续到大雾弥漫和无风的夜间。当炮击停止时，尽管包括旗舰“皇家太阳”号在内诸多船只被重创，然而竟没有一艘降下旗帜投降，也没有一艘被击沉。这不由得让人对图尔维尔高超的航行和战术能力发出赞叹。

傍晚时分，双方舰队抛锚休整，几艘英国战舰由法国舰队的西南方朝东北方向试图穿过法军战列线与主力舰队汇合，图尔维尔的舰队对其进行猛烈炮击，但未能阻止其达到目的。不过随后英荷联合舰队也没有再采取下一步措施，海上停止了炮击，双方在巴夫勒尔角的第一轮较量至此结束。

5月30日晨，由于“皇家太阳”号“伤势”过重，已完全失去控制，图尔维尔不得不把自己的司令旗转移到另一艘较小的三层甲板战舰“雄心”号（Ambitieux，96门炮）上去。尽管如此，图尔维尔仍不忍心摧毁这艘路易十四最尊贵的战舰，因此让其仍以缓慢的速度跟在舰队后面。此时法国舰队（大约是35艘）已经开始全线撤退，他们的主要撤退方向是海峡群岛。其中20艘幸运地顺潮流通过了奥尔德尼岛和大陆之间的以奥尔德尼急流著称的危险水道，并安全驶抵了圣·马洛（Saint Malo，位于法国布列塔尼海岸）。然而在余下的15艘舰船通过之前，潮流突然改变方向，于是这些船随潮流向东漂至英荷联合舰队的下风处。其中3艘战舰“皇家太阳”号、“尊严”号（Admirable，80门炮）和“凯旋”号（Triomphant，76门炮）试图在当时既没有防波堤也没有港口的瑟堡（Cherbourg）避难，最后这3艘战舰被赶上的德拉瓦尔一齐焚毁。据说，英国人善待了法国俘虏，有很多法国船员离开被点燃的“皇家太阳”号时都落下了泪。

一幅描绘巴夫勒尔海战的油画。画面正中央是法国旗舰“皇家太阳”号，它的左右舷正分别受到一艘荷舰和一艘英舰的攻击

一幅描绘“皇家太阳”号最后时刻的画作。画面醒目处是德拉瓦尔的旗舰“皇家主权”号，而位于画面最右边的“皇家太阳”号上已燃起了熊熊烈火

除去在瑟堡被焚毁的3艘战舰，其余12艘都在拉乌格角（La Hogue）下锚。拉塞尔和阿尔蒙德的舰队赶到这里，将已是瓮中之鳖的这些法国战舰全部焚毁（也有几艘是法国船员眼见大势已去，自己焚毁的）。就这样，在瑟堡和拉乌格角，法国舰队总共有15艘战列舰被焚毁。巴夫勒尔海战也在拉乌格角彻底画上了句号。

损失了多达15艘战列舰的法国海军在巴夫勒尔海战中遭受重创，而英荷联合舰队终于报了两年前在比奇角的“一箭之仇”。但纵观这场战役，法国人打得实际上比比奇角海战时还要好。为了执行路易十四的“圣旨”，同时也是为了维护自己的尊严，图尔维尔不顾手下将领们的集体反对打了这场战役（从他在战前的种种表现似乎可以猜测他也能预料到最后的结果了）。但无奈数量差距过于悬殊最终败下阵来。单从这个角度来看，图尔维尔的战术素养当远远在赫伯特之上。值得一提的是，尽管遭受重创，法国海军并未就此一蹶不振。仅仅一年后，图尔维尔就能再度指挥70艘战列舰出海执行任务，并在葡萄牙南部的拉各斯港外与英荷联合舰队进行了奥格斯堡同盟战争期间的最后一次海战。

一幅描绘最后法军12艘战列舰在拉乌格角海滩被集体焚毁的画作，滚滚黑烟和烈焰下的场面颇为悲壮

## 拉各斯海战与战争的终结

1693年春天，英荷再次派出联合舰队护送前往西班牙和地中海地区的规模庞大的商船队。尽管整支船队拥有超过200艘帆船，但其中绝大部分都是商船，只有由英国海军上将乔治·鲁克指挥的13艘战列舰和3艘纵火船担任护卫。这13艘战列舰中有8艘来自英国，其余5艘来自荷兰。按照计划，这支商船队将穿过英吉利海峡，通过危险的法国布雷斯特外海。而在那里，它们最有可能遭到伏击。

另一边，在路易十四的强令下，法国海军已经很好地弥补了一年前在巴夫勒尔海战中的损失，其布雷斯特舰队可用战列舰的数量又回到了70艘。而且尽管在前次战役中遭到失败，图尔维尔仍得到路易十四的信任，后者任命图尔维尔为新组建的舰队指挥官，并令其带领这支舰队前往直布罗陀海峡入口处设置埋伏，静候这支运输船队上钩。于是图尔维尔将作战地点选为葡萄牙南部的拉各斯湾。加上纵火船和辅助舰只，图尔维尔的舰队总数达到了100艘，远远超过了鲁克的护航舰队规模。

不过对于鲁克来说利好的消息是，到5月底时，一支由24艘荷兰战列舰和45艘英国战列舰组成的联合舰队在范·阿尔蒙德等将领的指挥下前去增强运输船队的防护，护航舰队的规模接近图尔维尔的舰队规模。6月7日，当运输船队航行至韦桑岛西南约150英里（240千米）处时，这支拥有69艘战列舰且实力强劲的护航舰队与之分道扬镳。而鲁克和他的13艘战列舰则继续保护运输船队南下。盟军做出此举的原因是在航道上根本没发现法国舰队的影子。为防止法国主力舰队趁机袭击英吉利海峡，他们不得不将主力舰队提前撤回。然而，当鲁克和运输船队南下航行至拉各斯港湾时，法国舰队出现了。此时已是6月17日的上午。

为了掩护运输船队继续前进，鲁克无法回避这次战斗。唯一值得欣慰的是，风向对他有利。鲁克下令运输船队分散开来，自己的舰队排好战列线准备迎战。大约在晚上8点左右，战斗开始了。鲁克尽力保持着队伍最后一艘船始终在法国最前一艘船之前，不过法国人越来越逼近了。在这种关头，队伍最后面的两艘荷兰战列舰主动掉头朝法国舰队驶去。这两艘战舰分别是“泽兰”号（Zeeland，64门炮）和“美登布里克利器”号（Wapen van Medemblik，64门炮）；前者的舰长为菲利普·斯赫雷弗（Philip Schrijver），后者则为延·范德普尔（Jan van der Poel）。在进行了英勇而绝望的战斗后，这两艘战舰都降旗投降了，但却给运输船队争取到了宝贵的逃跑时间。甚至连敌方主帅图尔维尔都对这两艘战舰留下深刻的印象。据记载，当菲利普·斯赫雷弗和延·范德普尔被押上图尔维尔的旗舰时，这位法国元帅这样问道：“你们究竟是人还是鬼？”（意即他们所表现出的勇气是一般人所没有的）鲁克在事后回忆时也说道：“我从未见过如此果断而英勇的行动。”

海军上将乔治·鲁克（George Rooke，1650—1709）的画像。他曾以舰长身份参加比奇角海战，随后又以分舰队指挥官的身份参加巴夫勒尔海战，后来在西班牙王位继承战争中为英荷联军夺下直布罗陀立下汗马功劳

第二天，鲁克聚集了运输船队中的54艘商船调头向西航行，这时候只有4艘法舰还在后面追赶。鲁克决定把这些尾随者解决掉，于是指挥旗舰“皇家橡树”号（Royal Oak，74门炮）迎敌。经过短暂的交战，法国人放弃了追赶。鲁克护卫着这些商船驶抵马德拉群岛（Madeira），在这里，他发现了两艘战列舰（1英1荷）和大约40~50艘商船。在收容了这些“散兵游勇”后，鲁克的队伍一路向北，最终于7月31日顺利抵达爱尔兰。

很难说拉各斯海战究竟谁是胜利者。法国舰队成功拦截了英荷商船队，但鲁克凭借手中极为有限的兵力还是带着大多数商船逃出虎口。最终，200艘商船中大约有90艘丢失，其中40艘为法国舰队所捕获（绝大部分是荷兰籍商船），其余不知去向。由于半数以上的商船获救，对于手握重兵的图尔维尔来说，仅仅捕获40艘商船实际上意味着失败。70艘法国战列舰并未能制服那13艘英荷战列舰，反而成就了两艘荷兰战列舰的英雄事迹。

一幅描绘荷兰二舰英勇狙击法国舰队的油画。画面中法国战舰正在围攻位于油画中间的荷舰并致使其起火

一幅描绘拉各斯之战的全貌图。实际上此次海战的高潮就是两艘荷兰战舰拦截整支法国舰队的那一刻

拉各斯之战结束后，奥格斯堡同盟战争期间再未发生大规模的海上战斗。而在经历了最初几年战争后，由于交战双方都没有预料到战争会持续这么久，因此纷纷产生了休战情绪。英国和荷兰都爆发了大面积饥荒。甚至曾经富裕的荷兰七省人也被迫向借机抬价的德意志诸国购买昂贵的谷物以维持生计。威廉三世因此在1696年感叹道“国家已经一贫如洗了”。

另一边，法国的情况似乎更糟。据记载，法国农业在1694年底的大旱灾中受到巨大打击，很多农田颗粒无收，大约有200万人冻饿病死（这在当时已经是非常高的比例了）。路易十四穷兵黩武的政策遭到了报应：大批军舰因缺乏维护而无法出海，很多都彻底报废，海军实力开始萎缩。在这种情况下，双方都认为战争继续下去对大家都没有好处，遂加快了和平谈判的脚步。1697年秋，经过两年的不懈努力，法国终于与奥格斯堡同盟各国签订《赖斯韦克条约》（Treaty of Ryswick），该条约主要降低了对荷兰的关税，以及归还了1679年以来法国陆续吞并的其他各国的大多数领土（包括萨伏伊公国的大部分领土、德意志的洛林与卢森堡和西班牙东北部的加泰罗尼亚地区）。同时，路易十四还承认威廉三世为合法的英国国王（不再对詹姆斯二世的复辟给予支持）。至此，奥格斯堡同盟战争正式结束。

# 17 世纪后期英国主力舰小览

## 两代“皇家詹姆斯”号

第二次英荷战争结束后，随着国力的增强和战列线战术的普及，英国对本国战列舰开始进行严格划分。凡是具备三层火炮甲板和 90 门以上火炮的军舰均被划为“一级舰”（first rate）。按照英国海军部 1667 年的计划，英国将新建具备 100 门火炮的“顶级”一级舰。第一艘“顶级”一级舰是前面章节为大家介绍的“王子”号，而第二艘就是本节的主角“皇家詹姆斯”号。

1669 年 4 月 22 日，英国海军部下达了建造“皇家詹姆斯”号的命令。新舰规格与已经开工建造的“王子”号基本保持一致，而该舰的设计和建造者则为皇家海军新生代造船师的杰出代表安东尼·迪恩。

由著名船模制作者 Gaston Braun 制作的法国“皇家太阳”号的大比例模型。该舰是 17 世纪最著名的风帆战舰之一，象征着“太阳王”路易十四的威严，然而其最终的结局却是令人惋惜的

安东尼·迪恩（Anthony Deane，1638—1721）的肖像。从1666年至1675年，他曾为皇家海军设计建造了25艘舰船，其中最大的一艘就是“皇家詹姆斯”号

“皇家詹姆斯”号的建造地是朴茨茅斯船坞，这也是风帆时期世界上为数不多的干船坞之一（另一个著名的干船坞在法国布雷斯特）。海军部为建造该舰付出了24 000英镑的代价，这在当时算得上是一笔巨款了。1671年3月31日，“皇家詹姆斯”号如期完成下水仪式，并在次年1月18日正式入役。此时距离上一艘100门火炮巨舰“王子”号的服役时间仅仅迟了3天而已。

值得一提的是，“皇家詹姆斯”号是仅有的三艘配备了由鲁珀特亲王亲手设计的改进型舰炮（被称为“鲁珀特海军炮”，Rupertinoe naval gun）的军舰之一。早在克伦威尔时期，英国海军就强调舰船火力的提升。正如当时一位作家所说的：“军舰已经演变为‘浮动的炮兵阵地’”，而鲁珀特亲王所设计的这种新式火炮正是对海上射击精度下降问题的一个有力的挑战。

鲁珀特海军炮是经过高规格锻造、使用精密车床轧制后，在鲁珀特亲王位于温莎城堡的私人锻造厂（后来转移至伍尔维奇）里完成实验的新式火炮。这种火炮充分体现了鲁珀特亲王在冶金上的智慧和科学性创造思维（亲王本人实际上便是享誉至今的英国皇家学会的三个创始人之一）。实验成功后，这种火炮在约翰·布朗（John Browne）位于肯特郡的布伦奇利铸造厂进行批量生产。但不幸的是，由于单门火炮的成本是常规武器的3倍（鲁珀特海军炮每吨的成本为60英镑，而普通火炮则为20英镑），并且所表现出来的精度上的优势并非价钱上的差距这般明显，海军的采购很快便被中止。最终只在3艘军舰上配备了这种昂贵的武器，除了“皇家詹姆斯”号，另外两个“幸运儿”则分别是下一节要介绍的“皇家查理”号和建造于1674年的“皇家橡树”号战列舰。

尽管有幸配备了鲁珀特海军炮这种17世纪高尖端的武器，但“皇家詹姆斯”号无疑又是不幸的，因为其在首战中即告沉没。1672年6月7日，“皇家詹姆斯”号成为海军上将、第一代桑威治伯爵蒙塔古的旗舰。在战斗中，“皇家詹姆斯”号先后遭到包括“海豚”号和“伟大的荷兰省”号在内的多艘荷军舰船的攻击并被纵火船点燃了船身，最终该舰不幸沉没，甚至连蒙塔古也随舰毙命。尽管蒙塔古死去，但该舰舰长理查德·阿道克却幸运存活并继续在皇家海军里延续自己传奇的经历。

尽管“皇家詹姆斯”号是一艘不幸的军舰，它总共为英国皇家海军服务了4个多月的时间，但是它的故事并没有就此结束。

博物馆中保存的建造于1674年的“皇家橡树”号战列舰的全肋骨模型。该舰是一艘设计拥有双层火炮甲板和74门火炮的战列舰，有幸成为仅有的3艘装备鲁珀特海军炮的军舰之一

一幅描绘“皇家詹姆斯”号最后时刻的油画。在纵火船面前，即便是最大的风帆战舰也显得异常脆弱）

由于在索尔湾海战中的损失，英国海军部在 1673 年 4 月 1 日下达了建造“皇家詹姆斯”号替代者的命令，同时，新舰沿用了“皇家詹姆斯”的舰名。这艘全新的“皇家詹姆斯”号的建造工程进行得非常迅速，1675 年 6 月 27 日完成下水，随后不久便到海军服役。由于完全是按照在索尔湾海战中损失的那条“前辈”的规格来建造的，因此两舰的体型、吨位和武备基本一致（后者的火炮不再是鲁珀特海军炮，回归传统舰炮）。根据完工后测量的数据，新“皇家詹姆斯”号的火炮甲板长度为 163 尺 1 寸（约合 49.71 米）、龙骨长 136 尺（约合 41.45 米）、船宽 45 尺（约合 13.72 米）、吃水深 18 尺 4 寸（约合 5.59 米），排水量 1 485 吨（一说 1 422 吨）。该舰的船员数目为 780 人（1692 年参战时）。

建成后的“皇家詹姆斯”号并未参加过实战，直到奥格斯堡同盟战争爆发。1691 年，由于老一代“胜利”号（始建于 1620 年的那艘）被拆毁，再加上詹姆斯二世的时代已经一去不复返，威廉三世亲自下令将“皇家詹姆斯”号更名为“胜利”号，随后在巴夫勒尔海战中，“胜利”号作为后卫舰队司令约翰·阿什比爵士的旗舰参战，这也是该舰在奥格斯堡同盟战争中参加过的唯一一次海军行动。

1694~1695 年，“胜利”号在查塔姆造船厂被拆除进行重建。1714 年，由于汉诺威领主乔治继承英国王位（史称乔治一世），“胜利”号被更名为“皇家乔治”号，但是仅仅一年之后该舰便恢复了“胜利”的舰名。1721 年，一场意外火灾将“胜利”号的大部分上层建筑摧毁。随后英国人将该舰残余船体拆毁，但仍旧将其保留在海军舰艇名录中，直到 1737 年新一代“胜利”号问世，“完美”地衔接了它的名字。

## 新“皇家查理”号

1667 年，曾作为查理二世尊贵旗舰的“皇家查理”号在荷兰舰队奇袭查塔姆锚地的战斗中被俘虏，后于 1673 年被荷兰人作为废料变卖，在英国风帆史上书写了一段屈辱的历史。对于这样的失败，查理二世显然心有不甘，在 1671 年的新舰建造计划中，新“皇家查理”号被提上议程。4 月 26 日，海军部正式下达建造这艘全新 100 门炮主力舰的命令。该舰与稍早建造的“皇家詹姆斯”号一样都由安东尼·迪恩担任设计师并建造于朴茨茅斯。有趣的是，“皇家查理”号是在 1673 年 3 月完成下水仪式的，然而在官方舰名录中却记载着该舰在 2 月 2 日就进入现役，这似乎也显示出查理二世不愿再等待这艘以自己名字命名的巨舰问世的迫切心情。

在尺寸上，“皇家查理”号与先于其建造的“王子”号及“皇家詹姆斯”号基本保持一致，略小于建造于 1682 年的“不列颠尼亚”号。其火炮甲板长度没有被记载，但是预估应该与“皇家詹姆斯”号相近，在 160~165 英尺；龙骨长 136 英尺（约合 41.45 米）、船宽 44 英尺 8 英寸（约合 13.61 米）、吃水深 18 英尺 3 英寸（约合 5.56 米）、排水量 1 443 吨。该舰的船员数目为 560（和平时期）~780 人（战时）。前一节提到过，“皇家查理”号也是仅有的 3 艘搭载鲁珀特海军炮的军舰之一。

一部“皇家詹姆斯”号的木质全肋骨模型。两代“皇家詹姆斯”号在外观上几乎没有什么区别，因此后者可以当成是前者“生命的延续”

一幅描绘“皇家查理”号船身特征的彩图。从船艉样式来看，这应该是该舰刚服役时的状态——典型的 17 世纪 70 年代英式风格

服役之后的“皇家查理”号不久后便参加了第三次英荷战争剩余的几场重要海战。1673 年 5 月底至 6 月初，“皇家查理”号作为英国舰队总司令鲁珀特亲王的旗舰参加了两次库内维尔海战。随后还在 8 月被编在斯普拉格分舰队中参加了特克塞尔海战，具体战绩不详。

1691~1693 年，“皇家查理”号在伍尔维奇船坞进行了重建，并在 1693 年 1 月 27 日正式更名为“皇后”号（Queen）。更名后的战舰在西班牙王位继承战争时期成为乔治·鲁克的旗舰，当时的舰长为詹姆斯·威沙特——也是英国皇家海军的一名著名军官。在西班牙王位继承战争初期，威沙特曾跟随鲁克参加过围攻加的斯、维戈湾袭击珍宝船队及攻占直布罗陀（直到今天都属于英国）的海军行动，后于 1710 年晋级为海军上将。

1709 年 5 月，“皇后”号被拆毁进行二次重建。当 1715 年 9 月 20 日该舰重新下水时再度更名为“皇家乔治”，不过此后 20 年的时间里该舰都没有任何出海记录。1735 年 3 月，“皇家乔治”号开始为期两年的大修，海军部为此付出了 25 465 磅的高昂费用。1745 年 7 月，该舰被降级为一艘拥有 90 门火炮的二级舰，并担任驻扎在唐斯的分舰队旗舰。1756 年 1 月 10 日，由于新“皇家乔治”号的服役，这艘老舰被更名为“皇家安妮”。3 年后，随着七年战争的爆发和海上局势的恶化，一切能利用的资源都被启用，“皇家安妮”号因此加入了海军上将豪克的舰队。不过仅仅一年之后，该舰便因一次海上遇险导致的严重受损而被迫离开舰队。从此，“皇家安妮”号便处于半报废状态（英国人没有再去维修这艘老旧的战舰），直到被当成废品变卖。1767 年，该舰在朴茨茅斯完成拆解，结束了漫长而枯燥的军旅生涯。

海军上将詹姆斯·威沙特爵士（Sir James Wishart，1659—1723）的肖像。在西班牙王位继承战争时期他曾作为乔治·鲁克的舰长立下功勋

一幅体现“皇家查理”号船体特征的手绘图。从船艉样式和上层火炮射击孔仍旧保留的圆形装饰来看，这可能是该舰完成第一次重建之后的状态

## 17 世纪下半叶英国建造的其余一级舰一览

第二次英荷战争结束后，英国开始着手建造一批拥有 90 门火炮级别，相对于 100门火炮巨舰来说体型略逊一筹的主力舰。这批战舰的建造周期为 1667~1670 年，一共建成了 4 艘设计拥有 90/96 门火炮的一级舰，分别为“查理”号、“圣·米歇尔”号、“伦敦”号与“圣·安德鲁”号。这些船只的火炮布局实际上与先前第一至第二次英荷战争期间建造的那批 80 门火炮三层甲板战舰类似，最下层甲板采用 13 炮位的方式（即 12 门火炮位于战列线水平位，另有一门位于偏向船艏的位置）。而以“王子”号为代表的 100 门火炮则为 14 炮位（即 13 门火炮位于战列线水平位，另有一门位于偏向船艏的位置），显示出二者的差别。事实上，在 1677 年英国第一次对战舰分级时，作为最高等级的“一级舰”就被划为两类。其中一类是拥有 100 门或更多火炮的“一等”舰；而另一类就是装备 90 门火炮的“二等”舰（这些所谓“二等”的一级舰在进入 18 世纪后均被划为二级舰）。

作为这批90门火炮战列舰最早建成的两艘，“查理”号和“圣·米歇尔”号的吨位较小，与早期80门火炮战舰类似，不过从第三艘“伦敦”号开始，90门火炮战舰的吨位被提升至1 300吨以上，甚至到17世纪末时增加至1 400~1 500吨。大体上来说，这些战舰可以分为3个批次。第一批为第三次英荷战争爆发之前建造的4艘；第二批为第三次英荷战争结束至奥格斯堡同盟战争爆发前建造的9艘；第三批则为奥格斯堡同盟战争末期下令建造的4艘。其中最后一批建造的90门火炮战舰在形体大小上已经与100门火炮战舰十分接近了。

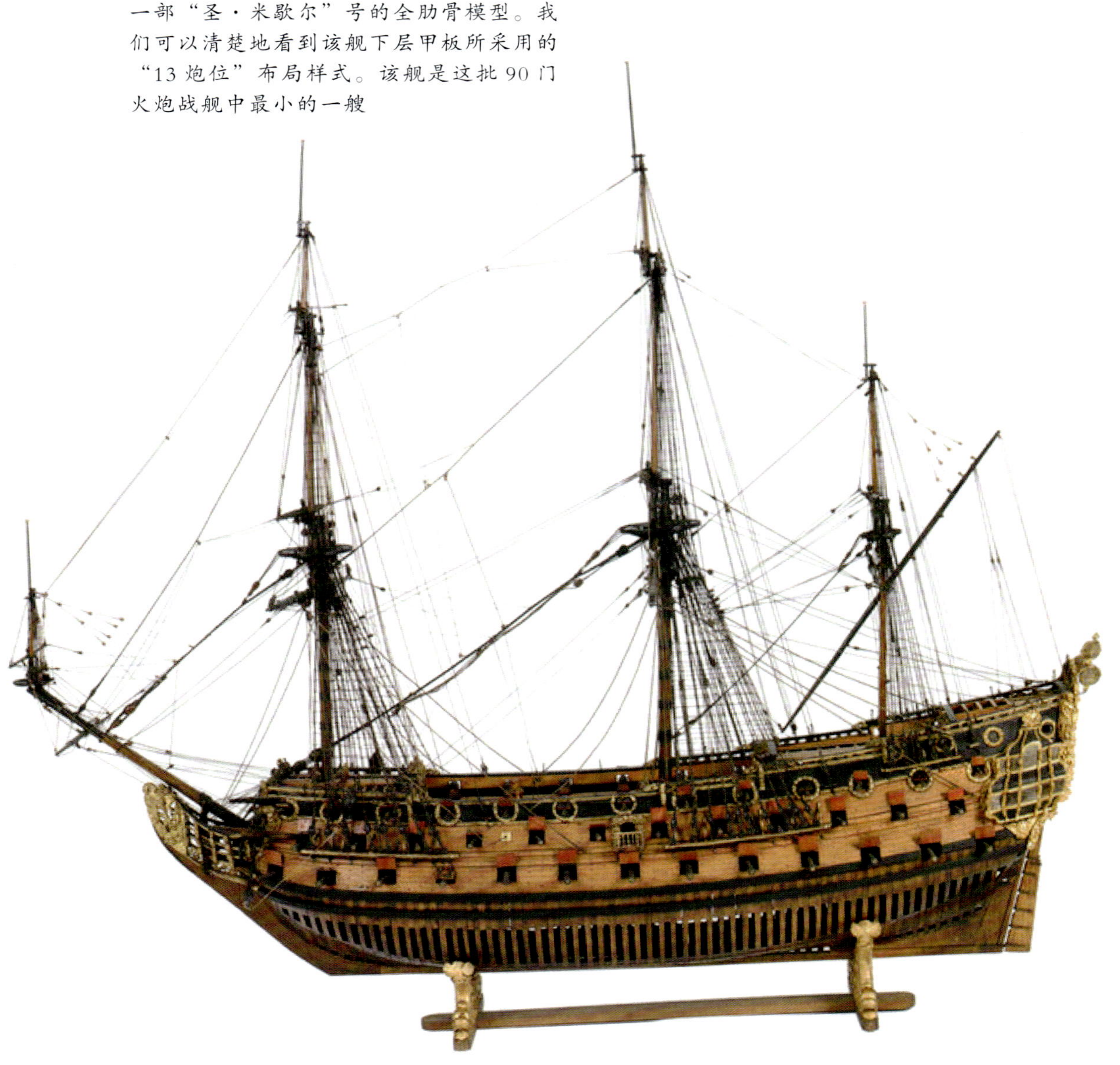

一部“圣·米歇尔”号的全肋骨模型。我们可以清楚地看到该舰下层甲板所采用的“13炮位”布局样式。该舰是这批90门火炮战舰中最小的一艘

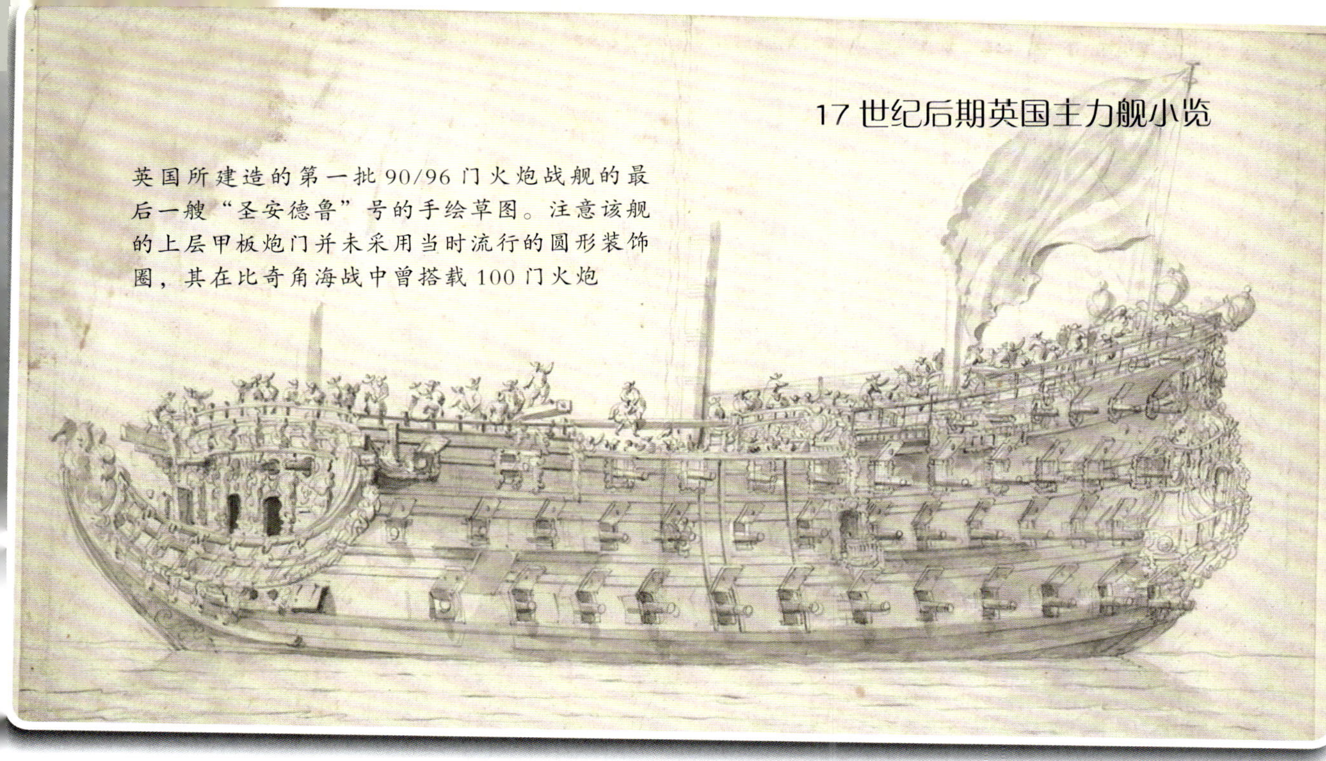

英国所建造的第一批 90/96 门火炮战舰的最后一艘“圣安德鲁”号的手绘草图。注意该舰的上层甲板炮门并未采用当时流行的圆形装饰圈，其在比奇角海战中曾搭载 100 门火炮

为方便大家阅读，笔者将 17 世纪后期英国所建造的这 3 个批次共计 17 艘 90 门火炮战舰的基本参数列表提供给读者参考（船体尺寸均以英尺 / 英寸来计算）。

| 舰名 | 建造地 | 下水时间 | 甲板长度 | 龙骨长度 | 船体宽度 | 船身吃水 | 吨位 |
|---|---|---|---|---|---|---|---|
| 查理 (Charles) | 迪特福德 | 1668 | 162/6 | 128 | 42/6 | 18/6 | 1 229 |
| 圣・米歇尔 (Saint Michael) | 朴茨茅斯 | 1669 | 155/2 | 125 | 40/8.5 | 17/5 | 1 101 |
| 伦敦 (London) | 迪特福德 | 1670 | 160/8 | 129 | 44 | 19 | 1 328 |
| 圣・安德鲁 (Saint Andrew) | 伍尔维奇 | 1670 | 159 | 128 | 44 | 17/9 | 1 318 |
| 前卫 (Vanguard) | 朴茨茅斯 | 1678 | 160 | 126/11 | 44/10 | 18/5 | 1 356 |
| 温莎城堡 (Windsor Castle) | 伍尔维奇 | 1678 | 162 | 125/7 | 44/6.5 | 18/3 | 1 325 |
| 公爵夫人 (Duchess) | 迪特福德 | 1679 | 162/8 | 126/2 | 45/1 | 18/4 | 1 364 |
| 桑威治 (Sandwich) | 哈尔维奇 | 1679 | 161/6 | 126/10 | 44/8 | 18/3 | 1 346 |
| 阿尔博马尔 (Albemarle) | 哈尔维奇 | 1680 | 162 | 126/6 | 44/4 | 18/3.5 | 1 322 |
| 公爵 (Duke) | 伍尔维奇 | 1682 | 162/10 | 126/2 | 45/1 | 18/9 | 1 364 |
| 奥索里 (Ossory) | 朴茨茅斯 | 1682 | 161 | 124/1 | 44/6 | 18/2 | 1 307 |
| 尼普顿 (Neptune) | 迪特福德 | 1683 | 163/11 | 127/10 | 45 | 18/6 | 1 377 |
| 加冕 (Coronation) | 朴茨茅斯 | 1685 | 160/4 | 126/4 | 44/9 | 18/2 | 1 345 |
| 联合 (Association) | 朴茨茅斯 | 1697 | 165 | 133/6 | 45/4 | 18/3 | 1 459 |
| 巴夫勒尔 (Barfleur) | 迪特福德 | 1697 | 162/10.5 | 129/4.5 | 46/3.75 | 18/2.25 | 1 476 |
| 那慕尔 (Namur) | 伍尔维奇 | 1697 | 160/9 | 130 | 45/8 | 18/6 | 1 442 |
| 凯旋 (Triumph) | 查塔姆 | 1698 | 160/1 | 131 | 46/1.5 | 18/3 | 1 482 |

由于受限于篇幅，英国在17世纪后期建造的这17艘90门火炮战舰不可能为读者一一陈述，因此笔者特意挑选后期建造的“联合”号作为范例加以介绍。

“联合”号是英国海军部于1695年下达的建造4艘新式90门火炮战舰计划中的首舰。虽然该舰不是这批军舰中最大的一艘，但其火炮甲板长度（165英尺，约合50.29m）却是90门火炮战舰中首艘突破“50m大关”的。1697年1月1日，“联合”号在朴茨茅斯下水，大约6个月之后正式服役。服役时，该舰共计搭载了100门火炮，这也显示出最后建造的4艘90门火炮战舰都有将武备升级为100门的潜力。这100门火炮的具体组成情况如下所列：

26门32磅炮布置在下层火炮甲板；

28门18磅炮布置在中层火炮甲板；

28门隼炮布置在上层火炮甲板；

12门隼炮布置在艉楼，4门布置在艏楼；两门3磅速射炮布置在后甲板舱室中。

对于英国人来说，1703年是个值得铭记的年份。就在这一年的11月26日，极具破坏力的大西洋温带风暴（史称“1703年大风暴”）席卷了英国中部和南部地区，造成了难以估量的损失。在这场风暴中，英国皇家海军失去了13艘军舰，其中包括90门火炮战舰中的一员“前卫”号。“联合”号虽侥幸躲过一劫，但受损严重，不得不接受大修，并将火炮削减为96门。完成维修的“联合”号作为海军上将沙维尔的旗舰参加了1704年攻占直布罗陀和1707年围攻土伦的战役。

一幅名为《微风下航行在大海上的“圣·安德鲁”号》的油画。作者为当时英国皇室御用海军随军画家小威廉·范·德·维德

一幅描绘“1703 年大风暴”摧毁英国舰船的画作。在这场灾难中，英国不仅损失了 13 艘军舰，更有上千名经验丰富的水手死去

中国有句古话“躲得过初一，躲不过十五”。尽管没有被“1703 年大风暴”摧毁，“联合”号却没能逃脱因海难而沉没的命运。1707 年 10 月 22 日，英国地中海舰队在执行完围攻法国土伦港和地中海巡航任务回国途中，因为误判经度而在希利群岛触礁，遇难船只中也包括舰队旗舰“联合”号。据目击者称，这艘倒霉的三层甲板巨舰犹如脆弱的积木般在礁石上碎裂、沉没。而舰队司令沙维尔则在逃生时因落水导致溺亡（也有一种说法是他挣扎着上岸后被杀）。

不过此次“联合”号的失事与海军上将沙维尔的“牺牲”对于英国海军来说也并非全是坏事。据记载，此次事故令英国政府痛下决心高价悬赏寻找可靠的经度判定方法，并直接促使后来的约翰·哈里斯发明了经线仪——这对于人类航海来说无疑是个极大的进步。

综合来说，相对于价格过于高昂、建造过程过于烦琐的100门火炮战舰，无论是单舰造价还是建造工艺水准均低一个档次的90门火炮战舰无疑是海军理想的选择。在战场上，气势能够压倒敌人就等于成功了一半。可以试想，当数艘甚至数十艘威猛高大的三层甲板战舰出现在敌人视线时会对他们产生多么大的视觉冲击，这或许正是这些“经济实惠”的主力舰们存在的最大价值。

一幅描绘“联合”号于希利群岛触礁沉没的画作。海难是风帆时代导致船只损失的一个重要因素

另一幅描绘"联合"号遇难的画作。自古以来，人类文明的进步往往会建立在血的教训之上

# 奠定霸主地位——西班牙王位继承战争

## 由王位继承权引发的战争

1665 年 9 月 17 日，西班牙国王费利佩四世去世，其年幼的儿子卡洛斯继位，史称卡洛斯二世。但由于卡洛斯生理上存在的巨大缺陷（身患多种遗传疾病并且没有生育能力），实际上哈布斯堡家族在西班牙统治的年头从他登基开始就已经进入了倒计时。随着卡洛斯二世身体状况的恶化，欧洲各列强也开始考虑在这位君主身后西班牙王位继承权的问题。1698 年 10 月 11 日，法国、英国、荷兰在海牙签订第一份条约：承认巴伐利亚亲王约瑟夫·斐迪南德为西班牙王位和除意大利以外西班牙领土的继承人；法国得到西西里和那不勒斯，奥地利得到米兰。但利奥波德一世却立即拒绝了此条约，继续支持次子卡尔大公的继承权。次年初，卡洛斯二世立下遗嘱，将西班牙领土全部留给巴伐利亚亲王约瑟夫·斐迪南德，然而风云突变，随后不久的 2 月 6 日费迪南德便突然去世了（有人认为费迪南德死于谋杀、但并没有证据）。

西班牙哈布斯堡家族最后一位君主卡洛斯二世（Carlos II，1661—1700）的画像。这位国王无论在心理还是生理上都不正常，甚至连外貌也是如此

于是法国、英国、荷兰签订了第二份条约：承认卡尔大公为西班牙王位和除意大利以外西班牙领土的继承人；法国得到西班牙在意大利的领土。然而这一条约再次遭到利奥波德一世的拒绝。这时候，全欧洲都在等待卡洛斯二世的答复。西班牙国内的贵族阶级由于希望保持西班牙海外殖民地的完整，支持安茹公爵费利佩为继承人，前提是他放弃法国王位的继承权，以避免日后出现法西合并的尴尬局面。最终，卡洛斯二世在他们的逼迫下立嘱指定费利佩（即后来的费利佩五世）为继承人。

1700 年 11 月 1 日，与病魔做斗争多时的卡洛斯二世终于死去，而安茹公爵费利佩也顺利继承了西班牙王位。但由于对于路易十四染指西班牙王位的不满（卡洛斯二世的遗嘱中指定安茹公爵费利佩为其继承人实际上是路易十四努力运作所产生的效果），1702 年 5 月，由奥地利等哈布斯堡家族统治下的诸多国家，包括先前曾经并不反对费利佩继承王位的英国和荷兰组成了第二次反法联盟，向路易十四的法国及波旁家族所统治的西班牙开战。就这样，刚刚平息了奥格斯堡同盟战争战火的欧洲再次掀起了一场风暴。

西班牙王位继承战争实际上是发生在波旁家族与哈布斯堡家族之间的一场对决，而在海上，则是英荷联军与法西联军的交锋。尽管双方阵营在1702年才宣战，但早在1701年，法国和奥地利两国的军队在尚未宣战的情况下便已将各自的军队部署在亚平宁半岛的前线地带。因此通常来说人们把1701年便作为西班牙王位继承战争的开始。

当西班牙王位继承战争开始时，尽管在奥格斯堡同盟战争的后期法国就已经因为经济崩溃而导致海军实力下降，但“瘦死的骆驼比马大”，路易十四麾下的海军仍保有着数量庞大的舰队，这其中大约有100艘是战列舰。不过这些战列舰大都是旧式的，并且因为欠缺维护而残破不堪，战斗力已今非昔比。同时，由于当时的西班牙海军已经完全没落，几乎已经没有一支像样的舰队（1702年时西班牙海军总共只有13艘战列舰，并且和法国战舰一样舰况糟糕），因此在整个西班牙王位继承战争中也几乎是由法国以一己之力来对付英荷联军的。另一方面，昔日素有“海上马车夫”之称的荷兰也开始走下坡路，而经历了英荷战争和奥格斯堡同盟战争洗礼的英国海军却愈发强大起来。西班牙王位继承战争将会是他们施展拳脚、大杀四方的绝佳机会……

年轻的费利佩五世（Felipe V，1683—1746）的肖像。此幅肖像作于其仍为法国安茹公爵时期，也就是即位为西班牙国王之前

## 加的斯战役

1702年5月，反法联盟正式向法国及其同盟国宣战，而作为反法同盟在海上的主要力量，英国与荷兰很快便将两国舰队汇合在一起，以对抗法国与西班牙的舰队。由于西班牙海军的极度衰弱，英荷两国决定先拿这个“软柿子”下手。尽管当时西班牙海军的状况只能以惨不忍睹来形容，但其国土在大西洋东岸和地中海一带的一些深水良港极具战略价值。鉴于此，刚刚登上王位的英国女王安妮下令联合舰队攻击西班牙南部重要港口加的斯。7月底，英荷联合舰队开始集结。在葡萄牙西海岸，海军上将乔治·鲁克聚集到一支拥有50艘战列舰的舰队（其中英国30艘，荷兰20艘）。8月20日，这些战列舰保护着110艘运输船搭载着14 000名士兵（其中英国10 000人、荷兰4 000人），出发前往加的斯。

来自德意志黑森的乔治王子乘坐“冒险”号在圣文森特角附近加入了鲁克的舰队。乔治王子告诉鲁克，现在的加的斯港缺乏守备力量，正是进攻的好机会。然而鲁克从俘虏的渔民口中得到的情报却恰恰相反。由于不知敌人虚实，鲁克不敢贸然进攻，只能在8月23日将舰队停泊在加的斯外海召集军官们商议对策，但是连续三天都毫无进展。

一幅关于1700年费利佩即位为西班牙国王费利佩五世时的油画。这场加冕仪式也引发了新一轮旷日持久的全欧战争

来自黑森的乔治王子（Prince George of Hessen-Darmstadt，1669—1705）的肖像。他是奥地利象征性的海军指挥官，但实际上只在陆战中发挥了一些作用

据记载，当时的盟军将领探讨出多种攻敌方案，但并不全是合适的。后来，斯坦福·法尔伯恩爵士（Sir Stafford Fairborne）针对鲁克在 8 月 25 日当天的日志发表了自己的看法：

“……有人建议将军（指鲁克）压迫港口并摧毁位于加的斯城墙下的 8 艘法国划桨战船，而他（还是指鲁克）麾下所谓的将级军官理事会也有相同的意见。但是……这完全是个不切实际且不合理的提议，因为即便是让最小的护卫舰去做这样的尝试都是行不通的。”

除此之外，还有一个选择得到了大多数人的赞同，那就是：派出一部分士兵在舰炮的掩护下尝试在地峡地带上岸，这样可以将加的斯城和主大陆分割开，这样一来己方主力部队就可以相对轻松地攻下城池。而这也是英荷联军登陆部队总指挥奥蒙德公爵所偏好的战术。但是奥蒙德的部下、陆军少将查尔斯·奥哈拉爵士却坚持认为除非海军能够保障登陆部队的日常补给，否则在地峡地带上岸也是不可取的（由于处于背风处，海军是不可能做到这点的）。奥蒙德公爵还有个提议，就是通过封锁港口和用舰炮猛烈轰击城镇迫使敌方投降，但乔治王子却认为此举会伤害市民而坚决反对。

商量到最后的结果是，大家“各退一步”，海军表示赞同陆军的掩护登陆作战方案，但要求陆军登陆的地点为公牛湾（Bay of Bulls）至圣·凯瑟琳要塞（Fort Saint Catherine）之间。这一地带比较适合海军把舰船移动至岸边实施炮击；而登陆部队则可以通过这里围攻罗塔镇（Rota）和圣·玛丽港（Port Saint Mary）。但是在这里登陆的最大缺陷就是距离加的斯城有很长一段路途。

英荷联军登陆部队总指挥奥蒙德公爵（James FitzJames Butler, 2nd Duke of Ormonde, 1665—1745）的肖像

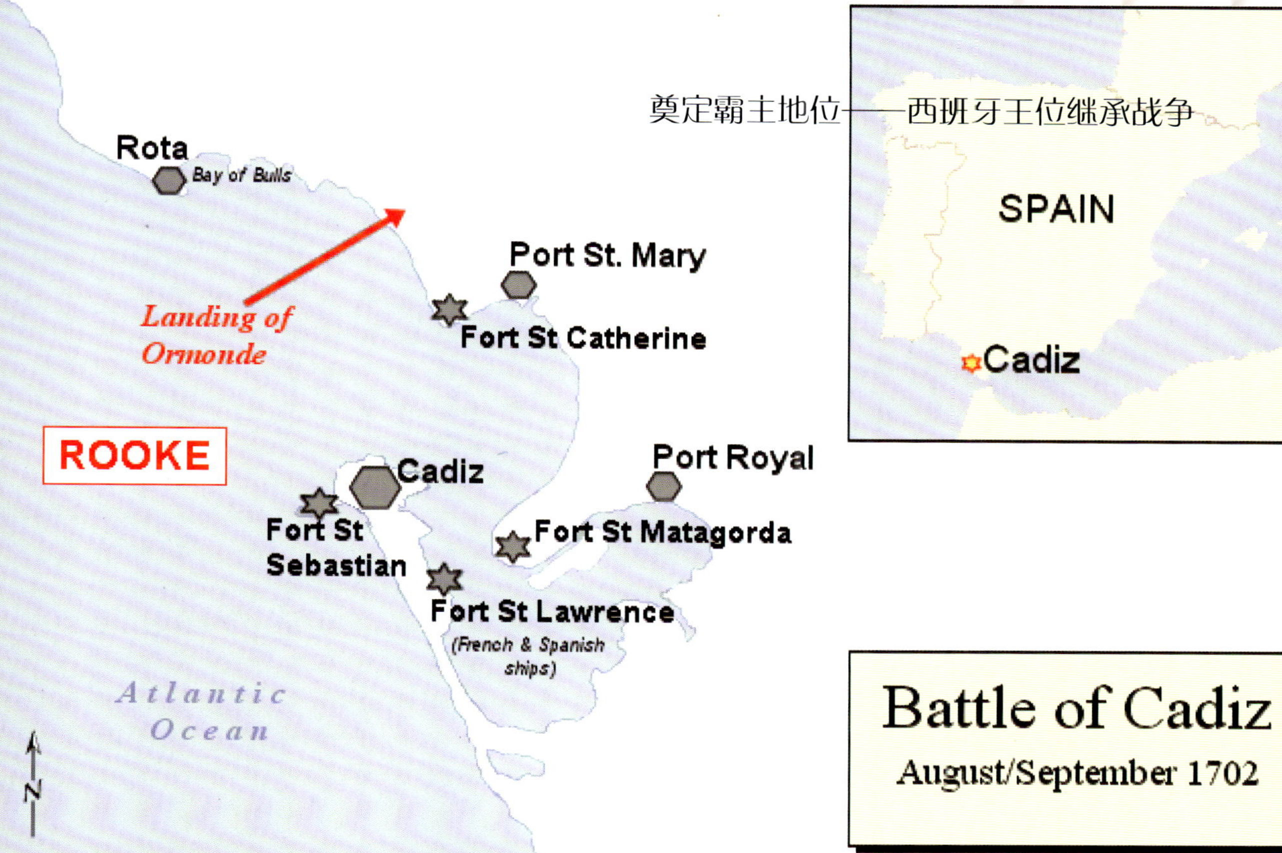


一张显示鲁克舰队锚地与奥蒙德公爵登陆部队上岸位置的地图。我们可以清楚地看到登陆部队想要抵达加的斯还有相当长一段路要走

西班牙方面，负责防守加的斯的将领是比利亚达利亚斯侯爵，而他则是被安达卢西亚省政府直接任命为加的斯守军指挥官的。加的斯自古以来都是安达卢西亚最重要的城市之一，倘若失守将会对西班牙南部产生不可估量的损失。但“巧妇难为无米之炊”，比利亚达利亚斯侯爵手中的兵力捉襟见肘。据记载，当时驻扎在加的斯的西班牙陆军总共只有 300 名装备较差的士兵，以这样一支规模小得可怜的军队想要对抗数十倍于己的英荷陆军简直是天方夜谭。按照英国著名政治家菲利普・斯坦霍普（Philip Stanhope）的话来说就是：“只剩下精神和决心去击退敌人了。”

斯坦霍普的话没有错，尽管处于绝对劣势，比利亚达利亚斯侯罴仍然倾尽全力鼓动民众参加到保卫加的斯的阵营中来。在他的鼓动下，甚至一些贵族都主动拿起了武器，政府也调拨了一些兵力前来增援。到英荷联军发动攻势之前，比利亚达利亚斯侯爵一共募集到 1 000 名正规军士兵和数千名民兵，已颇具规模。除此之外，侯爵还下令将两艘退役军舰凿沉在港湾入口处以阻止英荷联军船只入港。

西班牙将领比利亚达利亚斯侯爵（Francisco Castillo Fajardo, Marquis of Villadarias，1642—1716）的肖像。在他的努力和客观有利因素的推动下，西班牙人最终收获了一场意料之外的胜利

8月26日，登陆作战正式开始。西班牙方面有一个拥有4门火炮的炮台对英荷联军的登陆进行炮击，致使联军有25艘登陆艇被击沉、20人被淹死。随后西班牙派出一个中队的骑兵队冲击上岸的登陆部队，但被掷弹兵击退。由于在这一区域西班牙兵力极为有限，登陆部队很快控制住了局面。奥蒙德公爵指挥登陆部队向罗塔进发。当抵达这个小镇时，人们发现镇子上冷冷清清的。很显然，这里已经被遗弃了。联军在这里修整了两天，乔治王子被任命为联军占领区民政首领，负责诱导当地居民投降。乔治王子派人在当地大肆宣扬哈布斯堡家族在西班牙统治的合法性，但当地西班牙人似乎并不买账（对哈布斯堡家族的统治已经厌倦）。

在拿下了罗塔后，联军决定在进攻圣·玛丽港之前先攻占圣凯瑟琳要塞。然而就在这时，原本已经行进至超出圣·玛丽港位置的奥蒙德公爵的部队因为一个不知缘故的差错掉头反扑城镇，并对城镇进行大肆洗劫（不顾先前的命令）。对此，乔治王子在交涉无果后写信（送回国）严厉谴责这一暴行。最初海军部队并未参与洗劫城镇的行动，但当看到同僚们收获颇丰后，他们很快也就把持不住了……

英荷联军的暴行使当地民众彻底死心，并全身心投入到保卫家园和新国王（费利佩五世）的阵营中去。事后鲁克曾在提交的报告中写道：“发生在圣·玛丽港的不人道的劫掠在当地引起轩然大波，甚至将会波及整个基督教世界。”

劫掠城镇对英荷联军所产生的最直接的不利影响就是瓦解了他们的士气。根据美国著名政治家、历史学家大卫·弗朗西斯（David Francis，1850—1927）的记载，当地丰富的物产和战利品使士兵们失去了继续进取的斗志，甚至将远征任务抛在了脑后。另一方面，海军担心长期停泊在背风岸，倘若遇到恶劣的海况将是致命的（当时海上的天气已经有恶化的趋势）。同时，鲁克还发现一支处于有利位置的法西联合舰队（指挥官为西班牙努涅斯伯爵）正对自己虎视眈眈。此外，比利亚达利亚斯侯爵派出的小分队也不断骚扰联军部署并切断了他们彼此之间的通信。种种不利因素使联军意识到再在此地耽搁下去情况一定会变得更糟，于是在9月26日召开了一次紧急会议后，大家达成一致：登陆部队回船并放弃攻击加的斯的任务。整个船队于9月30日起锚返航，攻击加的斯港的作战计划就此彻底失败。

事实上在整个攻击加的斯港的行动中无论英荷联军还是西班牙守军都没有遭受太大的损失，甚至连交手的机会都很少。最终英荷联军败给了自己的贪欲，这恰恰印证了那句箴言：“Everyone is his worst enemy”（每个人最大的敌人恰恰是自己）。

## 维戈湾海战

就在英荷联合舰队封锁加的斯附近海域为己方登陆部队提供掩护之时，一支规模宏大、由新大陆返回加的斯的满载货物和白银的西班牙珍宝船队靠近了欧洲海岸。这支船队总计拥有56艘舰船，包括为其护航的15艘法国战列舰和3艘西班牙武装盖伦船，护航舰队总指挥为法国海军中将雷诺堡侯爵。由于听说加的斯港已经被鲁克封锁，雷诺堡等人决定将运输船队临时驶入其他的港口避开风险。但是关于驶入的港口，西班牙方面指挥官贝拉斯科（Manuel de Velasco y Tejada）建议去西班牙北部帕萨赫斯的港口，而雷诺堡则建议驶往一些法国港口甚至葡萄牙里斯本。但是不知出于何种原因，这支船队最终于9月23日驶入了西班牙西海岸加利西亚区（Galicia）的维戈湾内。然而在这里，船队却由于没有得到上级指令迟迟未能将船上的货物卸下（当时行政机构在塞维利亚和加的斯，没有这两个地方的指示，不能擅自卸货），而当他们终于得到指示允许卸货时，鲁克的舰队出现了。

一幅当时绘制的英荷联军围攻加的斯的示意图。最终占尽优势的英荷联军因为错误的决断和自己的贪婪吞下了失利的恶果

一幅维戈湾海战的地形图。英荷联合舰队"深入虎穴"将法西联合舰队歼灭

事实上，早在10月中旬英国方面便得到了这支庞大的船队藏匿在维戈湾中的情报，并立即派人通知正出海在外的鲁克和沙维尔。沙维尔此时在乌桑岛附近，距离维戈湾较远；而鲁克则因攻击加的斯港失败处于返回本土的航路上（相对较近）。接到通知后，不甘心在加的斯所遭遇失败的鲁克于10月17日立即指挥舰队转变航向，驶向维戈湾。抵达维戈湾出海口后，鲁克派出密探侦查港内动静，得到的回复是西班牙人正在从船上卸货，但绝大部分货物仍留在船上（还没来得及卸下来）。鲁克决定对港湾内实施攻击。

10月22日晚，英荷联合舰队进入维戈湾，此时法西混合舰队正停泊在海湾最内侧的雷东德拉港（Redondela），并且在海湾入口的最窄处投下了大量用铁链拴在一起的木材作为障碍物，试图阻止英荷联军的攻击，同时还加强了海湾南岸兰达要塞（Fort Randa）的防御。见湾内河道较窄无法展开战列线作战，鲁克及其他一些军官于22日晚召开了紧急会议并确定了进攻方案。计划将由舰队扫平海湾入口最窄处的障碍物，而2 000名海军陆战队士兵将在奥蒙德公爵的指挥下从陆路进攻兰达要塞（Fort Randa），以消除西班牙岸防炮对舰队构成的威胁。

这时候在维戈湾内海对阵双方的实力对比为25 ∶ 18，此外双方还各有一些护卫舰、纵火船等辅助舰只。10月23日凌晨，英荷联军双管齐下开始行动。奥蒙德的部队出其不意地登陆后便很快包围了兰达要塞。海上，以英国海军中将托马斯·哈普森（Thomas Hopsonn，1642—1717）坐镇的“托贝”号战列舰（Torbay，80门火炮）为首的英荷联军掀起了进攻高潮。雷诺堡舰队中最大的两艘战列舰“希望”号（Espérance，70门火炮）和“波旁”号（Bourbon，68门火炮）先后被俘获。其中“希望”号被英军俘获后搁浅于沙洲，后被烧毁；“波旁”号则被荷军“七省”号捕获后带走。雷诺堡的旗舰“拉福特”号（La Fort，70门火炮）被荷兰纵火船点燃后无法控制火势，竟被焚毁。见情况危急，雷诺堡不得不下令全军焚毁剩余船只，然后转移到陆地上去。

一幅描绘维戈湾之战的油画。岸上登陆的英军士兵正在进攻要塞，而海上英荷联合舰队则在猛烈地炮击法西联军阵地

在失去舰队和堡垒的保护后，西班牙珍宝船队犹如待宰羔羊被英荷联合舰队劫掠。船上未来得及卸下的大批物资，如胡椒、胭脂红、可可、烟草、靛蓝、皮革等均落入英荷联军将士囊中。不过运宝船上运载的白银却被德贝拉斯科抢先安全卸载并运走了，这似乎也算得上是维戈湾之战中对于法西联军的唯一慰藉了。

根据战后的统计，法西联军方面的全部18艘战舰均被击沉、焚毁或俘获，死伤人数高达2 000人。与之相对的是，英荷联军无一艘战舰沉没，战死的水手和海军陆战队士兵约为800人（海军陆战队的损失要多一些）。尽管西班牙挽救了白银免遭虏获，但这并不能掩饰英荷联军在维戈湾内获得一场完胜的光辉。同时，通过这场胜利，英荷联军一扫先前在攻击加的斯时失败的阴霾，对接下来执行其他海军行动产生了积极的影响。

## 两次直布罗陀战役

在西班牙王位继承战争开始时，葡萄牙名义上是波旁王朝的盟友，但当法西在维戈湾遭到惨败后，英荷联手切断了葡萄牙的食物供应和贸易航路。重压之下，这名本就意志不坚定的盟友迅速废弃早先与法国签订的条约，纵身一变成为反法联盟的一员（葡萄牙的背叛后来被人们认为同一战时意大利背叛同盟国的案例类似），这对于路易十四的法国和波旁王朝来说是个沉重打击。由于葡萄牙的背叛，法西联军不得不抽出兵力去葡西边境加以防范。这就使其他地区的兵力相对被削弱。在这种情况下，英国人瞄上了直布罗陀。

直布罗陀地处地中海入海口北侧，自古以来便是扼住地中海咽喉的必经之路，其战略位置十分重要。1704年7月28日，在黑森的乔治王子的提议下，出于多方面的考虑，英荷联盟军终于决定进攻直布罗陀。

一幅描绘维戈湾海战全貌的油画。近处4艘战舰由左至右依次是：英军旗舰“萨摩塞特”号、荷军旗舰“保卫者”号，以及另外两艘主力舰“托贝”号与“七省”号

一幅由加布里埃尔·博德内尔绘制的描绘直布罗陀海峡的版画，时间是1704年

7月30日，集结完毕的英荷联合舰队由得土安（Tétouan，位于今天摩洛哥北部）出发前往直布罗陀。8月1日，鲁克指挥他的旗舰“皇家凯瑟琳”号（96门火炮）停在海湾入口处（担任警戒），由另一名海军上将乔治·宾所指挥的22艘战列舰（其中6艘是荷兰的）停泊在鲁克的内侧，准备以炮击支援登陆的英荷海军陆战队士兵。当时登陆的总兵力达到1 800人，指挥官为乔治王子；而他们所面对的西班牙守军仅为430人，指挥官为西班牙直布罗陀总督迭戈·德萨利纳斯。

英国海军上将乔治·宾（George Byng，1663—1733）的肖像。宾出生于海军世家，他的父辈和子辈也都为皇家海军效力。这是他在1700年时的油画

在正式作战之前，乔治王子召见了萨利纳斯，试图劝说对方投降，但遭到了礼貌的拒绝。萨利纳斯同时向王子表示，这里的守备军都是绝对忠于费利佩五世的，每个人都愿意死战到底（虽然他内心清楚这完全是自己的一面之词）。根据英国诗人特里威廉对当时场景的描述，迭戈·德萨利纳斯“已经做好了像绅士一样死去的准备”。在确认了对方的战意后，英荷联合舰队的行动开始了。为了攻击岸防壁垒，宾的舰队打破战列线、向前靠拢。其中詹珀船长（Jumper）所指挥的“伦诺克斯”号战列舰（70门炮）已经驶入火炮射程范围之内。这一切完成得安静而迅速，并且没有受到零星的西班牙炮台火力的干扰。午夜时分，“多塞特郡”号的船长爱德华·惠特克挫败了一起法国私掠船企图袭击地峡附近己方船只的图谋。

3日凌晨5时，宾指挥的22艘战列舰开始向堡垒炮击。数以万计的炮弹扑向目标，但实际造成的伤害并不理想（实心球弹对工事的破坏力有限）。炮击持续了大约6个小时，透过浓烟，位于最前端的詹珀船长报告说，堡垒里面的守军似乎已经逃离，于是鲁克同意登陆部队开始行动。

也许是吸取了攻击加的斯时的教训，这次联军在上岸后没有屠戮平民，而是向躲避在直布罗陀欧罗巴角（Europa Point）教堂里的牧师、女人和孩子们鸣炮警示，并将他们中的大部分扣为人质（但是没有伤害他们）。很快，冲在最前面的士兵爬进了被认为已经不设防的堡垒。但是这时意外发生了：堡垒弹药库发生了爆炸。这次大爆炸造成了大约100~200名联军士兵的伤亡，这一数字占据了英荷联军在攻击直布罗陀行动中伤亡总数的绝大部分。爆炸在联军士兵中造成不小的恐慌，但发现敌军并没有埋伏后，堡垒很快被完全占领。其后西班牙人曾发起几次反击，但都被击退了。

眼见夺下堡垒之后取胜只是时间问题，乔治王子再一次向迭戈·德萨利纳斯提出条件：倘若他放弃抵抗，被俘虏的平民将立即得到释放。在犹豫良久之后，萨利纳斯接受了这个提议。这意味着直布罗陀就此落入英荷联军之手。

策马站在海边的西班牙末代直布罗陀总督迭戈·德萨利纳斯（Don Diego de Salinas，1649—1720）。总督若有所思地望着海面，不知是否已经看到了失败的画面

一幅描绘英荷联军攻击直布罗陀的画作。岸上的西班牙堡垒清晰可见

但占领了直布罗陀并不代表着英荷联军就可以高枕无忧了。当时一位西班牙作家对此事描写道："这（直布罗陀）是费利佩五世在成为西班牙国王后所丢掉的第一块领土，他当然不愿意就这样向查理（指神圣罗马帝国皇帝查理六世）俯首称臣。"英荷联军当然也知道波旁王朝的反扑随时都有可能发生，因此在直布罗陀这块巴掌大的地方屯以重兵：总计有 2 000 名英国或荷兰海军陆战队士兵、60 名炮手和数百名西班牙武装人员（都是忠于哈布斯堡家族的）驻扎在这里；而乔治·鲁克的舰队也停泊在港外保持警戒。但是随着时间的流逝，英荷联合舰队终因补给短缺、船只破损急需维修不得不离开这里。在鲁克的主力舰队离开直布罗陀后，西班牙人的机会来了。

早在直布罗陀刚刚陷落时，西班牙方面就开始动员备战。到 9 月时，一支由 9 000 名西班牙士兵和 3 000 名法国士兵所组成的军队已经集结完毕，西班牙方面的指挥官为前文提到的曾成功防御加的斯的比利亚达利亚斯侯爵，而法军统帅则为陆军元帅泰斯伯爵。

在得知法西联军有所行动后，乔治王子立即着手改善直布罗陀的防御工事以尽可能抵挡敌人即将到来的攻势。除了修筑主城墙和搭建炮台外，王子还在地峡处设置了堡垒、形成交叉防御火力并在港口准备了爆破小艇（bomb ship）以防备法国舰队可能的海上袭击。但是法西联军行军的速度似乎比乔治王子所预想的要慢得多，先行到达的西班牙部队于10月26日发起了第一次攻击；与此同时，一支法国分舰队（10艘军舰）也在海上发起攻势，破坏了爆破小艇和其他障碍。英荷联军的处境一下子变得岌岌可危，在几天内，他们损失了两名陆军上校，并且具备战斗力的士兵人数锐减至1 300人。

法国陆军元帅泰斯伯爵（Comte de Tessé，1648—1725）的肖像。由于英荷联合舰队及时回防，法西联军在反扑直布罗陀的行动中并未获得太大成效

在这危急时刻，乔治王子的救兵“从天而降”——这就是前来救援的由约翰·里克爵士所指挥的舰队。当然，里克爵士的到来也绝非偶然。早在法西联军抵达直布罗陀之前，乔治王子就已经将求救信成功送至里斯本，要求停泊在那里的联合舰队予以支援。此时鲁克已经回国，留在里斯本的里克爵士（在进攻直布罗陀时曾担任鲁克的副官）立即率领20艘军舰南下，前往直布罗陀。在随后的海战中，里克的舰队轻而易举地全歼了逗留在直布罗陀港外的法国分舰队。有6艘船被摧毁，另有一艘被俘虏。在控制了海上局势后，源源不断的补给输入直布罗陀城，法西联军的围城前景一下子变得暗淡起来……

在认定继续围城没有意义之后，法国军队（在得到路易十四的命令后）率先于1705年4月撤退，随后西班牙军队也陆续撤退。历时半年之久的直布罗陀攻防战以大联盟的胜利而告终。

一幅绘制于1567年的直布罗陀要塞的草图。

## 马拉加海战

尽管最终被里克爵士在直布罗陀击败的只是一支拥有7艘护卫舰且实力非常有限的法国舰队，但这并不代表法国人没有倾尽全力去挽救直布罗陀。早在第一次直布罗陀战役（即英荷联军攻克直布罗陀）结束不到一周时，乔治·鲁克就得到了法国主力舰队向直布罗陀进逼的情报。在这种情况下，鲁克立即带领英荷联合舰队前去迎击。

法国舰队一共有50艘战列舰，这算得上是路易十四统治后期所能派出的“最强阵容”了。指挥官为图卢兹伯爵路易·亚历山大和维克多·马利·德埃斯特雷（Victor Marie d'Estrées，1660—1737）。图卢兹伯爵是路易十四的第三子，也是其最年幼的私生子，从小便展现出在航海上优于常人的天赋。路易十四有意将其培养成为海军将领，因此派德埃斯特雷辅佐其指挥舰队与英荷对抗。至于德埃斯特雷，相信读者朋友不会感到陌生，他就是前文提到的法国海军元帅让·德埃斯特雷的儿子。与父亲一样，他后来也被封为法国海军元帅。

约翰·里克爵士（Sir John Leake，1656—1720）的肖像。里克爵士在保卫直布罗陀的战斗中扮演了重要角色，正是他的及时增援瓦解了法西联合军的作战意图

图卢兹伯爵路易·亚历山大（Louis Alexandre de Bourbon, comte de Toulouse，1678—1737）的画像。身为皇室成员的他具备一定的海军素养，是当时法国不可多得的青年才俊之一

在英荷联合舰队方面，总指挥官当然还是乔治·鲁克。舰队总计53艘战列舰，其中12艘为荷兰战列舰。与先前在奥格斯堡同盟战争时期的海战一样，英荷联合舰队仍旧被分为3个分队，其中前卫舰队和中坚舰队为英国分队，后卫舰队为荷兰分队（指挥官为杰拉德·卡伦布）。此次行动英荷联合舰队（总计53艘战列舰）的详细组成如下表所示（战舰名称的排序以该舰在战列线中的位置为准）。

| 前卫舰队 | 舰名 | 载炮数量 | 舰长 / 随舰指挥官 |
|---|---|---|---|
| 战列舰16艘，指挥官为约翰·里克爵士[①] | 雅茅斯 (Yarmouth) | 70 | 贾斯帕·希克斯 |
| | 诺福克 (Norfolk) | 80 | 约翰·克内普 |
| | 贝维克 (Berwick) | 70 | 罗伯特－费尔法克斯 |
| | 乔治王子 (Prince George) | 96 | 史蒂芬·马丁 / 海军上将约翰·里克爵士 |
| | 博伊奈 (Boyne) | 80 | 德斯利领主 |
| | 纽瓦克 (Newark) | 80 | 理查德·克拉克 |
| | 伦诺克斯 (Lennox) | 70 | 威廉·詹珀 |
| | 蒂尔伯里 (Tilbury) | 50 | 乔治·德拉瓦尔 |
| | 迅敏 (Swiftsure) | 70 | 罗伯特·温 |
| | 那慕尔 (Namur) | 96 | 克里斯托弗·闵斯 |
| | 巴夫勒尔 (Barfleur) | 96 | 詹姆斯·斯图尔特 / 海军上将克劳德斯利·沙维尔 |
| | 奥福德 (Orford) | 70 | 约翰·诺里斯 |
| | 保证 (Assurance) | 66 | 罗伯特·汉考克 |
| | 诺丁汉 (Nottingham) | 60 | 萨缪尔·惠特克 |
| | 沃斯派特 (Warspite) | 70 | 埃德蒙·罗德斯 |

（续表）

| 中坚舰队 | 舰名 | 载炮数量 | 舰长 / 随舰指挥官 |
|---|---|---|---|
| 战列舰 25 艘，指挥官为乔治·鲁克[2] | 贝福德 (Burford) | 70 | 克伊尔·罗菲 |
| | 蒙克 (Monck) | 60 | 詹姆斯·米尔斯 |
| | 剑桥 (Cambridge) | 80 | 理查德·雷斯托克 |
| | 肯特 (Kent) | 70 | 约内斯·汉威 / 海军少将托马斯·迪克斯 |
| | 皇家橡树 (Royal Oak) | 76 | 杰拉德·埃尔维斯 |
| | 萨福克 (Suffolk) | 70 | 罗伯特·柯克顿 |
| | 贝德福德 (Bedford) | 70 | 托马斯·哈迪 |
| | 什鲁斯伯里 (Shrewsbury) | 80 | 约西亚·克洛 |
| | 蒙默思郡 (Monmouth) | 70 | 约翰·贝克 |
| | 鹰 (Eagle) | 70 | 汉密尔顿领主 |
| | 皇家凯瑟琳 (Royal Katherine) | 90 | 约翰·弗莱彻 / 海军上将乔治·鲁克 |
| | 圣乔治 (Saint George) | 96 | 约翰·詹宁斯 |
| | 蒙塔古 (Montagu) | 60 | 威廉·克利夫兰 |
| | 拿骚 (Nassau) | 70 | 弗朗西斯·多佛 |
| | 格拉夫顿 (Grafton) | 70 | 安德鲁·里克爵士 |
| | 菲尔梅 (Firme) | 70 | 怀尔德男爵 |
| | 金士顿 (Kingston) | 60 | 爱德华·阿克顿 |
| | 百夫长 (Centurion) | 50 | 约翰·赫内 |
| | 拉内勒夫 (Ranelagh) | 80 | 约翰·考 |
| | 多塞特郡 (Dorsetshire) | 80 | 爱德华·惠特克 |
| | 海神 (Triton[3]) | 50 | 都铎·特雷沃 |
| | 埃塞克斯 (Essex) | 70 | 约翰·哈伯德 |
| | 萨默塞特 (Somerset) | 80 | 约翰·普利斯 |
| 后卫舰队 | 舰名 | 载炮数量 | 舰长 / 随舰指挥官 |
| 战列舰 12 艘，指挥官为杰拉德·卡伦布 | 弗里斯兰利器 (Wapen van Friesland) | 58 | 米达荷 |
| | 乌德勒支 (Utrecht) | 64 | 波尔克 |
| | 格拉夫·范·阿尔伯马尔 (Graaf van Albemarle) | 64 | 费舍尔 / 海军上将杰拉德·卡伦布 |
| | 符利辛根 (Vlissingen) | 54 | ? |
| | 达米亚特 (Damiaten) | 52 | ? |
| | 狮子 (Leeuw) | 64 | ? |
| | 旗帜 (Banier) | 64 | 范根特 |
| | 奈梅亨 (Nijmegen) | 72 | 莱恩斯拉赫 |
| | 莱茵 (Katwijk) | 72 | 奥克西 |
| | 公会 (Unie) | 92 | 海军中将范瓦森纳 |
| | 海尔德兰 (Gelderland) | 64 | 施莱弗尔 |
| | 多德雷赫特 (Dordrecht) | 72 | 范德波特 |

①：前卫舰队有一艘小型战列舰游离于战列线之外，为由亨利·霍巴特所指挥的“加兰德”号（Garland，50 门火炮）。

②：中坚舰队有两艘小型战列舰游离于战列线之外，分别为由理查德·阿道克所指挥的“燕子”号（Swallow，54 门火炮）和佩雷格林·伯蒂所指挥的“黑豹”号（Fanther，50 门火炮）。

③：“海神”号是一艘从法国俘获的战列舰。

8月24日，两支舰队在韦莱斯马拉加外海相遇。英荷联合舰队利用东北风占据了有利位置，两支舰队同时左舷戗风向南行驶后又向东驶去。大约从上午10时开始，双方舰队之间的战斗打响了。这是一场激烈异常的战斗，尽管交战双方均无被击沉或俘获的舰只，但有数十艘舰船受到重创，几乎无法航行。同时，双方的人员伤亡也相当多：英荷联合舰队总计伤亡2 700多人，法国方面也损失了大约1 600人。当战斗进行到第二天时，英荷联合舰队由于弹药用尽而主动撤退至里斯本。图卢兹伯爵见英荷联合舰队已经退却，考虑到自身损耗较大，并没有选择追击，而是在仅仅派出10艘战舰去支援直布罗陀后指挥其余船只撤回了土伦。马拉加海战就这样画上了句号。

尽管法国舰队伤亡人数较小并且成功击退了英荷联合舰队，但由于战后没有继续追击扩大战果和派出足够兵力支援直布罗陀，实际上他们是这场海战的失利者。在里斯本得到修整后，鲁克留下里克爵士指挥20艘军舰驻守在里斯本以应对直布罗陀可能受到的威胁。后来正是里克爵士指挥这支驻守舰队从里斯本及时赶到直布罗陀，从而避免了那里的沦陷。从这一角度来看，鲁克才是英荷联军保住直布罗陀最为关键的人物，而法西联军则永远失去了这个夺回直布罗陀的绝佳机会。

一部后人制作的参加马拉加海战的英国“圣·乔治”号战列舰的全肋骨模型。该舰原本是建造于1668年的“查理”号，1687年将舰名更改为“圣·乔治”

## 战争结束与新海洋霸主的诞生

1707年，英荷联合舰队配合陆上的欧根亲王等反法名将，从水陆两路包围法国土伦港，逼迫退缩在港内的法国舰队集体自沉。在失去庞大的土伦舰队后，路易十四元气大伤，彻底失去了与英荷在海上争霸的底气。事实上在马拉加海战之后，法国舰队便已经没有在欧洲海域进行过大规模行动了，西班牙王位继承战争在海上的战斗早在那时就已经分出了胜负。

由于丧失了制海权，法军节节败退，在战争进行到1706年时便几乎陷入了绝境。但此时局势却出现了微妙的变化。反法同盟一路攻入西班牙国境之内，成功迫使路易十四扶持的费利佩五世退出西班牙首都马德里，并让哈布斯堡家族的查理大公在1706年7月2日登上西班牙的王位。正当反法同盟认为胜券在握之时，1707年4月25日，法军在西班牙的阿尔曼萨地区获得了重大胜利，并乘胜占领了西班牙北部的大片土地，费利佩五世被法军迎回并重新登基，从此，他在西班牙的地位得到了巩固。在随后数年的时间里，反法联盟与法西同盟各有胜负，战争逐渐陷入僵持阶段。在战争的最后五年（1710年~1714年）里，双方都只打消耗战而避免出现主力决战的场面。由于旷日持久的战争已对各国人民造成深重伤害并严重消耗了各国的国力，交战双方都开始有意以和平谈判结束战争。

1711年，神圣罗马帝国皇帝约瑟夫一世（Josef I，1678~1711）去世，查理大公即位，是为查理六世（Charles VI，1685~1740），这使得查理对西班牙王位要求的合理性降低。同时反法同盟的军队在1712年的战役中不断失利，这些都促使双方加快了和平谈判的进程。1713年4月11日，法国与除奥地利外的反法同盟各国（英国、荷兰、勃兰登堡、萨伏伊和葡萄牙）签订了《乌得勒支和约》；次年，法国又与奥地利单独签订了《拉什塔特和约》。而西班牙方面则于1713年7月与英国签订《英西条约》及《西班牙—萨伏依条约》；1714年6月与荷兰签订《西荷条约》；1715年2月与葡萄牙签订《西葡条约》。西班牙王位继承战争至此正式结束。

萨伏伊的欧根亲王（Prince Eugene of Savoy，1663—1736）的画像。欧根亲王被誉为18世纪欧洲最著名的军事家之一

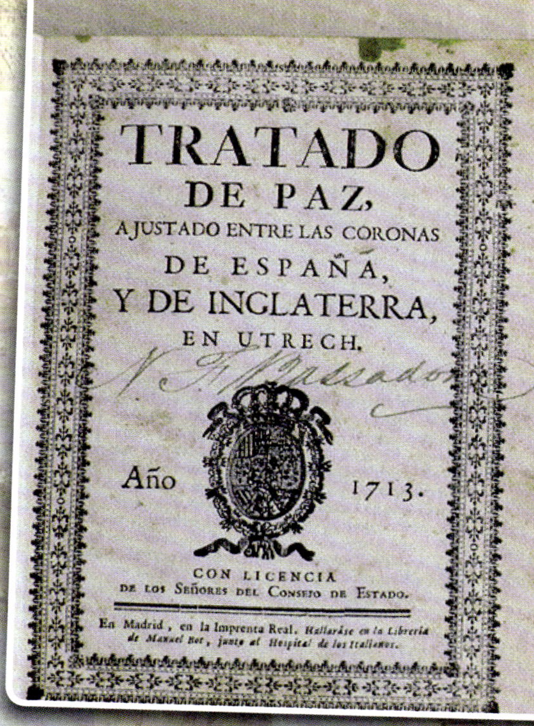

TRATADO DE PAZ, AJUSTADO ENTRE LAS CORONAS DE ESPAÑA, Y DE INGLATERRA, EN UTRECH.

Año 1713.

CON LICENCIA DE LOS SEÑORES DEL CONSEJO DE ESTADO.

En Madrid, en la Imprenta Real. Hallaráse en la Libreria de Manuel Bot, junto al Hospital de los Italianos.

TRACTATUS PACIS & AMICITIÆ INTER Sereniſſimam ac Potentiſſimam Principem ANNAM, Dei Gratiâ, Magnæ Britanniæ, Franciæ, & Hiberniæ, Reginam, Fidei Defenſorem, &c. & Sereniſſimum ac Potentiſſimum Principem PHILIPPUM V. Dei Gratiâ, Hiſpaniarum Regem Catholicum, Concluſus Trajecti ad Rhenum die $\frac{2}{13}$ Menſis Julii, Anno 1713.

TREATY OF PEACE and FRIENDSHIP BETWEEN The moſt Serene and moſt Potent Princeſs ANNE, by the Grace of God, Queen of Great Britain, France, and Ireland, Defender of the Faith, &c. and the moſt Serene and moſt Potent Prince PHILIP the Vth, the Catholick King of Spain, Concluded at Utrecht the $\frac{2}{13}$ Day of July, 1713.

By Her Majeſties Special Command.

LONDON, Printed by John Baskett, Printer to the Queens moſt Excellent Majeſty, And by the Aſſigns of Thomas Newcomb, and Henry Hills, deceas'd. 1714.

1713 年《乌得勒支和约》的原本。该和约规定了法、西两国永远不得合并

众所周知，受西班牙王位继承战争影响最主要的 4 个国家就是法国、西班牙、荷兰与英国。首先来看法国。尽管在战争中损失惨重，其整个海军几乎全军覆没，但路易十四最初的目的——使波旁家族继承西班牙王位的意图已经达成（在《乌得勒支和约》中，列强承认费利佩五世为合法的西班牙国王），这也算得上法国在此次战争中捞到的唯一好处。战争结束后，年迈的路易十四旋即死去，法国就此陷入了相当长一段时间的低潮。

至于西班牙，这个从唐斯海战之后就开始无限衰败的国家早已在欧洲沦为二流，王位继承战争的结束，为其带来了一个相对稳定并呈现出新气象的新王朝，这对于国家来说是一件好事，在较为开明的费利佩五世的统治下，西班牙走上了一条缓慢的复兴之路。当然，想要重回一流海军行列，他们还需要时日。

而对于荷兰人来说，这场战争所带来的结果就有些苦涩了。尽管达到了他们参加反法联盟的主要目的，即阻止西属尼德兰落入法国人手中，以及挫败了法国第二次入侵荷兰本土的图谋，但战争中荷兰运输业及贸易遭到的巨大损失及其强大海军在战后的不断裁减衰落，却是战争带来的益处所无法弥补的。这个曾经的欧洲第一海上强国在经历了 3 次英荷战争和两次反法同盟战争后，财政与经济负担过重（荷兰是当时全欧洲税收最重的国家），国力衰退迹象明显，逐渐在强国间的竞争中败下阵来。进入 18 世纪后，随着时间的流逝，荷兰逐渐沦为二流甚至三流国家，终于在 1795 年被法国吞并，成立了“巴达维亚共和国”。海上马车夫的风光时代一去不复返。

最后，再来看看英国。通过西班牙王位继承战争结束后签署的条约，英国永久获得直布罗陀的所有权并且占领了米诺卡岛（位于巴利阿里群岛，原属于西班牙），这就意味着他们获得了地中海的制海权和贸易主导权。除此之外，英国还在海外殖民地上收获颇丰，并获得了与西班牙长达 30 年的黑奴贸易特权。由于上述三国均有不同程度的衰弱，在战争结束后的欧洲海域实际形成了英国“一家独大”的局面。属于英国的海上时代即将来临……

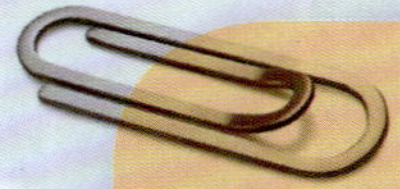

# 尾　声

1714年8月1日，饱受疾病折磨的安妮女王与世长辞。事实上早在安妮继承王位之前便因体质虚弱而导致无嗣。由于安妮的弟弟老王位觊觎者詹姆斯·弗朗西斯·爱德华·斯图亚特是天主教徒，为了防止天主教势力在英国再度掌权，英国国会曾专门立下一部《嗣位法》并做出相应规定：所有天主教徒都不具备英国王位的继承权。而如果安妮女王身后无嗣，则英国王位将由信奉新教的汉诺威家族（是德意志的北方诸邦）继承。尽管如此，安妮和多数英国重臣还是认为这样的安排并非是最令人满意的选择（他们当然想尽可能让一位纯正的英国人继承王位）。1710年后，托利党领袖、国务大臣博林布鲁克勋爵多次与詹姆斯联系，希望其能够放弃天主教信仰来换取王位继承权，但遭到对方的严辞拒绝。在归化族弟无望的情况下，安妮女王只得在驾崩前任命什鲁斯伯里公爵（当时英国的财政大臣，对于巩固王位来说非常重要）为首席大臣，以确保信奉新教的汉诺威选帝侯路德维希·格奥尔格一世（即后来的乔治一世，“George”在德语里的发音为“格奥尔格”）能够顺利地继承英国王位。

荷兰巴达维亚共和国的各种旗帜和标志。这是个由法兰西第一共和国所扶持的“傀儡国”，1806年改制为“荷兰王国”；但直到拿破仑政权倒台后，荷兰人民才真正获得主权